U0631075

地质勘查与探矿工程

李　超　周锃杭　曹立扬　主编

吉林科学技术出版社

图书在版编目（CIP）数据

地质勘查与探矿工程 / 李超，周锃杭，曹立扬主编
. -- 长春：吉林科学技术出版社，2020.10
ISBN 978-7-5578-7544-2

Ⅰ．①地… Ⅱ．①李… ②周… ③曹… Ⅲ．①探矿工
程－工程地质勘察 Ⅳ．① P642

中国版本图书馆 CIP 数据核字（2020）第 200265 号

地质勘查与探矿工程

主　　编　李　超　周锃杭　曹立扬
出 版 人　宛　霞
责任编辑　汪雪君
封面设计　薛一婷
制　　版　长春美印图文设计有限公司
开　　本　16
字　　数　290 千字
印　　张　13
版　　次　2020 年 10 月第 1 版
印　　次　2020 年 10 月第 1 次印刷
出　　版　吉林科学技术出版社
发　　行　吉林科学技术出版社
地　　址　长春净月高新区福祉大路 5788 号出版大厦 A 座
邮　　编　130118
发行部电话／传真　0431—81629529　　81629530　　81629531
　　　　　　　　　　81629532　　81629533　　81629534
储运部电话　0431—86059116
编辑部电话　0431—81629520
印　　刷　北京宝莲鸿图科技有限公司
书　　号　ISBN 978-7-5578-7544-2
定　　价　55.00 元

版权所有　翻印必究　举报电话：0431—81629508

前　言

　　地质勘查，是以经济建设、国防建设和科学技术发展需要为基础，对某一区域岩石、地层构造、矿产等进行的调查研究工作。它是经济社会发展重要的基础性工作，服务于经济社会的各个方面。近年来，随着能源危机的日益加剧，深部找矿、新能源勘查开发及地球科学探测等地质科学的不断发展，探矿工程作为地质资源与地球科学研究的一项重要技术和方法受到了越来越多的重视。

　　本书共八章，开篇绪论简单介绍了地质工程学、矿产勘查学基本情况以及地质勘查行业现状与趋势，后七章分别阐述矿产勘查基本理论、成矿预测与矿产普查、矿床勘探与探采结合、钻探工程、坑探工程、矿产勘查与高新技术以及接替资源的相关理论与技术应用，是我国地质勘探方面不可多得的工具书。

目　录

第一章 绪 论

第一节 地质工程学的产生与发展

地质工程领域是以自然科学和地球科学为理论基础，以地质调查、矿产资源的普查与勘探、重大工程的地质结构与地质背景涉及的工程问题为主要对象，以地质学、地球物理和地球化学技术、数学地质方法、遥感技术、测试技术、计算机技术等为手段，为国民经济建设服务的先导性工程领域。国民经济建设中的重大地质问题、所需各类矿产资源、水资源与环境问题等是社会稳定持续发展的条件和基础。地质工程领域正是为此目的而进行科学研究、工程实施和人才培养。地质工程领域服务范围广泛，技术手段多样化，从空中、地面、地下、陆地到海洋，各种方法技术相互配合，交叉渗透，已形成科学合理的、立体交叉的现代化综合技术和方法。

一、地质工程学的产生

20 世纪 50 年代以来，随着人类工程建设的规模越来越大，在工程建筑中出现了一种新的工程类型——地质工程。一些大型工程，如日本的青涵海底隧道，英占利海峡的海底隧道，美国赫尔姆斯水电站地下厂房以及我国的三峡水利工程和小浪底水利工程等，在兴建中提出了许多工程地质和岩体力学方面的棘手问题。在工程的设计和施工过程中，如何认识和解决这些岩体力学问题，往往会对工程进展起到决定性的作用。

岩体力学作为一门新兴学科形成于 20 世纪 50 年代。其发展主要经历了 3 个阶段，即连续介质模型—等效连续介质模型—不连续介质模型。早期的岩体力学视岩体为连续介质，采用材料力学或弹性力学的方法来处理岩体力学问题，因此早期的岩体力学实质是关于岩石或者岩块的力学。20 世纪 40 年代以后，特别是在法国的 Malpasset 大坝和意大利的 Vajont 水库等工程失事的惨痛教训的影响下，人们开始寻求能够考虑岩体裂隙性质的计算模型，建立了各向异性的等效连续介质模型，解决了一大批岩体工程问题。20 世纪 60 年代以来，随着计算机及计算技术的发展，在等效连续介质模型中开始引入数值方法来模拟岩体中断裂、裂隙等结构面；同时，随着各种岩体结构形式的揭示及块体理论、离散单元法等的创立，形成了岩体力学的不连续介质模型，并使之从理论研究逐步进入工程应用。

20 世纪 70 ~ 80 年代，我国谷德振先生运用岩体力学的观点，在研究岩体的工程地质力学及岩体结构等方面取得了显著进展。他提出了岩体结构这一重要概念，并对岩体结构进行了分类，强调岩体结构控制了岩体的变形、破坏及其力学性质。这些研究成果经过不断发展，逐渐形成了"工程地质力学"这一重要理论体系。该理论的创立对解决大型岩体工程建设问题具有重要意义。

20 世纪 80 年代，随着工程规模和数目的不断扩大，在大型工程建设中不仅需要对复杂地质体进行评价和预测，而且需要对复杂地质体进行有效的改造和控制。这些问题的解决涉及工程地质学、岩体力学和工程设计等多种学科的综合和渗透，单靠原有的工程地质理论和技术已远远不能满足工程上的要求。岩体力学使工程地质研究趋于定量化，工程地质又是岩体力学发展的基础，两者相互结合，通过吸取其他学科知识，在原来的基础上不断拓展和延伸，逐渐发展形成了一门新的学科——地质工程学。

进入 21 世纪，随着经济建设的发展和现代高新技术的兴起，地质工程得到了前所未有的发展，地质工程学研究的内容在不断丰富，范畴也在不断延伸。地质工程所涉及的领域已由传统的水利工程（堤坝、水库）、建筑工程（基坑、地下洞室）、隧道工程和边坡工程扩大至地震工程、海洋工程、环境保护、地下水资源利用、地热开发、地下蓄能、地下空间开发利用等诸多领域。

二、地质工程的概念

1974 年，Hoek 在《岩石边坡工程》一书中论述了对岩体边坡改造的工程设计方案，最初体现了地质工程设计的一些基本思想。

1976 年，美国工程地质学家 R.E.Goodman 在《不连续岩体地质工程方法》一书中提出了"地质工程（geological engineering）"这一专业术语，认为地质工程的主要任务是调查和评价地质条件，对不良地质条件进行处理，同时将岩体看作工程结构的一部分，让设计人员所设计的结构形式适应于地质环境。

1984 年，孙广忠教授提出了"地质工程"的命题，对其概念进行了专门探讨，强调了工程地质、岩石力学和地质工程三位一体。他在 1993 年出版的《工程地质与地质工程》一书中给出了地质工程的定义，即"以地质体为建筑材料，以地质体为工程结构，以地质环境做建筑环境建设的一种特殊工程，如地基、边坡、地下洞室，地质灾害防治及地质环境治理工程，统称"地质工程"。

有研究认为，地质工程是对地质性质进行改良，在地质资源的开发、地质灾害的防治和地质环境的保护等方面所进行的改善地质环境的各项工程。

有人提出，在内或外动力作用下形成并经过地质演化，受环境因素制约，服务于工程的地质体，称为工程地质体。用工程措施控制工程地质体，使之具有服务功能的工程称为"地质工程"。

有研究强调，地质工程是必须充分考虑环境因素的工程，它以复杂地质体为中心，以设计作为沟通地质与施工的桥梁。

以上所述均从不同的角度对地质工程的定义进行了阐述，将地质工程的研究范畴主要局限于服务工程建设领域。虽然各自定义不同，但是都强调了地质工程的重要研究对象是地质体。地质体不仅作为工程地质体服务于工程建设，而且地质体本身也是自然环境与资源开发、利用和保护的对象，如地质体的水资源利用、地热开发、地质—地貌景观开发与遗址保护、核废料地下埋置、滑坡体的防治与利用、跨流域调水、生态环境保护等。如何合理地利用并保护地质体的自然环境，如何协调人类工程活动与自然环境的关系，已经成为整个人类社会日益关注的问题。

社会发展和工程实践使地质工程的研究范畴大大延伸，也赋予了地质工程这一学科新的内涵。作者认为：地质工程是在利用地球的自然环境、物质材料和自然资源等的人类活动中，涉及地质体的评价、处理、改造和控制的科学技术。地质体主要是指在内或外动力作用下形成并经过地质演化，受环境因素（包括地下水、地温、地压等）制约的岩土体。简单地说，地质工程学是一门研究和解决与地质体有关的工程问题的应用学科。

三、地质工程学的相关理论及其研究进展

（一）地质控制论

地质控制论作为地质工程的一个基本理论，包含了3个层次：地质构造控制论，岩体结构控制论和土体结构控制论。地质控制论的核心是地质构造控制论，即地质构造控制了地质体的结构和工程特性。岩土体的力学性质直接受岩体结构和土体结构的影响，从而根据岩体的结构形式及结构面性质建立岩块或岩粒的平衡方程或运动方程。其中岩体结构的分类已经作为我国锚杆喷射混凝土支护规范的围岩分类标准。在岩体结构控制论的基础上，后来又发展了优势面分析理论。目前，这些理论已广泛用于指导地质工程中的地质体改造和设计，并且在地质灾害的防治、人工高边坡的防护和开发利用等方面取得了重大成果。如长江链子崖治理、三峡库区大型滑坡的防治、人工复合地质体的建造和利用等。这些研究成果在我国三峡工程库区的地质灾害防治以及库区安全蓄水和移民建设中起了重要的指导作用。

（二）系统控制和综合集成理论

根据钱学森教授的系统论观点，对于这种地质体复杂的系统，仅靠理论分析不可能准确地预测其变形破坏的过程，只能通过由理论分析、专家群体经验和现场监控等3部分组成的综合集成方法来实现。"工程地质体控制论"从系统论和控制论出发，将地质体、环境和工程活动视为一个复杂系统，通过对系统的监控和综合分析，使用工程措施控制地质体，从而最终使之具有服务工程的功能。

近年来，位移反分析技术、监测信息系统、锚喷技术、人工神经网络分析等技术的应用和优化设计都体现了系统控制和综合集成这一理论模式。

（三）非线性动力学理论

地质体既不是一个孤立的系统，也不是一个封闭的系统，它表现为多因素、多尺度和多阶段，是一个复杂的非线性系统。引入非线性动力学理论分析地质体的变形、破坏过程，从定性走向定量，理论上更合理，并已成为一个新的探索方向。目前已有不少学者尝试利用非线性理论，包括分维、耗散结构、混沌、协同、分岔、突变等理论，或者将它与传统岩体力学结合起来，研究和描述某些地质体的结构特征、变形作用、尺寸效应以及演化过程等，取得了一些很有意义的成果。

四、地质工程的技术方法

地质工程技术由 3 大部分组成，即：地质体勘察评价技术、地质体试验测试技术与地质体改造和控制技术。

近年来，随着地质工程行业的快速发展，地质工程的技术也在不断变化和革新，正在应用和发展的地质工程新技术主要如下：

1. 地质勘查技术：包括同位素测定、矿物包裹体分析、地震 CT 技术、地质雷达等。
2. 实验室岩石力学试验技术：包括 CFS 试验技术等。
3. 现场岩体力学测试技术：包括岩土体原位测试技术、位移反分析技术等。
4. 数值分析技术：包括适用于分析岩体渐进破坏和失稳及模拟大变形的三维数值分析软件等。
5. 监测技术：包括 GPS 技术、RS 技术、应用全站仪和其他各种监测仪监测等。
6. 信息分析技术：包括 GIS 技术、位移时空综合分析技术等。
7. 改造技术：包括多功能锚固、反馈动态设计等。

地质体实质是一个多尺度的时空四维复杂体系，3S（GPS.RS.GIS）集成技术尤其在数据采集与更新、空间检索与查询、信息的时空分析与可视化和信息共享与输出等方面表现出了其强大的应用优势，为研究地质体的几何学、运动学和动力学特征提供了先进的技术手段。目前，3S 技术已经广泛应用于地质灾害空间分析、制图、数据处理、模型预报和预警系统研究。

五、地质工程专业的设立和发展

在国外，不少高校在 20 世纪 90 年代初开始设立地质工程专业。至 2000 年，设立有地质工程专业的高等院校在美国有 16 所，加拿大有 8 所。我国的一些高校在 1997 年开始设立地质工程专业。据统计，目前我国普通高等学校设地质工程专业的有 14 所，培养地质工程专业研究生的高等院校和科研所有 17 所。由于近年我国高校学科专业的调整和合并，一些高校地质工程专业的教学内容和研究方向与实际的地质工程学还有所差距，有的仍主要停留在工程地质评价与预测阶段。但是，地质工程专业无疑正朝着地质工程学这一新的研究方向发展，这些专业的设立和开办，为今后培养专业人才和推动地质工程学的发展都将起到十分重要的作用。

地质工程学是一门实践性很强的学科，必须强调理论与实践相结合。当今地质工程专业的发展趋势表现出以下几个主要特点：

1. 系统性。从地球系统科学的角度研究地球及人类工程活动，为人类生存环境的改善、生活质量的提高以及人类社会的可持续发展提供知识和技术基础，是新世纪地质工程专业发展的主要目标。

2. 综合性。地质工程专业是一门综合性很强的学科。它涉及了地球科学、土木工程和环境工程 3 大相关学科。既需要地球科学的许多分支，如地质学、地球化学、地球物理学、地貌学和水文学等，也需要有土木工程学的许多分支，如工程力学、材料学、建筑学等，同时又需要环境工程学的环境保护知识。只有从各学科吸取营养，进行学科交叉和融合，地质工程学才能不断发展和创新。

3. 现代性。在当今科学技术迅速发展的今天，尤其是航天卫星技术、人工智能技术、计算机技术等高科技的发展，大大推动了地球探测技术的进步。地质工程学的研究需要依靠大量的空间数据，而 RS，GIS 和 GPS 三大技术的集成和应用将提供从定性到定量的空间数据和地质信息，并可用来进行数据分析、管理和决策。

六、目前存在的问题

1. 地质工程学还处在一个发展的阶段，现在的工程指导理论还没有完全成熟，有关岩体力学的相关理论还不能很好地解决工程实践中遇到的问题。在任何情况下，成功的解决方案依赖于对地质条件的正确判断。地质条件包括地层关系、岩体的不连续性、材料属性和地下水条件等。在地质工程的实践中，经验应用和正确判断仍是很关键的因素。

2. 地质工程师在工程实践中有的偏于地质分析，有的偏于工程施工，使地质和工程相脱节。在工程计算和模拟的过程中，稳定性判断计算方法过于简单，计算参数缺乏科学性。

3. 在地质工程领域中，地质是基础，设计是灵魂。现在有关设计的理论还很少，工程设计还缺乏具体的标准和规范。因此，加强地质工程设计方面的研究对于地质工程的发展非常重要。

七、展望

城市化是世界各国发展的共同趋势，是人类文明和进步的标志。但伴随而来的人口剧增和许多大型工程的城市化建设，人类社会将会面临土地资源枯竭、水资源短缺、地质灾害频繁以及生态环境的污染等一系列问题的挑战。如何解决这些问题也是地质工程所面临的问题和难题。因此，地质工程学家任重而道远。我国的"西部大开发"则是对我国国民经济布局的一次战略性重大调整，将使我国中西部地区建设进入历史性大发展时期。按照国家部署，西部大开发的重点将是基础设施建设、生态环境保护与恢复和能源资源开发。这为我国地质工程的发展带来了新的机遇。

地质工程作为一门新的学科正在兴起，现在，越来越多的人已接受了这个概念。地质工程本身的概念和内涵将在工程实践中不断得到发展和完善。从工程地质发展到地质工程，是从认识世界走向改造世界，是一个质的飞跃。

地质工程不仅是一门科学，也是一门艺术。地质工程设计的最高理念就是把工程与自然巧妙地结合起来，"将工程置于自然"。地质工程的发展不仅需要自然科学、工程技术和社会科学的结合，更需要科学精神与人文精神的融合。只有尊重和顺应自然，人类才能与自然和谐共处，创造人类社会的美好未来。

第二节　矿产勘查学概述

一、矿产勘查概论

（一）熟悉矿产勘查的基本概念与原则

矿产勘查亦称矿产资源勘查或矿产地质勘查。它是在区域地质调查基础上，根据国民经济和社会发展的需要，运用地质科学理论，使用多种勘查技术手段和方法对矿床地质和矿产资源所进行的系统调查研究工作。矿产勘查是矿产普查、矿产详查与矿产勘探的总称或总和。它与"地质调查""地质勘查"等术语的含义不同。"地质调查"一般是指基础性的区域地质测量工作，而"地质勘查"则是有更广泛的意义，它一般概括了所有各类专门性勘查，如矿产勘查、水文地质勘查、工程地质勘查、环境地质勘查等等。

矿产勘查基本原则一直是矿产勘查学讨论的一项基本内容，其5个具体原则如下：

1. 因地制宜原则

这个原则是矿产勘查的最基本和最重要的原则，这是由矿床复杂多变的地质特点和勘查工作性质所决定的。大量勘查实践的经验证明，只有从矿床实际情况出发，实事求是地决定勘查各项工作，才能取得比较符合矿床实际的地质成果和更好地经济效果；如果脱离矿床实际，主观臆想地进行工作，必然使勘查工作遭到损失和挫折。而要想做到按照客观矿床实际情况部署各项工作，必须加强对矿床各方面特点的观察研究工作，同时又要加强与矿山设计建设单位的联系，以便使矿产勘查工作既符合矿床地质实际，又能满足矿山设计建设需要的实际。

2. 循序渐进原则

这个原则反映了人们对矿床认识过程的客观规律。认识过程不可能一次完成，而是随着勘查工作的逐步开展而不断深化，故矿产勘查应本着由粗到细、由表及里、由浅入深、由已知到未知的这一循序渐进原则。矿产勘查工作不可任意超越程序阶段的规定。

3. 全面研究原则

这是由矿产勘查的目的决定的，反映在对矿床进行地质、技术和经济全面的研究评价，克服矿产勘查的片面性，实现全面阐述矿床的工业价值。

4. 综合评价原则

自然界的矿床几乎没有单矿物矿石存在，它们都含有或多或少的有益组分，因此涉及矿产的综合利用，它对矿床的价值起到至关重要的影响，使矿床由单一矿产变为综合矿产，使无意义的贫矿变为可供开发利用的工业矿床。

5. 经济合理原则

经济合理原则是矿产勘查的基本原则中非常重要的原则。矿产勘查本身就是一项经济活动，它受经济规律的制约，因此在矿产勘查过程中自始至终都要重视经济合理的原则。在保证矿产勘查程度的前提下，用最合理的方法，最少的人力、物力、财力的消耗，在较短时间内取得最好的地质成果和最大的经济效果。

（二）了解矿产勘查阶段的划分

划分为：矿产普查阶段；矿产详查阶段；矿产勘探阶段；矿山开发勘探阶段。

1. 矿产普查阶段

矿产普查是矿产勘查的起始阶段。其目的任务是根据已有的地质矿产资料和找矿信息，以一种或几种矿产为普查对象，运用有效技术方法，在选定的普查区内，大致查明成矿地质背景，圈出成矿背景地段，寻找、发现与评价各类物探异常、化探异常、矿化点或办点，查明是否有进一步工作价值的矿床或矿体（层），为详查工作提供依据。

2. 矿产详查阶段

矿产详查的目的任务，是对经过普查阶段证实具有进一步工作价值的矿区（矿产地），做出是否具有工业价值的评价，为是否进行勘探阶段工作提供依据。对有经济价值的矿区（床），详查工作成果可以作为矿山（区）总体规划或总体设计以及矿山项目建议书的依据。

3. 矿产勘探阶段

矿产勘探目的任务是对具有工业价值并拟近期开采利用的矿床进行勘探，探求各级储量，提交勘探报告，为矿山建设设计确定矿山总体布置、生产规模、产品方案、开采方式、开拓方案、矿石选冶加工、矿山远景规划、矿山经济效益等提供必需的资料依据。

4. 开发勘探阶段

开发勘探是在矿山基建和矿山生产过程中，为矿山基本建设的顺利进行和矿山持续、正常生产，以及为合理开发和充分利用矿产资源等目的，而对矿床进行深入研究和探矿工作。其目的任务是在基建和开发地段，准确地图定矿体，确切查明矿体内部构造及各种矿石类型的空间分布，提高储量级别，精确地计算矿产储量和生产矿量，为指导基建施工和编制矿山开采计划，提供更加准确、可靠的地质技术与经济资料。

（三）熟悉矿产勘查的基本工序

进行任何一个矿产勘查项目的工作，一般都包括四个基本工序（或环节）：即立项论证、设计编审、组织实施和报告编审。

1. 勘查项目的确立与论证（立项论证）

矿产勘查生产活动在微观上总是以勘查项目为基本的工作对象的。所谓勘查项目是指：凡根据经济建设和社会发展需要纳入计划的，或接受委托的，在指定地区，以客观地质体或矿体为研究对象，完成特定的勘查任务.独立编制设计，进行地质作业；并提交勘查报告的矿产地或工作地区，即为勘查工作项目，简称勘查项目。勘查项目也是矿产地质勘查单位进行经济管理、经济核算、组织施工、考核勘查、经济效益的基本对象。

矿产勘查项目的立项（简称立项）是勘查项目管理全过程中的首要环节，也是最重要的环节，矿产勘查工作的社会经济效益，在很大程度上取决于立项；立项不正确，会造成勘查投资的大量积压或浪费，甚至影响其他急需勘查工作的开展。因此，必须要搞好立项关。

2. 勘查设计的编制与审批（设计编审）

矿产勘查项目确定之后就要制定勘查生产活动的行动方案——勘查设计。勘查设计要做到任务明确、部署合理、方法得当、措施有力、技术可行、经济合理。设计应经有关部门审查批准。

设计编写完毕要上交主管部门审批，只有经过上级批准之后才能具体实施。在执行过程中，发现新问题可及时修改，对重大变动要向上级主管部门报告.并组织专家研讨，制定修改设计的方案，然后实施。勘查工作的组织与实施，必须依据设计进行。

3. 勘查报告的编制与审批（报告编审）

每一勘查阶段工作结束，应编写相应勘查报告。普查、详查、勘探工作连续进行面积不变的勘查区（矿床）的普、详查报告可简化报告章节内容及附图附表，也可经过主管部门批准不再独立编写报告，但应将本勘查阶段取得的勘查成果反映到下一勘查阶段设计中去。

在野外工作结束前，必须按相应勘查阶段总则或矿种规范和设计要求，对勘查区（矿床）的工作程度和第一性资料的质量进行野外检查验收。检查验收中发现的重大问题，应在报告编写前解决。

一般普查报告由勘查单位审查批准；重点普查报告和详查报告由勘查单位预审，报省、市、区地矿（勘）局或大区地勘局审查批准；勘探报告经勘查单位上级主管部门市查通过，再报省、市、区储委或全国储委批准。各级报告审批机关应对所审批的报告质量等级予以评定并写出审批决议书。

二、矿产勘查技术

（一）熟悉矿产勘查技术手段

1. 地质测量法

地质测量是根据地质观察研究，特区域或矿区的各种地质现象客观地反映到相应的平面图或剖面图上。它具有以下特点：

（1）地质测量法是一种通过直接观察获取地质现象的方法，因此具有极大的直观性和可信性。对所获得的地质现象进行系统分析和综合整理，对区域及矿区的成矿地质环境进行论述，因此具有很强的综合性。

（2）地质测量成果是合理选择应用其他技术方法的基础，也是其他技术方法成果推断解释的基础，因此它是各种技术方法中的最基本的最基础的方法。

（3）从矿产勘查技术方法研究的对象和内容来看，地质测量法既研究成矿地质条件也研究成矿标志，而其他技术方法主要是研究成矿标志和矿化信息。

（4）地质测量往往可以直接发现矿产地，因此它具有直接找矿的特点。

在矿产勘查的不同阶段、不同地区均应进行地质测量。所采用的比例尺分为小比例尺（1：100万～1：50万）、中比例尺（1：20万～1：5万）、大比例尺（1：1万或更大）等3种类。

2. 重砂测量法

重砂测量是以各种疏松沉积物中的自然重砂矿物为主要研究对象，以解决与有用重砂矿物有关的矿产及地质问题为主要内容，以重砂取样为主要手段，以追索寻找砂矿和原生矿为主要目的的一种地质找矿方法。

重砂采集有三种方法：水系法、水域法、测网法。

重砂成果图表式法有：圈式法、符号法、带式法及等值线法。

3. 地球化学测量法

地球化学测量（或称地球化学报矿，地球化学探矿，简称化探），是以地球化学及矿床学为理论基础，以矿产勘查为主要目的而发展起来的一门方法学科。

地球化学测量主要是研究成矿元素和伴生元素在地壳中的分布、分散及集中的规律。

地球化学测量是通过系统的样品采集来捕捉找矿信息的。

地球化学测量是通过发现成矿元素及伴生元素的分散晕（流），即通过元素的异常分布来进行找办的，因此对地球化学元素异常进行正确的解释评价是一项至关重要的研究内容。

主要方法有：岩石测量法、土壤测量法、水系沉积物测量法、水化学测量法、生物测量法、气体测量法。

地球化学测量的主要任务是研究地球中元素的分布及其运动规律，其目的是通过发现与矿化有关的地球化学元素异常，寻找有经济价值的矿床。

4. 地球物理测量法

地球物理测量（或称地球物理探矿，简称物探），是以物理学及地球物理学为理论基础，与地质学相结合，应用到地质矿产勘查领域。

地球物理测量的对象总体上可分为目标物与目的物两类，前者是与要寻找的矿产有关的地质体，后者是要寻找的矿体。不管是目标物或目的物，它们必须具备：与围岩的物理性质具有明显差别，目标物与目的物应具有一定的体积规模。

地球物理测量结果的多解性，一直是影响地质矿产勘查效果的重要因素。

测量方法：放射性测量法、磁法、自然地场法、中间梯度法、中间梯度装置的激发极化法、联合剖面法、偶极剖面法、电测探法、充电法、重力测量、地震法。

地球物理测量方法应用于矿产勘查的各个阶段，并且可以从空中、地面、地下来收集信息，因此得到了广泛的应用。特别是在地质条件及地形地貌条件有利时，可取得较好的勘查效果。

5. 遥感地质测量法

遥感地质测量是在航空摄影基础上发展起来的先进技术。它不需要直接接触目标物，而是运用现代化的运载工具和仪器，从一定距离对地表目标物的某些波段电磁波的发射或反射现象进行探测，从而来识别目标物。其大致步骤是，遥感装置将地面地物发射或反射的光信号，经过光电效应转换为电信号，用磁带记录下来发回地面，经计算机处理成各种图像或数据，再对图像进行判释及数据的进一步处理，获取信息资料。同其他勘查技术方法相比，遥感地质测量具有视域广、覆盖面大、速度快、成本低等特点，并能反映地下特点的"透视"信息。

第一，遥感地质测量是地质制因的重要手段，特别是在中、小比例尺地质制图时，得以有效的应用。它可以了解地表大型构造及"透视"地下某一深度地质构造，可以发现地表难以发现的构造现象。

第二，遥感地质测量是一种间接找矿方法，可以勘查与矿化有关的地质构造标志，分析成矿地质条件及控矿因素，综合其他找矿信息，圈定找矿远景区，缩小勘查目标，达到间接找矿的目的。

6. 探矿工程法

目前国内外对金属、非金属矿床勘探，大量采用的勘探技术手段仍然是钻探和坑探工程，一般称之为探矿工程。

探矿工程是一种主要的勘探技术手段，其最大的优点在于可以直接验证或观察矿体，特别是坑道工程，人员可以自由出入，对矿体进行直接的观察、取样、编录，而钻探可以通过岩心对矿体进行取样分析，无论是坑探或钻探都是一种直接探矿方法，是其他各种方法所不能的。因此在矿床勘探阶段得到最广泛的应用。

探矿工程特别是坑道工程，它不但在矿床勘探时运用，同时这些坑道工程，在矿床开采阶段也可运用，这就要求在设计坑探工程时要考虑到开采时应用的可能性，可大大降低工程费用，在经济上是可行的。

钻探工程勘探深度大，施工速度快，消耗费用相对坑探工程要低得多，同时施工灵活，不但在地面可进行施工，同时在地下坑道中也可布置施工坑内钻。因此钻探工程成为矿床勘查最常规的不可缺少的技术手段。

探矿工程分类：坑探工程（探槽、浅井、平窿、石门、岩脉、穿脉、竖井、斜井、暗井）及钻探工程（浅钻及岩性钻）。

（二）了解矿产勘查方法的合理使用

1. 勘查工作阶段

矿产普查阶段工作范围较大，以查明成矿有利区段，固定成矿预测区，优选找矿靶区为主要内容，同时对已发现的矿点进行检查评价，以确定其能否转入详查。

详查阶段主要是对成矿有利地段及找矿靶区的成矿地质条件及控矿因素进行详细研究，对矿床进行地表及浅部的研究，揭露、追索、圈定矿体，用较稀的工程对矿床深部变化情况进行适当控制，查清矿床总体规模、产状，对矿床矿石的技术加工性能及开采技术条件提供必要的资料，并做出初步工业评价。经过详查，对成矿有利地段及矿床基本上做出是否能转入勘探的结论。

矿床勘探阶段主要勘查研究对象是矿床，要求对矿床进行全面系统深入地勘查研究，查清矿床的控制因素，查明矿床深部的形态、规模、产状及其变化规律，查清矿石质量变化，查清矿石的开采技术条件及加工技术性能，精确计算矿床储量，最终要进行矿床的详细工业评价。

上述各勘查阶段具有先后顺序，前一阶段的勘查成果是后一阶段勘查的基础，采取什么勘查技术方法及其合理配置组合，应充分考虑勘查对象的勘查程度，一定要按着勘查程序来进行，切不可进行超越阶段的勘查工作，避免造成勘查中的重大失误或者造成勘查资金的大量积压。

2. 地质条件和矿产特征

任何矿产的形成都离不开特定的地质条件，而任何一个矿体的就位空间又都受控于特定的控矿因素，也可以说成矿地质条件，如控矿地质因素对矿产的形成和分布在一定程度上具有密切相关性。查明成矿地质条件和控矿地质因素，具有间接指示找矿的作用。总之，成矿及控矿地质条件和因素的勘查，既是间接找矿的前提，又是直接找矿不可缺少的主要依据。

对于不同的矿种和不同的矿床类型，由于其成矿地质条件（即地质场）、地球物理场、地球化学场不尽相同。因此选择的勘查方法次有所区别。例如对于多金属硫化物矿床，由于导电性能较好，氧化带发育、元素的迁移扩散能力强，因此运用电法测量及地球化学的各种方法具有较好的找矿效果，对于铁矿床，内于具有一定的磁性，改选择磁法进行勘查，会取得满意成果。对于同一种矿产由于其矿床的成因类型不同，在勘查方法的选择上也有所区别，如同是铁矿床，对沉积变质铁矿床、钒欲磁铁矿床、矽卡岩型铁矿主要采用地质测量法、磁法及重力测量方法，对沉积型铁矿，则主要运用地质测量法，进行详细的层剖面测制及岩相古地理研究。

3. 自然地理条件

自然地理条件系指工作区的地形地貌、气候、水系发育程度、基岩的剥蚀发育程度、第四系覆盖层的发育程度等。这些因素在某些时候往往是影响勘查方法选择的主要条件。下而将有代表性的自然地理条件分区及勘查方法介绍如下：

（1）高山区地形复杂，山势较高，切割强烈，基岩出露较广，水系发育，交通困难。该区适合的勘查方法，主要为航空物探、航空化探、遥感地质测旦、水系沉积物测量、重砂测量、地质测量法等。

（2）高寒山区山势起伏较大，地形复杂，大部分届常年冰冻。气候寒冷。可选用航空物探、遥感地质测量、地质测量，配合水系沉积物测量、重砂测量及地面物探法。

（3）林区森林覆盖，通视条件差，基岩露头极少，覆盖层较厚，水系较发育，沼泽泥地较多，交通甚是困难。可选用遥感地质测量、航空物探（航磁、放射性）、航空化探、水系沉积物测量、生物地球化学测量、重砂测量、地质测量、必要时用探矿工程进行揭露。

（4）大面积覆盖的平原区第四系覆盖层面积大且较厚，基岩露头很少见到，地势平坦，交通方便。可选用遥感地质测量查找隐伏地质构造，物探方法、水化学及气体地球化学测报、普查性钻孔。地质测量法效果不好。

（5）潮湿区潮湿京雨，水系发言，风化作用强烈，有一定的覆盖层。可先用地质测量法、水系沉积物测量、水化学及土壤地球化学测量、磁法、重力等物探方法。电法不宜采用。

（6）亚热带农作物区潮湿多雨，木系发育，覆盖层较厚，气候温暖。配合遥感资料解析进行地质填闯，物探、水系沉积物测量、水化学测量、土壤地球化学测量。

（7）干燥区干燥少雨，温差大，风沙大，地形起伏不其强烈，于谷发言，经常断流，沙漠覆盖面广。配合遥感资料解析进行地质填图、航空及地面物探、气体地球化学测量等，根据需要进行探矿工程揭露。

三、勘探系统工程

（一）了解勘探工程的总体布置

1. 勘探线

一组勘探工程从地表到地下按一定间距布置在与矿体走向基本垂直的铅垂勘探剖面内，并在不同深度揭露或追索矿体。这种勘探工程的总体布置形式，称勘探线。

2. 勘探网

勘探工程布置在两组不同方向勘探线的交点上，构成网状的工程总体布置方式，称勘探网。其特点是可以依据工程的资料，编制二至四组不同方向的勘探剖面，以便从各个方向了解矿体的特点和变化情况。

勘探网布置工程的方式，一般适用于矿区地形起伏不大，无明显走向和倾向的等向延长的矿体，产状呈水平或缓倾斜的层状、似层状以及无明显边界的大型网脉状矿体。

勘探网与勘探线的区别在于各种勘探工程必须是垂直的，勘探手段也只限于钻探工程和浅井，并严格要求勘探工程布置在网格交点上，使各种工程之间在不同方向上互相联系。而勘探线则不受这种限制，且有较大的灵活性，在勘探线剖面上可以应用各种勘探工程（水平的、倾斜的、垂直的）。

勘探网有以下几种：正方形网、长方形网、菱形网及三角形网。

3. 水平勘探

主要用水平勘探坑道（有时也配合应用钻探）沿不同深度的平面揭露和圈定矿体，构成若干层不同标高的水平勘探剖面。这种勘探工程的总体布置形式，称水平勘探。

（二）了解勘探类型

1. 勘探类型的概念及划分依据

在矿体地质研究和总结以往矿床勘探经验的基础上，按照矿床的主要地质特点及其对勘探工作的影响（即勘探的难易程度），将相似特点的矿床加以理论综合与概括而划分的类型，称矿床勘探类型。

划分矿床勘探类型的目的，在于总结矿床勘探的实践经验，以便指导与其相类似矿床的勘探工作，为合理地选择勘探技术手段，确定合理的勘探研究程度及勘探工程的合理布置提供依据。

划分矿床勘探类型的主要依据是：矿体规模的大小，矿体形态的复杂程度，矿体产状稳定性及矿体中主要有用组分的分布均匀程度和矿化的连续程度等。

2. 勘探类型的划分及注意的问题

新的地质勘探规范中将我国铁矿床的勘探类型分为4类；铜矿床的勘探类型分为5类；硫铁矿床的勘探类型分为4类；磷矿床的勘探类型分为5类。注意的问题：

（1）矿床勘探类型是反映前人在一个时期内对矿床勘探工作经验的总结，它只能为类似矿床的勘探工作提供参考和借鉴。因此，在具体矿床勘探过程中，应加强对矿床本身的几个特点和变化规律的研究，从矿床实际出发，参照相似矿床勘探类型的勘探经验，进行工作，切忌生搬硬套。

（2）矿床勘探分类的标志，主要是矿体的变化性，而一个矿床往往是由几个以上的大小不一，甚至变化性也不相同的矿体组成。在这种情况下，确定矿床勘探类型时，要分清主次矿体及其变化情况，如果主次矿体任同一地段平行重叠分布，且间隔较小时，应以主矿体为准；若矿体间距较大，或主次矿体分布于不同地段，勘探或开采都可以构成单独的系统，则主次矿体分别确定其矿床勘探类型。

（3）勘探类型的划分，不能单纯采用定量的方法，如以合矿系数表示矿化连续性，以品位变化系数的大小区分有用组分分布的均匀性，以厚度变化系数反映矿体形态的稳定性。实际上，矿体的各种变化标志是互相关联的，如矿体形态与产状之间、矿体厚度与矿石质量之间、矿体厚度或质量与构造之间等等都有着不同程度的联系。对这些关系的研究，必须从各个工程之间，各个别面之间加以详细研究与对比，才能找出规律。而定量标志本身并不能解决这些因素之间的关系。

（4）划分勘探类型的各因素，既互相联系，又互相区别。

（5）确定一个矿床勘探类型的过程是对矿床认识逐渐深化的过程，企图在矿床勘探一开始就准确无误地划分其勘探类型是有困难的。

（6）在划分一个具体矿床的勘探类型时，常常会发现按某些因素考虑应届一种类型，而按另一些因素考虑应属另一类型，这时除按主要矿体，主要因素来确定矿床勘探类型外，还要考虑中间类型或过渡类型的问题。

（三）了解合理勘探网密度的确定

勘探网度又称勘探工程间距或勘探工程密度。是指每个截穿矿体的勘探工程所控制的矿体面积，通常以工程沿矿体走向的距离与倾斜的距离来表示。例如勘探网度 $100 \times 50m$，是指工程沿矿体走向的距离为100m，沿矿体倾斜或变化最大方向的距离为50m。

合理勘探网密度，就是能够使获得的地质成果与真实情况之间的误差在允许范围之内的最稀的勘探网密度。也就是能够保证勘探所得的某一级别储量符合列入这一级别储量所要求的条件的最稀的勘探网密度。

四、矿产资源／储量

（一）了解矿产资源／储量的概念与分类

矿产资源，简称资源，是指赋存于地下或地表的固体、液体和气体的自然富集物质，其产状、空间分布、形态、规模和质量，可为当前或未来的技术经济条件所开发利用，具有现实和潜在经济意义的物质。对矿产资源所估算或计算的数量称为矿产资源量。

矿产储量，是矿产资源量中已勘查矿产资源量中的一部分，经勘查证实存在矿床（体），其空间分布、产状、形态、规模和质量能为当前工业生产技术条件所开发利用，国家政策允许开发的原地矿产资源量，按照现行工业指标团定、计算的能利用或可能利用的探明储量和远景储量。

（二）矿产储量估算

1. 熟悉矿产储量工业指标

矿产工业指标简称工业指标，亦称矿产工业要求。它是在当前技术经济条件下，矿产工业部门对矿产质量和开采条件所提出的技术标准或要求。它是评定矿床工业价值、圈定矿体划分矿石类型和品级、计算储量应遵循的标准。主要指标有：

（1）边界品位又称边际品位，是固定矿体时对单个样品有用组分含量的最低要求，是区分矿体与围岩（或夹石）的品位界限。边界品位下限不得低于选矿后尾矿中的含量，一般应比选矿后尾矿品位高 1～2 倍。边界品位的高低将直接影响矿体的形态、矿体的平均品位和储量。在综合性矿床中，用有工业意义的几种有用组分的总含量表示，但须先把有用组分的含量折算成有最大采收价值的标准主要组分含量。

（2）最低工业品位简称工业品位，是指单个工程中或储量计算的既定块段中，有工业意义的有用组分平均含量的最低要求。即最低可采晶位或经济平衡品位——在当前技术经济条件下，开发这类矿产在技术上可行、经济上合理的品位，也就是矿物原料的采收价值能补偿生产商品矿石所付出的全部费用，而采矿利润率为零时的品位。工业品位的高低直接影响表内、外储量的比例，过高、过低都不行。最佳的工业品位应当是既能使富矿顶、底板的贫矿尽可能多地列入表内储量中，又不使块段失去工业价值. 同时又能保证将表外的贫矿地段圈定出来。

（3）最小可采厚度简称可采厚度，是指矿石质量符合要求时，在一定技术经济条件下，行工业开采价值的单层矿体的最小厚度，它可作为区分表内、外储量的标准之一。一般情况下，小于这一厚度的矿体不能视为工业矿体。

（4）最低工业米百分值简称米百分值或米百分率，也表作米克／吨值。它是最低工业品位与最小可采厚度的乘积。它只用于圈定厚度小于最小可采厚度，而品位大于最低工业品位的矿体时使用。在此前提下，如果矿体厚度与品位乘积大于或等于这一指标时，可将这部分矿体视为工业矿体，其储量划入表内储量范围。

（5）夹石剔除厚度。夹石剔除厚度亦称最大允许夹石厚度。是指根据开采技术条件和矿床地质条件，在储量计算圈定矿体时允许夹在矿体中间的非工业矿石（夹石）的最大厚度或应予剔除的最小厚度。厚度大于或等于这一指标的夹石，应子剔除，反之，则合并于矿体中连续采样计算储量。但要防止由此造成矿石品位贫化而达不到工业要求。

（6）有害杂质最大允许含量是指储量计算块段或单个工程中，对矿产品质量和加工过程起不良影响的组分允许的最大平均含员。因而它也是衡量矿石质量和利用性能的工业指标。对于直接用来冶炼或加上利用的富矿及一些非金属矿产，如耐火粘土材料、熔剂原料等更是一项重要工业指标。

（7）伴生组分最低含量伴生组分、有用组分和有益组分。伴生组分最低含量就是对伴生有用组分和伴生有益组分含量的最低要求。伴生有用组分是指在加工主要组分时，可以顺便或单独提取的组分，如某些铁矿石中的钒，磷矿石中的碘，锌矿石中的锦等。伴生有益组分是指有利于主要有用组分加工过程、加上后产品质量提高的伴生组分，如某些铁矿石含有达不到综合回收标准的稀土、硼等元素，但在冶炼时进入钢铁，从而可以提高钢铁产品质量。

2. 熟悉储量边界线的圈定和储量估算

储量计算是在矿体的一定界线内进行的，故在计算之前，须在储量计算图纸上按工业指标圈出这些储量边界，将储量计算的范围确定，这项工作称为储量边界的固定。储量边界线的种类及圈定方法：

（1）零点边界线及圈定方法

零点边界线是在投影面上，矿体厚度或有用组分含量趋于零的各点连线。是表明矿体完全结束的边界，即矿体尖灭点的联线。零点边界线常常是为了确定可采边界线时的辅助线，而不是真正意义的储量边界，因矿产储量不可能计算到零点边界为止。零点边界的确定主要有中点法、自然尖灭法、地质推断法和几何法等。

（2）可采边界线

可采边界线是按最小可采厚度和最低工业品位或最低工业米百分值所确定的基点的联线，它是用来圈定工业矿体的边界位置，即可采边界内的矿产储量为能利用的储量或表内储量。可采边界基点的确定一般用内插法确定。

（3）矿石品级和类型边界线及确定

是在可采边界线的范围内，按矿石技术品级和类型的要求标准，划定的不同技术品级和矿石类型的分界线。表明各种品级和类型的矿石在工业矿体中的分布情况。确定矿石品级和自然类型的边界时，是在可采边界范围内．必须注意控制矿石品级和自然类型的地质因素。

（4）储量级别边界线的圈定

即按不同储量级别条件所圈定的界线。例如 A、B、C、D 级储量的分界线。储量级别的高低主要反映对矿体的控制研究程度。所以在确定储量级别边界时，实质上就是分析控制研究程度。主要考虑勘探网度、矿体外推性质、连矿的可靠性等因素来划分。当勘探网度确定后，根据勘探工程种类和实际控制距离是否达到网度要求来划分不同的储量级别。一般有限外推可得 C 级储量，而无限外推则只能得 D 级储量。工程间矿体连接是单方案的，储量级别可高些，若为多方案时，储量级别就要降低。

（5）内边界线与外边界线

内边界线是矿体边缘见矿工程控制点连接的界线，它表示被勘探工程所控制的那部分矿体的分布范围；外边界线是根据边缘见矿工程向外或向深部推断确定的边界线，以表示矿体的可能分布范围。从空间上说，零点边界线属于外边界线，而其他几种边界线可在内边界线之内，也可在内、外边界线之间。

（6）暂不能开采边界线（表外储量边界线）

这条界线是根据边界舱位固定的，此线与可采边界线之间的储量为表外储量。

第三节 地质勘查行业现状与趋势

一、地质勘查工作的常见问题

（一）我国地质勘查工作的现状

现阶段我国社会、经济以及文化处于高速发展阶段，特殊的经济形态决定了其对矿产资源的庞大需求量，各项基础设施工程、大型项目的不断建设也急需大量矿产资源，但是由于当前有效矿产资源的数量相对较为有限，必须通过地质勘查工作来开发一大批新的矿产资源项目，以确保我国社会、经济、文化可以顺利转型。虽然我国地广物博、矿产资源蕴藏量十分庞大，但是由于受到科技、政策等诸多因素影响，很多矿产资源在当前依旧处于无法开采的状态，而且有一大批矿产资源无法通过地质勘查工作进行检测，地质勘查工作在勘察深度上与国外相比，依旧存在较大的差距，所以我国当前地质勘查工作依旧停留了初级发展阶段，还需要很长一段时间来创新各项地质勘查技术及机械设备，亟待建立一套适用我国国情的地质勘查工作机制。但是由于在过往的地质勘查工作中积累了十分丰富的经验，在矿产资源找矿方面拥有了十分雄厚的基础，只要充分地质勘查过程中的各类常见问题，便可以在工程地质勘查和矿产资源地质勘查等方面取得显著成就。我国政府主导部门在新时期已充分认识到地质勘查过程中存在的一些常见问题，并开始引导地质勘查领域进行工作体制及技术创新、改革，通过加强地质勘查专业人才的培养力度来满足社会经济发展需求，确保地质勘查工作可以更好地服务于市场经济体制建设。

（二）地质勘查过程中的常见问题

1. 地质勘查资金投入不足

新中国成立后为了满足社会生产领域对各类矿产资源的需求，一大批地质工作者投入到地质勘查工作中，而我国地质勘查工作在该阶段也取得了举世瞩目的成就，不仅彻底打破了西方国家认为中国是个矿产资源十分贫瘠国家这一荒谬言论，同时也为我国社会主义初级阶段的社会、经济发展提供了大量矿产资源。近年来，我国矿产储量的年增长率开始呈现出逐年下降的趋势，这不仅是因为地质勘查工作难度的不断上升，同时也表现出国家对地质勘查工作资金投入力度的下降，当前的资金水平已无法满足地质勘查工作的实际需求，在很大程度上限制了地质勘查工作的健康发展。

2. 地质勘查管理机制不完善

现阶段我国中央政府、地方政府为了满足社会经济发展需求，纷纷成立了技术水平差异较大的地质勘查队伍，但是各地质勘查单位都隶属于不同的部门和技术领域，导致各地质勘查单位掌握的地质勘查资料无法进行有效整合，这不仅不利于地质勘查工作在新时期的快速突破，同时也显示出地质勘查工作管理机制的不完善。

3. 地质勘查工作匮乏创新力

地质勘查工作是一项急需大量创新力的工作与技术领域，但是从当前工程地质勘查、矿产资源地质勘查等领域中，可以明显看出其工作中严重匮乏良好的创新力，尤其是我国具有宏观影响的找矿成果相对较少，在地质勘查领域也匮乏一大批行业领军人物，因此，我国地质勘查工作在国际地质学术领域的研究水平亟待提高。

4. 地质勘查工作机制过于落后

我国现有的地质勘查单位一般都是在计划经济体制下建立的，而该种工作体制下地质勘查工作的投资者和受益者均为国家，而地质勘查工作机制也是在该种形态下建立的，我们无法否认该种地质勘查工作机制在特定历史阶段创造了很多成就，但是在当前市场经济体制下其无法满足社会、经济、文化的发展要求。市场经济体制下政府开始转为公益性地质勘查，市场开始成为地质勘查工作的投资和受益主体，但是就当前公益性地质勘查单位和营利性地质勘查单位发展状况来说，其在资产、人员、装备以及工作机制等方面存在较大差距，尤其是地质勘查单位的投融资能力、抗风险能力无法适应市场经济体制要求，其必须建立出一套适应时代发展要求的长效工作机制，这样才能充分解决地质勘查过程中存在的诸多问题，这也是确保地质勘查工作可以更好地服务于社会、经济发展的有效途径之一。

（三）解决地质勘查过程中常见问题的策略

1.完善国家地质勘查管理机制

当前地质勘查工作必须要坚持统筹规划、合理布局的基本原则，要将科学发展观贯穿到地质勘查工作全过程中，对公益性地质勘查单位、商业性地质勘查单位进行统筹，并要进一步统筹中央地质勘查单位与地方地质勘查单位的联系，促使国内地质勘查行业发展与地质勘查领域的对外开放，这样才能充分发挥出地质勘查工作的先行性作用。政府主导部门要根据国内地质条件和矿产资源分布特点，按照市场经济内在发展规律要求对地质勘查工作区域及技术领域重新布局，并要进一步引导国内商业性地质勘查单位的秩序性，这样才能不断提高地质勘查工作的精度、深度以及广度。

2.进一步提高地质勘查技术的有效性

我国社会、经济、文化高速发展的内在动力主要在于创新力，而地质勘查工作的健康发展也无法离开创新力，因此，当前国内地质勘查单位要将区位优势转为科技创新优势，不仅要对地质勘查技术、仪器设备进行创新，同时也要对地质勘查理论、方法以及手段进行创新，进一步加大现代信息技术在地质勘查工作中的应用，只有充分发挥出科技在地质勘查工作中的支撑和引领作用，才能促使我国地质勘查工作技术、方法、理论的快速革新与完善。地质勘查工作中要根据特定矿产资源的成矿规律和控矿条件，来灵活的使用各项先进的地质勘查技术与仪器设备，这样才能彻底打破当前地质勘查工作胡乱套用老方法、老手段的弊病。

3.地质勘查工作应全面实施"走出去"战略

世界上没有一个国家的矿产资源可以满足其可持续发展要求，所以我国地质勘查单位必须坚持"走出去"战略，到一些成矿条件较好的国家来开展优势矿种勘察工作，这已成为当前社会、经济、文化发展对地质勘查工作提出的新要求、新目标。地质勘查单位在"走出去"过程中必须根据当地的政策、法律以及人文环境，对已有的人力资源、资金能力以及矿产资源信息进行快速整合，并要在遵循国际投资运行规则的基础上建立一套完善的长效工作机制。

二、地质勘查行业现状与趋势

近年来，勘探行业、大型企业投资重点是低风险的矿产勘查项目，2014 年矿产勘查投入首次超过草根勘查，并在 2017 年超过后期勘查，成为投资比重最高的一类勘查项目。从投入结构看，2017 年矿区勘查投入占比 37%，后期勘查投入占比 36%，草根勘查投入占比 27%。

国内勘查项目融资逐年减少。受矿业市场波动及事业单位分类改革的双重影响，国内地质勘查项目融资近 5 年在逐渐减少，自 2013 年的 514 亿元减少到 2017 年的 320 亿元左右，减少幅度达 38%。

2017 年 9 月 22 日，国务院印发《关于取消一批行政许可事项的决定》，其中包括地质勘查工作。为做好取消审批后的地勘行业监督管理工作，保障地质勘查工作有序发展，国土资源部发布关于取消地质勘查资质审批后加强事中事后监管的公告，提出要实行地质勘查信息公示公开，国土资源部建设全国地质勘查信息公示平台，由地质勘查单位自主填报、定期更新其业绩及勘查活动等情况，向社会公示，为投资人选择地质勘查单位提供服务，同时，接受政府主管部门及社会监督；同时要加大监督检查力度，国土资源部统筹指导全国地质勘查单位勘查活动的事中事后监管工作，省级国土资源主管部门拟定年度监督检查计划；建立地质勘查单位异常名录和黑名单制度，通过政府部门监督检查和社会监督，将查实填报虚假信息的地质勘查单位纳入异常名录，将查实违法违规的地质勘查单位纳入黑名单；推进行业诚信自律体系建设，充分发挥地质勘查行业组织自律作用，支持行业学会、协会开展行业信用评价、标准建设等工作，行业信用体系，并制定标准规范等。

此后，《关于加强城市地质工作的指导意见》《城市地质调查总体方案（2017—2025 年）》以及《国土资源部关于进一步规范矿产资源勘查审批登记管理通知》等文件先后发布，规范地质勘查工作的进行。

前瞻产业研究院发布的《2018-2023 年中国地质勘查行业市场前瞻与投资战略规划分析报告》对地质勘查行业趋势做出了如下预判。

1. 我国非油气地勘投入有望触底反弹。随着国内矿产品价格的持续上升，矿业企业利润逐步增加，矿业企业在降低负债、提升经营效益的同时，从战略投资角度分析，其在未来几年将加快对矿产资源的储备，加大地质勘查的投入。从投资矿种的结构看，大宗矿产仍将保持主导地位，但页岩气等能源矿产、地热资源、三稀矿产、贵金属矿产等的投资力度有望进一步增强，矿产勘查投入将逐年减少并向新能源、新矿种、新材料方向转化，战略性、新兴矿产勘查投资逐步增加；数字化、智能化勘查步伐将加快，"三深一土"科技创新战略将不断拓展地质勘查空间。

2. 地勘单位职工收入增速减缓。在我国宏观经济发展速度减缓、地勘经济持续 5 年下行背景下，我国地勘单位生产经营活动困难，预期 2017—2018 年全国地勘单位从业人员数量不断减少，职工收入增速放缓，职工工资总额仅 6.8 万元，与 2016 年基本持平，其工资总额将首次低于全国城镇非私营单位职工收入。职工收入的增长跟不上社会经济的发展，地勘经济的下行直接导致了近几年我国地勘单位人员数量的减少，2018 年地勘单位职工数量预期将比 2013 年减少 25%。

3. 地勘产业结构调整势在必行。十九大报告提出："加快生态文明体制改革，建设美丽中国""中国经济发展进入高质量发展阶段"等，对我国地质勘查工作调整产业结构提出新的要求。调整产业结构，从美丽中国、乡村振兴、生态保护、地灾治理等方面入手，充分发挥地勘行业特色优势，转型升级融入"大地质"，为社会提供基础性、公益性地质工作服务，包括强化环境地质、农业地质工作，积极参与水土环境修复、矿山地质环境动态监测、城市地下水动态监测、建设项目水资源论证等基础性、公益性地质工作，加大力度做好基础地质矿产调查、土地质量调查评价、海岸带地质调查、地质灾害治理等等，推进美丽中国建设，为全国生态安全提供地质技术支撑。

第二章　矿产勘查基本理论

第一节　勘查特征与理论思路

长期以来，人们对矿产勘查理论的研究缺乏足够的重视，而且常常以地质成矿理论代替矿产勘查理论。诚然，区域地质构造分析和区域成矿理论分析都是进行矿产勘查不可缺少的工作，而且是基础性的工作。只有基础地质工作做得扎实可靠，对地区地质体的认识，对地质构造及其演化历史的认识，对矿床成矿特征及控制因素的分析等等，都能取得比较符合客观实际的结果，矿产勘查才有可能取得令人满意的结果。然而，如果矿产勘查工作部署不当，不能遵循矿产勘查的客观规律办事，则有可能事倍功半，甚至导致矿产勘查工作的失败。

矿产勘查不仅是一项地质工作，同时，它又是一项经济活动。因此，勘查目标的选择，勘查对象的价值评估，勘查过程的设计与优化，勘查成果的市场需求分析，勘查最终产品的竞争力评价，勘查工作的投入—产出及经济效益分析等都是十分重要的问题。由此可见，矿产勘查不仅要遵循地质规律，而且还要遵循经济规律。

矿产勘查不仅是对地质客体的一个认识过程，而且在某种程度上更是对地质客体（矿床）的一个改造过程。因此，矿产勘查区别于一般的地质调查，尤其是当矿产勘查导致最后矿床投入开采时，其对地质客体的改造程度和规模就更大。这样，在矿产勘查时就必须考虑当前和以后可能带来的环境效应，如矿产勘查和随后的矿业活动对土地和植被的破坏，对大气、土壤和水质的污染等。

矿产勘查是在根据某种准则筛选出来的具有成矿远景的局部地区，甚至是在"点"上进行的工作。在这些地区往往开展多种技术手段、多学科综合的详细工作。正因为如此，在这些地区一般可以获取大量的数据和信息，其成果可以达到三维立体定量和智能化的程度。矿产勘查是一个涉及勘查对象、勘查阶段、勘查手段和勘查方法等诸多方面的复杂系统。勘查工作是一项系统工程。矿产勘查是一个逐步获取地质、资源、经济与环境等各方面信息的过程。矿产勘查的最优化准则就是以最小的代价（如人力、财力及物力的消耗）、最快的速度（最少的时间消耗）获取充分必要的有用信息。所以，矿产勘查还应遵循系统科学和信息科学的规律。

矿产勘查基本理论植根于上述制约勘查工作成败的各种规律。在找矿难度日益增大、勘查效率日益降低的情况下更需加强基础理论研究。美国地质学家奥尔E.L.（1981）指出：

"勘查中花费大量资金的事实表明，尽管我们的许多指导原则可能是正确的，但大部分原则并不是十分有效的。因此，为了进一步缩小找矿范围从而降低发现成本，我们需要更确切的找矿准则。为此，我们比以往更加需要新的概念。"特别是面向 21 世纪的今天，我们不仅要加强对传统矿产资源的勘查、开发和保护，而且还要对非传统矿产资源，即对新类型、新领域、新深度、新用途和新工艺的矿产资源进行发现、开发和利用的研究。这就更需要有新的勘查理论的指导。

应指出，矿产勘查是在不确定条件下采取决策的一种活动。首先是对矿床成因和矿床形成条件的认识上存在着很大的不确定性。由于矿床形成过程的复杂性，矿床形成后变化的多样性，对矿床观察研究的抽样性以及当今科技水平的局限性等决定了人们对矿床成因认识的多解性，甚至有时一个矿床已经采掘殆尽，对其成因的多种观点仍然争论不休。其次，由于矿体大多埋藏于地下，出露地表部分十分有限，有时矿体完全隐伏于地下，上面距地表覆盖有厚度不等的沉积盖层或其他地质体遮挡，对矿体的空间位置及其产状多以各种间接信息或有限的直接观测（如少量钻孔或坑道的揭露）进行推断解释。再者，由于矿床勘查是一个相对长期的过程，在这个过程中有可能发生各种不可预料的情况变化，例如政治、经济、市场形势的变化，特别是在国外进行风险勘探时这种人为因素有时起着很重要的作用。由于上述种种原因，矿床勘查带有很大的风险性，而且是一项受概率法则支配的工作。人们不能准确预测矿产勘查的结果，而只能以一定的概率估计矿产勘查可能的结果。为了提高矿产勘查的成功概率，一方面需要对研究区进行详细的综合性地质调查，根据综合信息筛选出最有利成矿的地段进行进一步的勘查工作；另一方面，就需要采用正确的勘查理论和方法，以合理布署勘查工作。谢学锦在《矿产勘查的新战略》一文中指出：

"矿产勘查有着巨大的风险与不肯定性，也有着巨大的利润。有效地减少这种风险与不肯定性有赖于新概念的提出与新技术的发展。"谢学锦从勘查地球化学角度提出了一系列新概念："套合的地球化学模式谱系；地球化学块体；巨型矿床形成的首要条件是巨大的成矿物质供应量；呈各种活动态的成矿可利用金属是估计成矿物质供应量的最好指标；在全球范围内有地球气上升，并从地球化学块体中带出各种活动态金属；各种活动态金属有很大一部分呈纳米或亚微米级颗粒存在"。在进一步阐明其新概念时，他认为："过去，勘查地球化学家只是研究局部异常（各种类型的分散晕与分散流），所有地球化学探矿方法都是以局部异常为靶区制定与发展的，这使得地球化学方法长期以来，在矿产勘查中只能成为一种辅助性的战术方法。"经过在全国 500 余万 km² 开展的区域化探扫面所获取的大量信息，他提出："在自然界不仅有地球化学局部异常模式，亦存在着套合地球化学模式谱系。从零点几到几平方公里的局部异常到数十至数百平方公里的区域地球化学异常，数千至上万平方公里的地球化学省，数万至十几万平方公里的地球化学巨省和数十万平方公里的地球化学域。只有以这些宽阔的套合的地球化学为靶，地球化学方法才有可能演变为战略性找矿方法。"谢学锦将这些在地球上存在的富含某些元素的不同规模的地域称为"地球化学块体"。

近十年来，我们在探索新的找矿思路方面系统地研究和发展了地质异常找矿新概念、新理论和新方法。我们知道，矿床的形成是地球中有用元素或有用物质在某种特殊环境下发生活化、运移、富集、沉积、分异、稳定、保存、再变异、再稳定等一系列复杂作用的结果。而这种元素的富集又必须达到一定的规模和浓度以致能为人类在当今工艺技术水平和经济条件下可以加以提取和利用。这样，成矿作用就是一种比较稀有的事件，而且成矿作用各环节的发生都是在物质或运动存在着差异或变异时形成的结果。例如，提供成矿物质来源的"矿源"，或是含某种成矿元素相对高的地层、岩体；或是受气液流体作用时易于析出或萃取某种成矿元素的地层、岩体，或是由异地（如深部）带人成矿地段的含矿流体等等，这与不具备矿源性质的地层或岩体相比，矿源地层、岩体或流体显然是一种"异常"，各种充分和必要的成矿要素或环节"异常"在时间和空间上的有利匹配和拥合，就构成了一种有利于成矿的"地质异常"，我们称之为"致矿地质异常"。一些学者早已指出过矿床产出的部位与周围无矿的地质环境有显著差异的事实，而且提出矿床形成于具有最大地质异常部位等，但是过去人们还是习惯于从研究和分析成矿规律人手去寻求发现新矿床的途径。人们总结出各种各样的成矿模式，建立了种类繁多的矿床模型，目的是通过将研究区（未知）与模型区（已知）作对比以评价未知区的含矿性和找矿前景。这就是"模型类比"的找矿方法。我们提出的"致矿地质异常"新概念和"地质异常找矿"法是从分析各类地质异常入手达到地区含矿性评价和找矿的目的。这就是"求异"理论的找矿法。

应当指出的是，在矿产勘查中人们普遍使用的勘查地球物理法和勘查地球化学法，其主要目的都是为了发现"物探异常"或"化探异常"。这些异常当中，人们感兴趣的是由于矿化或矿床存在而引起的异常，为了区分无矿异常，通常称前者为"矿质物探异常"或"矿致化探异常"。我们称地质异常为"致矿异常"，这表明，地质异常是诱发成矿的"因"。而地质异常又为成矿提供了时间和空间，所以矿化或矿床是地质异常的"果"。因此地质异常与成矿的因果关系与物化探异常与矿化的因果关系恰恰相反。

"异常"是相对"背景"而言的。过去人们在矿产勘查中忽视地质异常研究是因为地质观测成果有别于物化探工作成果。地质调查面上的成果主要是各种地质界线圈定的地质体以及反映各种时空关系地质体组合的地质图和相关的文字描述或定性表述，而只在少数离散的点上，对特定的地质体才获取有少量定盘数据。物、化探面上的成果则主要以数据形式表征，是大童的定量数据。因此，物、化探具有明确的"场"的概念，二维分布（有时为三维）的物、化探数据特征反映了某种地球物理场或地球化学场。而异常就是以某种阈值为界限从场中区分出的高于或低于阈值的部分。因此，异常有一定的空间范围，有一定的强度，是一个有限的数字集合，但也具有一定的相对性。从而可以区分出"背景场"与"异常"。

要研究地质异常，就必须使地质研究或观测成果数字化和定量化。如何将图形、图像及文字描述数字化和定量化是一个信息转化的过程。这种转化应尽量减少信息的损失和失真，而且应尽量通过这种转换增加信息量并减少问题的多解性，特别是提高对隐蔽信息和间接信息的识别能力。提高对异常和背景形成与演化的时间与过程的识别和分解能力，这正是研究地质异常的意义所在，也是它的难点所在。所以，地质异常找矿法也可以说是"数字找矿"法或是一种"定量找矿"法。单纯的定性描述只能说明地质异常的类别和性质，但不能圈定它的空间范围，也不能比较异常的相对强度。所以地质异常的研究过程是通过数字化和定量化的途径深入研究成矿地质特征，再造成矿地质环境并提取成矿信息的过程。

从地质异常角度考虑，那些"非矿致"物、化探异常也是值得重视的。它们可能是某种异常地质体的反映，特别是通过物化探异常，有可能揭示深部地质异常的存在，这就需要对非矿致异常进行必要的地质解释。

第二节　基本理论与四大基础

矿产勘查的特点就是在不确定条件下进行各种决策。因此，矿产勘查的核心是预测。预测不同于猜测，其区别就在于预测是有理论指导的。除预测理论外，勘查方法的理论原理也均属于理论基础的范畴。勘查的理论基础包括地质基础、数学基础、经济基础及技术基础等4个基本方面。

一、地质基础

矿产勘查工作的主要内容包括查明地质特征和矿床特征。

（一）地质特征

地质特征可分为基本特征和成矿地质条件两部分，根据我国最新的《固体矿产地质勘查规范总则》的说明，基本特征是地质背景，包括与成矿有关的区域地质及区域地层、构造、岩浆岩、蚀变特征等。对砂矿床还包括第四纪地质及地貌特征。

成矿地质条件是指与成矿有直接关系的诸多因素。不同的矿床其成矿地质条件各异。如沉积矿产应详细划分地层层序、确定含矿层位、岩性组合、物质组成及沉积环境与成矿关系等；与岩浆岩有关的矿床应查明侵入岩的岩类、岩相、岩性、演化特点、与围岩的关系及蚀变特征等；变质矿床应研究变质作用强度、影响因素、相带分布特点及对矿床形成和改造的影响；与构造有密切关系的矿床，则应对控制或破坏矿床的主要构造进行研究，了解控矿构造的空间分布范围、发育程度、先后次序及分布规律等。

（二）矿床特征

矿床特征则可分为矿体特征、矿石物质组成、矿石质量三部分。

矿体特征主要研究和控制矿体总的分布范围，矿体数量、规模、产状、空间位置及形态、相互关系等；根据矿床地质因素和矿石矿物共生组合特征，圈定氧化带的范围；研究围岩、夹石的岩性、产状、形态、矿石有用组分含量等。

矿石物质组成的研究包括：矿物组成及主要矿物含量、结构、构造、共生关系、嵌布粒度及其变化和分布特征；综合分析、全面考虑、合理确定回收利用的主要元素，分别研究氧化矿、原生矿、不同盐类矿物、贫矿、泥状矿等的性质、分布、所占比例及对加工选冶性能的影响等。

矿石质量的研究包括：测试矿石的化学成分、有益和有害组分含量，可回收组分含量，赋存状况、变化及分布特征；划分矿石自然类型和工业品级、研究其变化规律和所占比例；研究矿石的蚀变和泥化特征。此外，还要对与主要矿产共生和伴生的其他矿产进行综合研究和综合评价，对矿床的水文地质、工程地质和环境地质等影响未来开采的各种地质问题进行研究等等。

从以上固体矿产地质勘查规范的要求来看，查明矿床地质和矿体地质特征是矿床勘查的首要任务和基本内容，因此，矿产勘查最基本的理论基础是地质基础。其次，地质勘查工作的实践表明，矿产储量的分布是不均衡的。矿产储量集中于少数大矿床，而众多的小矿床的储量所占比例不大，表明储量的分布具有相对集中的倾向。

在矿产勘查中应尽全力去发现大型和超大型目标，并且将其作为主要的勘查开发投资对象。再者，矿床的类型繁多，但其中只有少数类型储量较大，具有较为重要的工业价值。各种金属矿产的储量多集中于少数矿床类型，开采利用的情况也是如此。这就指示我们要尽力去发现主要的、重要的矿床工业类型，这样可以大大提高矿产勘查的效果。当然，矿床工业类型也是现有资料的总结，在勘查中不能墨守成规，要注意非传统的、新类型矿床的发现和研究。

而为了寻找有重要价值的大型、超大型矿床和重要的矿床工业类型，都必须从分析有利于这类矿床形成的地质环境入手。因此，矿床形成和分布的地质条件是部署矿产勘查工作的基本依据。有利的成矿时代和有利的成矿空间实质上是地球各层圈演化和相互作用过程中与矿产形成有关的特殊条件，也就是"致矿地质异常"在时间和空间上的反映。

综上所述，矿产勘查的第一个基本理论植根于矿产勘查的地质基础。这可以表述为：成矿地质特征是矿产勘查中地质研究的主要内容；矿体地质特征是制约矿产勘查难易程度和精度的基础；致矿地质异常是选择矿产勘查目标和确定勘查范围的基本依据。

二、数学基础

矿产勘查是一种地球探测活动和地学信息工作。在勘查过程中要与大量数据打交道：要获取数据、处理数据、分析数据、解释数据、评价数据和利用数据。数据的类型很多：名义型、有序型、比例型、间隔型；离散型、连续型；定性数据、定量数据、图形数据、图像数据；定和数据、方向数据；纯量、矢量，模糊型、灰色型、随机型、确定型、分维型、混沌型；简单型、混合型、点型、线型、面型、体型；单元型、二元型、多元型等等。

所以，数学成为矿产勘查不可缺少的和十分重要的基础。"数字找矿""数字勘查""数字矿床""数字国土"乃是"数字地球"的组成部分，也是矿产勘查的必然归宿。除去形式上矿产勘查与各种数据打交道而需要依靠数学外，尚有如下更深层次的原因。

1. 包括矿体在内的地质体的数学特征，是对地质体（含矿体）进行定量区分、鉴别、预测的重要依据，也是对于地质异常及致矿地质异常进行揭示和圈定的前提，更是"数字找矿"的基础。各种地质作用、过程和现象都具有一定的数量规律性，而这种数量规律性的表现形式就是地质体的数学特征。这种类量规律性是进行定量预测和评价、地质异常圈定、预测模型建立、进行数字找矿和数学模拟的基础。地质运动客观存在着数量规律性，它反映了各种地质事件的本质，而数学特征则是包括各种地质体和矿体在内的各种地质产物的具体表现。

2. 概率法则对地质现象和规律、勘查工作的主要制约作用。一是地质规律只能通过一定的概率对于成矿进行指示，当在时空上各种成矿因素异常有效地匹配或耦合时，地质异常才能对成矿的概率进行较高的控制。二是勘查工作只能通过一定的概率去发现一定规模的矿床。三是地质观测结果具有误差及其随机性。

从以上所述已可以看出数学基础对于矿产勘查的重要性，更不要说为了进行定量矿床勘查就必须建立和应用各种数学模型作为基本工具了，如进行矿产资源定量预测及评价就需要根据目的任务和可利用的数据特点选择恰当的数学模型。在矿产勘查和资源评价逐步实现数字化、定盆化、信息化、网络化、智能化和可视化的情况下，数学已不仅仅是工具和手段，而且它是认识鉴别地质体、分析和处理勘查数据、选择和优化勘查方法、获取和评价勘查结果的重要理论基础。

三、经济基础

矿产勘查是一种经济活动，它自始至终受经济因素所制约：

（一）矿体的属性特征受工业要求和市场价格的制约

矿体虽然是有用矿物的自然堆积体，但它包含了经济的概念，即在当前的技术经济条件下和矿物或矿产品市场条件下能满足国民经济要求并能获取经济效益的称为矿体，或一般称之为"工业矿体"而与没有经济条件约束的或未达到经济可采条件的"自然矿体"相区别。工业矿体是要根据工业指标进行圈定，它的边界有时和自然矿体是不相吻合的。

由于工业矿体是根据工业指标（如边界品位，最低工业平均品位，最低可采厚度，最大允许夹石厚度等等）圈定的，因而它的规模、形态、质量等属性受工业指标的影响，即随工业指标的变化而变化。例如，随着所采用的边界品位的提高，矿体内部矿石的平均品位也将提高，但矿石储量则减少，矿体形态也变得更为复杂。这种情况对于矿体与围岩没有明显边界，矿体边界依赖取样加以确定的网脉状矿床或细脉带矿床及残坡积或冲积砂矿床等尤为突出。

当采用较低的边界品位圈定矿体时，矿体连成一片呈面状分布，但用较高的边界品位圈定时，则矿体成为相互分割的条带状分布，矿石质量虽提高了，但矿石储量减少，矿体形态和内部结构复杂了。

还有一些矿床品位较低，处于经济可采的边缘，这类矿床对矿产品市场价格影响十分敏感。当所采矿床矿产品价格下跌时则开采低品位矿石将面临企业亏损，这时矿山通常闭坑停产。而一旦矿产品价格回升、关闭的矿山又重新恢复生产。美国艾达荷州的一些银矿就经常处于这种状态。

随矿产品市场价格的变化，矿床开采的主矿种有时也发生变化。如我国山东省某些原来开采铁矿石的铁矿床在黄金价格上涨后改为以生产金为主，并改称为金矿床。

（二）经济合理性是矿床勘查及评价必须遵循的准则

地质效果和经济效果的统一是解决勘查理论与实际问题的出发点。不讲经济效益就不可能有真正的勘查理论。被勘探的矿产储量，不仅是自然的产物，也是社会劳动的产物，没有相应的劳动消耗，就不可能对矿产进行查明和做出评价。探明的矿产储量具有一定的使用价值，可以被矿山企业所利用，因而是一种特殊类型的产品，其价值是由勘查过程中社会的必要消耗，该种矿产的社会与市场需求程度、稀缺程度、获取该种矿产的难易程度及矿山利润等所决定的。地质勘查工作是矿山生产前的准备，是矿山开发必不可少的组成部分，因此，必须讲求经济效益。例如：1. 勘查工作的部署要符合经济原则，以保证在最少的人力、物力、时间消耗的前提下，获得最大的地质效果。要在投资一定的情况下，获得尽量多的地质成果。在任务一定的情况下，花费最少的投资；2. 要有合理的勘查程度。从经济上考虑，要使勘查的投资和矿床开采所冒风险保持平衡。拿详查来说，如果勘查投资少，则开采时因某些现象未查明而遭受的风险损失就可能大。勘查时投资多，地质调查详细，开采时所受风险损失就会小。但如果勘查投资大于开采时可能的风险损失，或本来可以在矿山开采过程中结合开采进行的工作或解决的问题都提前到矿产勘查时进行就会造成资金积压，因而不符合经济合理原则。例如，在我国一度发生的较普遍的现象，就是勘探工程宁密勿稀，勘探程度宁高勿低，高级储量准备过多，以及整个勘查周期过长等，都不符合经济合理原则。所以，合理勘查程度问题既是地质问题，同时也是经济问题，两者不可偏废，必豁综合加以考虑。

从不可再生的矿产资源的可持续利用角度考虑，资源本身、技术和经济是三大基本影响因素。希尔兹 D.J. 在《不可再生资源在经济、社会和环境可持续发展中的地位》一文中指出："根本性问题即资源不足、技术和经济问题是一样的。资源不足问题通常同已经发展起来的开采或加工能力与当前或预期的需求之间存在差距有关。技术问题往往集中在生产率或分配方式上。当然，经济问题仍然处于极其重要的地位。不能依赖那些技术上虽可行，但使投放到市场上的产品无竞争力……来保障一种可靠的资源流通。"又说："如果矿产品是可以回收和重复利用的，则技术和成本而不是资源不足成了压倒一切的问题。反之，在重复利用不可行并且经济实用的替代品又尚未开发出来的情况下，资源耗竭就成了一个主要问题。无论在何种情况下，关于资源不足和技术以及生产成本和市场价格方面的信息应能促进从经济角度讨论不可再生资源可持续利用问题。任何单独的信息都是不充分的。"该作者还列举了能源和矿产资源经济可持续发展的可能标志，所以，无论是对矿床的勘查开发，还是考虑矿产资源的可持续供给，经济都是重要的基础。

（三）矿床经济评价是矿床勘查必不可少的重要组成部分

矿床经济评价是估计矿床未来开发利用的经济价值，是可行性决策的依据。

根据新的《固体矿产地质勘查规范总则》，在地质勘查的各阶段都应进行可行性评价工作。在普查阶段进行概略研究，要求对矿床开发经济意义进行概略评价；在详查阶段，进行预可行性研究，要求对矿床开发的经济意义做出初步评价，初步提出项目建设规模、产品种类、矿区总体建设轮廓和工艺技术的原则方案；初步提出建设总投资，主要工程量、主要设备、生产成本等，从宏观上、总体上对项目建设的必要性、可行性、合理性做出评价，为是否进行勘探提供依据。在勘探阶段则进行可行性研究评价。要求对矿床开发经济意义做出详细评价，属于基本建设程序的组成部分。通过此项工作，为上级机关或主管部门投资决策，编制和下达设计任务书，确定工程项目建设计划等提供依据。

四、技术基础

在矿产勘查、开发、利用过程中，新技术的发展总是积极因素。无论是勘查理论和方法的研究，还是解决勘查中的实际问题，都不能不以技术发展的水平为基础。近年来，正是由于新技术的发展而导致了矿产勘查理论、方法和实际工作的重大发展。

矿产勘查是通过对地球的探测获取有关矿产信息的科学和工作。由于矿床大多是以不同的深度埋藏于地下（即使出露于地表的矿床，也有不同程度隐伏于地下的部分），所以要获取对矿床的完整的或充分必要的信息具有很大的难度。

矿产勘查获取的矿产信息有直接和间接两种。直接信息是指通过勘查技术手段可以直接达到矿体本身，从而可以对矿体进行直接观测或采样，间接信息是通过各种手段获取间接指示矿体可能存在的信息，无论哪种信息，都有赖于通过相应的技术手段达到预期的目的。

（一）技术水平影响着勘查的深度和广度，也影响着处理数据和分析信息的速度和精度

人类对矿产的勘查、开发利用最早的是露头矿。随着技术的发展，进而勘查埋藏较浅的矿产。近年来，由于勘查技术及开采技术的迅速发展，又开始向海洋矿产及深部的矿产进军。在俄罗斯，黑色金属矿石平均采矿深度为600m，有色金属矿石平均开采深

度为 500m，但许多已超过 1000m，将来可达 1500～2000m，已探明的 1/3 以上的铜储量，几乎所有的镍、钴，大部分铝土矿、金刚石、金，优质铁矿及磷矿的开采深度将大于 1000m。其他国家的开采深度：加拿大 2000m，美国 3000m，印度达 3500m，南非兰德金矿一竖井将加深至 4117m。最近，南非金矿最深矿井已达 6000 余米。俄罗斯在科拉半岛的超深钻已超过 1.2 万米。但我国绝大多数金属矿床开采深度不足 500m。在我国埋深大于 500m 的矿床被称为大深度矿床，目前还很少勘查和评价。深海勘探技术的发展揭开了海洋矿产资源诱人的前景，继深海铁锰结核的发现以后，又相继发现了深海金属软泥、深海富钴结壳等。据统计，仅太平洋就有 15000 亿吨多金属结核。预测的铜、镍、钴资源量达到 200～250 亿吨。对天体探测技术的开发更把资源勘查的领域拓展到宇宙太空，"宇宙矿产"的开发具有极大的挑战性。据报道，"美国科学家最近在月球上发现了资源量丰富的氦-3 矿藏，并绘制了这一矿藏的分布图。据估计，月球上氦-3 元家的总资源量大约为 100 万吨，可为地球上人类提供能源达数千年之久。相比之下，地球上的这种矿藏只有 20t 且不易开采，因此月球上的氦-3 元素将可能成为 21 世纪热核聚变能的宝贵原料。"

卫星遥感及航天技术的发展使对地面观测的范围大大拓宽，速度大大加快。海量、实时、动态数据的获取大大改变了矿产勘查的面貌。现代计算技术的发展使对这海量数据的管理和科学计算成为可能，现在一个人日可以完成过去数个甚至数十个人年工作量。

（二）技术水平对勘查战略、勘查程序和勘查方法产生重大影响

在勘查技术不发达的过去，勘查工作主要是以地表地质研究，就矿找矿为策略，形成了"以点到面，连点成片"的战略。而在勘查技术大大发展的今天，由于获取信息、整理信息、传输信息能力的水平的提高、交通通信条件的改善等，在战略上则以"快速扫面，面中求点，逐步缩小和筛选靶区"更为有效。同时，勘查程序也发生了变化。为了提高勘查效果，对勘查战略的研究，对合理地综合运用各种现代勘查技术手段都是十分重要的。在这方面最突出的成就是综合运用"3S"技术，即遥感（RS）、地理信息系统（GIS）及全球定位系统（GPS）于矿产勘查，地质、物探、化探及遥感综合信息勘查和地质、资源、经济及环境联合评价等。新技术的发展，还促进勘查新学科的兴起。例如，以地质、物探、化探及遥感综合多元信息为基础，以数学为工具，以计算机为手段的"矿床统计预测"新学科已日趋成熟和完善。今日，更以"数字地球"为总目标，建立"数字找矿"信息系统对矿产资源进行定量预测及评价。此外，如矿产勘查模拟技术（包括盆地模拟技术）、专家系统智能找矿技术、矿产勘查系统工程、最优勘查决策等都得到了长足的发展。为了适应新技术的要求，有些传统的工作方法正在被淘汰而被新的方法所代替，如现代的计算机制图技术、可视化技术、图形图像处理技术等已在很大程度上代替了过去繁重的人工绘图和编图工作。勘查工作正在向快速化、自动化、定量化、数字化与可视化方向发展，因而正在提高勘查工作的科学性和预见性。

（三）新技术的发展使一些经济因素发生改变，而影响到矿床的勘查评价

新技术的发展不仅提高了勘查效率，而且也带来了巨大的经济效益，这包括矿床采、选、冶技术的提高，使综合勘探、综合评价、综合利用矿产资源有了更坚实的技术基础，如过去不能开采利用的低品位矿石和难选难冶的复杂成分矿石有不少已得到利用。目前，一些发达国家矿石综合利用率可达85%～90%，并且提出"无尾矿工艺"或"无工业废料工艺"的发展目标。开采技术的发展使得许多矿山经营参数发生改变，从而影响到矿床的经济评价。从某种意义上说，技术又是经济的基础，经济因素是在一定的技术水平条件下发挥作用的。

综上所述，技术是矿产勘查的重要理论基础是显而易见的。

第三节 对立统一与优化准则

矿产勘查的主要矛盾是勘查范围的有限性和矿床产出空间的局限性及矿床特征的变化性。显然，在三维空间的勘查程度越高，发现矿床的概率越大。但勘查程度越高，勘查成本越高，勘查周期也越长。因此必须寻找一个合理的"度"，这个"度"就是一系列矛盾对立的统一点，也就是寻找一种优化准则。

克列特尔 B.M. 及比留科夫 B.H，在195T 年曾提出了著名的矿床勘探五原则，即调查完满原则，循序渐进原则，均匀原则（等可靠性原则），最少人力物力消耗原则以及最少时间消耗原则。这些原则虽然单个地说是正确的，但相互之间都是矛盾的，只有在矛盾对立的统一中才能使复杂的问题得到妥善的解决，这就是这里所提出的"勘探过程最优化准则"。最基本的优化准则，概括为以下 5 个方面：最优地质效果与经济效果的统一，最高精度要求与最大可靠程度的统一，模型类比与因地制宜的统一，随机抽样与重点观测的统一以及全面勘查与循序渐进的统一。

一、最优地质效果与经济效果的统一

这是一切地质勘查工作所应遵循或追求的最基本的最优化准则。它包含的概念是：地质勘探工作必须以获取最佳地质效果为目的，但同时又必须以达到最好经济效果为前提。这两者的统一在不同的地质勘查阶段有不同的内容。例如在找矿阶段，应该采用合理的、有效的综合方法以尽快达到找到矿床的目的或做出找矿地段远景评价的目的。在这当中，无论是找矿地段范围大小、找矿目标或找矿项目的确定，还是找矿中所要进行的主要研究项目和问题的确定，或是找矿方法手段的选择、部署和施工顺序等等都必须从地质效果与经济效果的统一的角度加以考虑。在矿床勘探阶段，要根据任务要求和矿床、矿体的地质

特征确定合理的控制程度和研究程度。在过去计划经济体制下，存在着合理确定各级储量比例的问题，特别是高级储量所占比例问题。现在，按新的储量分类取消了勘探储量比例的统一要求，原则是保证首期、储备后期、以矿养矿，具体由业主（投资者）确定。但即使如此，在勘探阶段对探明的、控制的及推断的各类资源量和储量的获取也应符合这一准则。应该强调的是，矿床勘探阶段地质研究的经济合理性必须从整个矿业生产过程综合加以考虑。例如，一些纯属在矿山开拓、采准或开采时需要解决和易于解决的地质问题，就不宜要求在地质勘探阶段加以解决；也不宜脱离矿山开采设计或保证矿山先期开采对储量的最低实际需要，不考虑地质勘探的经济效果而一味追求提高勘探程度。同样，矿床勘探工作也不能忽视未来矿山开采设计的基本需要而单纯追求地质勘探阶段的"经济效果"。

二、最高精度要求与最大可靠程度的统一

由于地质事件及其结果具有随机性，所以地质勘查结果具有不确定性，由于地质体的变化性及勘查观测的局限性，所以获取的观测结果必然有误差。当然，必须要求地质勘探工作的结果尽可能地正确，尽可能地减少误差或尽可能地缩小不确定的范围。通常，对一项工作所允许的误差范围大小（或所能达到的最小误差范围）称为工作精度。工作精度要求越高，也即允许误差范围越小。

三、模型类比与因地制宜的统一

模型类比或相似类比理论是矿床预测的基础，它要求我们详细了解和大量占有国内外已知各类矿床的成矿条件、矿床特征和找矿标志。应用相似类比进行矿床和矿产资源量估计所依据的基本理论是：相似地质环境下，应该有相似的成矿系列和矿床产出；相同的（足够大）地区范围内应该有相似的矿产资源量。根据这一理论，建立矿床模型以指导矿床预测就成为首要工作。这也是进行地质类比的基本工具。矿床模型是对矿床所处三维地质环境的描述。对大比例尺成矿预测来说，尤其要加强深部地质环境的描述和地球物理特征的概括。因此，有人提出"物理-地质模型"的概念。矿床模型法，实质上是成矿地质环境相似度类比法。用于矿床统计预测的聚类分析也是依据预测区与已知矿床地质特征的相似程度来判断预测区成矿远景大小的。

例如，在世界许多国家，如日本、沙特阿拉伯等，在岛弧环境下的火山沉积岩中，发现有火山成因的块状硫化物矿床。又如近年来，矿床学家们总结出了下列金矿的成矿环境或控矿因素：1.区域上受一定的层位控制，矿源层的存在是一个重要因素。例如，山东招掖地区的金矿化，胶东群被作为矿源层，秦岭东段双王微细型金矿主要产于泥盆纪地层分布地区；在赤峰—朝阳地区，一半以上的金矿，90%以上探明储俊都分布在太古宙变质岩中或其附近；2.断裂构造是主要的控矿因素。无论是金矿体、金矿床或金矿田，都明显受断裂构造控制。例如，云开大山查明是糜棱岩控矿，内蒙武川—固阳一带是两条韧性剪切

带控制金矿化展布，双王金矿产于构造角砾岩中（被认为是多期构造作用产物），山东招掖金矿与沂沭大断裂不断活动所派生出北东、北北东向断裂有关等，这些都是断裂构造控矿的典型例证；3.热液活动是金矿成矿必不可少的条件。金的活化转移、沉积富集都是与各种热液活动有关。热液活动的直接标志是各种热液蚀变围岩。与金矿化有关的多为中—低温热液蚀变，"很难看到高温蚀变"（据徐光炽）。与金矿化有关的围岩蚀变一般为硅化、绢云母化、黄铁矿化、碳酸盐化及绿泥石化等；4.金的成矿对围岩没有明显的选择性和专属性。据涂光炽教授研究，认为有两个趋势：即基性侵入岩和火山岩中金较多。另外，金矿化的时间与其赋存岩石往往有一定的时差等。诸如上述各项规律，都应在建立金矿床模型时加以考虑并成为寻找金矿床时的重要理论依据。

由于成矿地质作用受各种随机因素的影响，没有任何两个矿床是完全相同的，因此对所建立的矿床模型或地质找矿模型也应该灵活应用。随着新的实际资料的获得，地质学家必须准备使模型适合某种概念或加以修正，不应当由于附和某种已知概念就丧失客观性，对新资料或新事实视而不见。英国学者T.C钱伯林指出："在发展各种假说时，应当做的是：考虑现有的每一种对所研究现象的合理解释，发展有关这种现象性质、起因或成因的每一种站得住脚的假说，尽可能公正地确定所有假说在研究中所起的作用和应有的地位，因此研究人员就成了假说之家的母亲，而且正是由于她与各种假说有亲缘关系，道义上不容许她偏爱任何一种假说"。

因此，我们必须遵循一般规律与具体实际相结合，模型类比与因地制宜相结合等原则，它们的统一构成了地质勘查的另一个最优化准则。

四、随机抽样与重点观测的统一

这里所谓"抽样"，不是单指采样的工作，而是泛指各种观测。为了保证对地质客体观测的正确性，首要是切忌主观任意性，避免人为选择性。例如取样点专门布置在矿化富集部位就会人为地夸大矿石的质量；反之亦然。为了保证观测正确客观，通常采用均匀布置观测点的办法。这种方法是一旦确定了起始观测点的位置，则其他观测点也以某种规则（例如按一定的几何网格布点，按一定间距布点等）一次性地确定了。由于起始观测点的确定具有随机性，因而其他各点都有同等被观测的机会，这就保证了整个抽样观测的随机性。在地质勘查工作中，按某种规则或间距均匀布置观测线、观测点、取样点的做法是一般共同遵循的方法。由于地质体通常是非均质的，不同地段的变化程度可能不同，为了达到相同的观测精度和可靠程度，需要有不同的观测密度。除去由于矿体变化各向异性或变异程度不同而导致观测的不均匀性外，整个矿床或调查地区由于所处勘查阶段不同、任务要求不同，也可以造成观测的不均一性。不论何种客观原因造成的不均一性，但在范围内各点原则上应该具有同等被观测的机会，这是抽样随机性或观测客观性所要求的最基本内容。

在地质勘查中，为了针对性地研究某一问题，或为了解决某个问题而选择一些关键性地段进行有意识的重点观测。例如，为了研究成矿断裂的性质及其对矿体形态产状的影响，显然应把主要注意力放在发育有成矿后断裂的部位；为了研究矿床的矿化阶段和矿物生成顺序，显然不应放过每个显示不同成分矿脉相互穿插或交切现象的部位等。这时，我们布置观测点就是有选择性、针对性和目的性的。由此可见，在地质勘查中应努力做到抽样观测随机性与针对性的统一。

五、全面勘变与循序渐进的统一

全面勘查或调查完满与循序渐进的统一，是决定地质勘查工作能够达到地质效果和经济效果统一的基础，因而它是决定地质勘查全过程的最优化准则之首先，"全面勘查""全面研究"是分层次和分阶段的，在不同的地质勘查阶段，有不同的任务和要求。我们显然不应脱离各阶段的特有要求，而抽象地追求"完满"和"全面"。全面勘查的含义首先是必须查明整个矿化空间，在勘探时就要以某种与勘查阶段相适应的精度查明矿床所占据的整个空间。决不应只在矿床的某局部地段进行详细勘探而对整个矿床的全貌缺乏了解，因为这样将无法正确地进行开采设计。这一点，克列特尔将概括为"必须圈定整个矿床"。当然，对矿床的完全圈定又必须遵从循序渐进的原则。在勘探初期，主要应从地表，也即在平面上大致圈定矿床的可能范围。随着工作的深入，将逐步圈定组成矿床的所有矿体。假如矿床或矿田范围很大，如一些巨大含煤盆地、含盐盆地或作为建筑材料的延伸很大的巨厚岩层则更需要分阶段或分片地做到全面圈定。但利用遥感地质制图或物化探等方法了解其大致分布范围也是十分必要的。对于延伸很大的矿床，例如延深数公里，对它们的圈定也应根据经济合理性和技术可能性分段地进行。

其次，如对矿床地质构造条件、矿石物质成分、矿床技术经济条件等方面的研究也应该按全面勘查与循序渐进统一的最优化准则进行。

第四节　勘查战略与战术决策

一、最优化战术决策——最优勘探方案的确定

近年来，有人将矿床勘探方法理论研究概括为两类不同方向，一是"最优勘探方案选择"，另一方向是"最优勘探过程管理"。前者属于最优战术决策，后者属于最优战略决策。

所谓"最优方案"，一般是指用于勘探的花费（代价）与所获得信息的价值（或容量）之间处于一定的最优相互关系状态。根据所选择的最优化准则不同，这种关系可以有所不同。

然而有人认为，在过去的研究中，所得到的"最优"方案实际上可能并不是最优的，而大多数情况下只是按以最少工程金获取地质上而不是经济上认为必需的信息为准则的方案。

（一）在单纯考虑地质信息的条件下，最优勘探方案的确定

前面已经提到，勘查过程是一个获取矿床信息的过程，其中最主要的是地质信息，这是毫无疑问的，但过去研究最优勘探方案的许多方法仅仅单纯考虑地质信息的获取。由于勘探通常是按剖面进行，因此，最优方案往往归结为选择合理的剖面间距和在剖面上确定合理的工程间距。在这方面，已有方法可以分为两大类，即经验法和数学模型法。

1. 经验法

经验法是过去勘探实践中寻找最好勘查方案的最常用方法。其中直接类比法、稀空法都是最常用的。例如根据规范选择方案就是一种直接类比法。但由于不同矿床地质情况千差万别，技术经济条件、自然地理条件各不相同，而且即使是同类型矿床其矿体具体的埋藏和分布情况也都各不相同，这就造成在类比相似性时的风险和失误。

从获取地质信息角度出发，最优网度被认为是进一步加密工程，不会导致所获信息发生实质性增加条件下的网度。为此，有人采用了如下一些方法确定最优网度：

（1）信息量与工程数关系分析法：最优方案是进一步增加工程量不导致增加信息量。这是从一种最简单情况出发而言的。实际上，勘查最优方案包括许多其他重要问题，绝非工程数量一个方面。

（2）矿体基本参数的某些函数在不同网度下的变化情况分析法：当进一步增加工程不会导致这些参数函数形式的变化时即可作为最优方案。如约非 O.IL 等曾以 15 个、30 个、50 个、100 个、200 个测点用所测量的有效厚度资料进行了参数间的相关函数计算，发现15 个点以上相关函数未变，故取 15 点为最佳方案。

（3）回归法：有人制作矿床边界线内钻孔数与矿床面积关系曲线。将给定大小面积的矿床所对应的工程数作为最优方案。

（4）矿体参数变化分量分析法：矿体参数变化性的不同组成部分（不同分且），即规则变化（或方向性变化）及随机变化两个分量构成了不同方向的变化。根据勘探时主要欲评价何种变化分量来确定最优工程间距。

应指出，利用各种曲线拐点（稳定点）的办法有时确定的并非"最优"方案。因为没有充分根据说明这种方案下所反映的情况是矿床变化的真实情况，何况就现有的用于研究对比的几个方案而言，并不一定包括最优方案。

至于数学模型法则通常采用统计法，例如在已知矿体变化性条件下，给定允许误差和概率系数后计算必需工程数；利用矿体某种系数的概率分布模型，考查不同网度条件下见矿率的变化从而确定最佳网度等。近年来蒙特卡洛模拟法或统计模拟法已常用于各种决策

分析。但总的说来，数学模型法当处于一种探索阶段。

（二）在经济准则基础上考虑最优方案

一般认为：当从地质需要出发确定的工程数小于经济需要所确定的工程数时，则后者可认为对地质和经济两者的要求皆可满足。反之，如果地质需要大于经济需要，则认为勘探这种矿床是不合理的。

有人选择勘探成本最低、开采时由于参数计算错误造成的损失最小条件下的方案为最优方案。

索科洛夫 B.R. 建议，单位勘探进尺或成本的储量增长应大于某给定界线（后者对不同地区可能不同）即被认为是经济合理的。

由我国石油部科学技术情报研究所的《现代决策科学和石油勘探》一书中，在谈到勘探和开发的经济决策时，认为：1.石油勘探开发经济决策中最关键的参数是对储量的估计；2.在经济评价中要求"成本"参数；3.要注意利率，要有"现值"概念；4.注意油价参数，要有相对油价的概念。

单纯从地质或单纯从经济角度都不是最佳的方案，而必须从地质效果与经济效果的统一、地质需要和经济需要的结合角度研究确定勘查最优战术方案。

二、最优化战略决策——最优勘探过程管理

矿床勘查过程是一个分阶段依次进行的动态过程。每一阶段都包括预测、设计、实施及评价4个部分内容。福洛罗夫认为，各阶段可分为两期，即：设计与有效执行及管理期。

设计期的主要任务是编制勘查设计。需将全部工作量分解为依次完成的组成元素（部分），并确定预期完成的期限。

执行管理期的任务是定期分析已完成工作的实际情况及制定进一步实现的建议和措施。

随着勘查工作的进展，早期对矿床形成的概念可能会发生变化。如根据已经施工的钻孔，就有可能改变关于矿床规模的概念（比如部分钻孔落空），进一步施工也可能改变对矿体变化性的认识，如原认为一个完整的大矿体变为多个不连续的小矿体或相反。这些变化在勘探过程中不断发生，在勘查早期这种变化可能很迅速、很严重；在勘查晚期这种变化较小，趋于稳定。大的变化可能导致勘探方向、期限、效果及其他重要参数的变化或整个环节的改变，这就需要及时修改设计，甚至及时重新决策。这就要求勘探管理能随信息的不断变化而做出灵活的反应。

有人认为，勘探决策过程实际上由两个要素组成：对勘查对象的某种属性（如矿床的结构）提出几种可能的假说或概念；布置工程检验并能确定其中正确的一种。因此，勘查过程可认为是"提出假说"和"检验假说"的过程。

1. 为了做出最优的勘查战略决策，或最好地进行勘查过程的管理，就必须在勘查对象的隐蔽性、变化性和观察度量的有限性和抽样性条件下，尽可能做到：

（1）提高结论的可靠性，加强结论的逻辑性，因而研究资料和基础应是广泛而严格的。在可能情况下，应通过相应的统计检验。

（2）增加"启发式"分析比例，努力挖掘隐蔽信息。

（3）加强所得结论的预测功能。

（4）整理资料"分步"进行，采取每下一步时要阐明其目的性。

（5）广泛应用计算机，提高效率和分析能力。

2. 美国管理学家西蒙、马奇等在《管理决策的新科学》等一系列著作中阐述了如下一些观点：

（1）决策不是一瞬间的行动，而是一个漫长的复杂过程。不能忽略制定决策最后片刻到来之前的复杂的了解、调查、分析的过程，以及在此以后的评价过程。

（2）决策可分为程序化决策与非程序化决策。

（3）决策中用令人满意的准则代替最大化原则。西蒙认为按照最大化原则进行决策是办不到的，因为要做到按最大化原则决策需具备 3 个前提：①决策者对所有可供选择的方案及其未来的后果要全部都知道；②决策者要有无限的估算能力；③决策者对于各种可能的结果，要有一个"完全而一贯"的优先顺序。

西蒙认为决策者在认识能力上和时间、经济、信息来源等方面的限度，不可能具备这些前提，因此提出用"令人满意"的准则代替"最大化"原则。

矿床勘查是在不确定条件下采取决策的过程。它既不同于确定型决策（只有一个自然状态发生的情况下所作的决策），也不同于风险型决策（虽不知何种自然状态发生，但各种状态发生的概率为已知）。不确定型决策是在各种可能事件的发生概率也未知情况下的决策。在地质勘查实践中，往往通过类比法给定各种可能发生事件的"先验概率"。有关这方面的论述近年来已有不少专著问世。

第三章　成矿预测与矿产普查

第一节　成矿规律与成矿预测

一、成矿规律

成矿规律是指矿床形成和分布的空间、时间、物质来源及共生关系诸方面的高度概括和总结。成矿规律既是进行成矿分析的向导（基础），又是成矿分析的结晶，它对预测找矿工作具有重要的指导作用。

根据我国地壳发展的主要构造运动及成矿特征，将我国的成矿期划分为前寒武纪成矿期、加里东成矿期、海西成矿期、印支成矿期、燕山成矿期和喜马拉雅成矿期。

（一）成矿的时间和空间划分规律

其一，对于成矿时间和区域进行分析。对于成矿物质来说，其在不同区域和不同时间具有不同的地质现象，会产生不同的富集形式，形成不同的富集规律。对于这一易于产生不同成矿种类和形式的地质时间和区域被叫做成矿期。对于易于形成成矿大氛围地域被叫做成矿省，其二，对成矿时间和区域进行分析的目的进行阐述。在对成矿的时间和空间划分规律进行分析和研究时，可以利用成矿期和成矿省等理论依据进行研究，可以增加对成矿的时间和空间划分规律研究的针对性，了解到地质发展的来源和发展进程，了解世界范围内成矿发展的进展和变化，保证后续的矿化富集研究工作的高效进行，保证对富集时间和空间研究的准确性。其三，对我国成矿分布进行分析和阐述，主要是对当下我国的 3 个主要成矿地区进行分析和阐述。

古亚洲区域的成矿进行分析和研究：古亚洲区域的成矿在其区域中，具有东西向特点。对于其时代性来看，其产生于加里东—海西期。其主要的矿产和金属主要包括 Au、Cu、Pb 等等。其主要的矿床种类以喀拉通克矿床为主要形式，包括团结沟斑岩石种类等等；滨太平洋区域：滨太平洋区域的成矿主要形式是由北向东运作。主要产生时期为燕山时期。主要金属和矿产的类型包括：Au、Ag、Pb 等等。滨太平洋区域的主要矿床类型为，胶东金矿产；特拉斯城矿产区域：特拉斯城矿产区域产生的时间为印支—喜山时期。特拉斯城矿产区域的主要金属和矿产种类包括：Cr、Au、Zn 等等。特拉斯城矿产区域具有代表性的矿床包括罗布莎形式的矿床和老王寨矿床。

（二）成矿物质产生和辨别标记

对成矿物质的来源进行分析和阐述，发现其具备下面几个可能：a 因为宇宙的原因产生的加拿大岩浆岩和硫化物矿床；因为上地幔源产生的和超基岩石相关的矿床；因为地壳来源的不同，函数的和壳源具有关联的花岗岩石矿床；具有过度性特点的和花岗岩具有紧密联系的 Cu-Au 矿床。其二，对成矿物质的辨别标记进行分析和阐述。其主要包括，具有同为特点的元素：S、Pb、Sr 等等。其次是利用稀土元素标志来年进行判断和辨别。

二、矿产预测

（一）特性与目的

1. 特性

成矿预测是普查找矿先行步骤，是提高地质矿产工作成效的重要措施。由于研究对象是复杂的地质体，虽有其共性，但也千差万别，因此成矿预测成为当代最受人关注、最复杂的地质课题之一。进行预测的理论和方法，尚不成熟。人们主要是应用在矿床学研究实践中取得的相应概念，结合预测地区的成矿条件和找矿标志，运用相应的探测手段进行矿产预测和找矿。在很多地区已经取得了突破，表明成矿预测正在不断完善中。

2. 目的

成矿预测的目的是选好找矿靶区，为进一步勘查指明找矿方向，预测理论基础是客观事物发展变化过程中所具有的普遍规律，即惯性原理、相关原理和相似原理。

（二）工作程序

成矿预测的工作程序，大体如下：

1. 明确预测要求，必须首先明确预测区范围、预测的主要矿种、要求的比例尺和原有工作基础等。

2. 全面搜集地质资料，包括各种地质报告和图件、地球物理和地球化学探矿、重砂测量和遥感图像等资料，并加以系统整理。

3. 研究成矿地质背景，包括已知区和未知区的地质背景及其演化发展，重点是与成矿有关的地质构造背景。

4. 研究找矿信息，找矿信息在成矿预测中具有直接的导向作用，对地质、矿物、地球化学、地球物理、水文、遥感等信息要进行综合研究和数据处理，编制各种图件。

5. 分析控矿因素，确定预测准则和标志，如构造标志、岩浆岩标志、古地理标志、古岩相标志、地球物理标志和地球化学标志，并编制相应图件。

6.编制成矿预测图，在图上要反映出主要控矿因素和找矿信息，用已取得的成矿概念进行综合分析，圈定预测靶区。

7.重点工程验证，选择条件最好的靶区，施工揭露（一般以钻冉为主），以便及时检验预测的可靠性，这项工作常结合普查工作进行。

8.进行定量评价，在大比例成矿预测中还要依据钻孔查证资料，计算一部分远景储量。

（三）常用方法

成矿预测常用的方法有以下4种：

1. 地质类比法和就矿找矿法

矿床或矿田存在本身表明了多方面控矿因素的最佳结合。研究总结已知典型矿床的成矿地质环境和控矿地质因素，以作为类比并推断未知地区成矿可能性的依据。这两种方法对矿区外围找矿和开拓新区都有显著效果。

2. 统计分析法

用数学地质方法进行矿产统计预测。它是在地质—成矿现象数字化和定量化的基础上，利用恰当的数学模型来实现的。它定量地研究各种找矿信息，找出各种信息最有利成矿的数值范围，建立主要找矿信息与矿化之间的函数关系，并定地量显示预测结果。常用的统计分析法有概率统计和多元统计等。

3. 矿石建造分析

稳定的矿物共生组合即矿石建造是一定地质建造的自然组成部分，同种类型矿石建造组成的矿床有着相似的成矿地质环境和机制。厘定各种类型矿石建造及其相应的地质建造以及它们形成的地质背景，在预测实践中很有成效，特别是与不同火山建造、火山—沉积建造、与基性—超基性岩建造有关的各种矿石建造的预测中效果较好。

4. 矿床模式研究

它是在矿床类型典型化基础上发展起来的一种预测方法，其途径是将某一类矿床的关键性地质因素（如成矿地质背景、矿质来源、矿液运移途径、矿石堆积环境等）的共同特点加以综合，形成一个完整的成矿系统，即矿床成因模式。根据这种模式在相似的地质环境中进行预测，能客观地表征矿质富集地段，并划出相应的远景区。

（四）GIS在成矿预测中的应用

1. 资料采集

进行成矿预测的过程中，资料采集是必不可少的阶段，其中涵盖了对文字、图片、遥感以及数字等多个方面资料的收集，也是日后找矿工作顺利进行的前提。

2. 分析地质与物化探情况

这一环节主要是成矿预测的过程中，对于一些必要背景材料的介绍，一般包含以下几个方面：地质情况：对地质情况的分析，重点需要了解地层出露状况、地层和成矿联系、区构造状况以及构造控矿规律等；地球物理情况：分析这一内容时，需要简单扼要的对重力、磁法、地震以及放射性测量等异常进行介绍，并且明确和成矿之间的区别；地球化学特点：分析收集的元素，尤其是对异常的分析，且要注重元素之间的密切关系。

3. 建立数据库

针对一些已经完成搜集的文字、图片、遥感以及物化探等资料，要对其进行处理。在这一过程中，需要对数据库的结构进行明确，并将其划分为不同的图层，以此为前提建立数据库，随后将数据进行分类并输入数据库。一般情况下，描述性数据可直接输入，但是图形数据则要用到数字化设备实现图形线、点的数字化，或是利用扫描仪将图片整体输入到计算机中，然后再进行数字化处理。对于不同类型的数据都可以利用数据转化软件进行转换，以此与空间检索、分析需求相适应。

4. 控矿因素

对控矿因素进行分析时，编制单元层是其中最为有效的一种渠道。所谓单元层，即和主题有关的一组数据，其中主要涵盖了图形数据与属性数据。构成单元层的前提是要对数据重新分类，重点凸显其中的某个因素和成矿之间的联系。如，在实际分析时，判断深大断裂是其中一个控矿因素，通过 GIS 所具备的数据查询分析功能，在全部断层属性数据内，选择一个深大断裂属性的数据，随后再使用 GIS 内单元层程序构成深大断层单元层，并进行图和断层属性表的建立。除此之外，利用 GIS 所具备的叠加功能也能够构建深大断裂和已知矿床综合性单元层，通过这一过程重新进行数据的分类。

第二节　控矿因素与找矿标志

一、成矿控制因素

成矿控制因素是控制矿床形成的地质因素。简称控矿因素。矿床形成需要多种有利地质因素的巧妙结合。对于不同成因、不同类型的矿床来说，在成矿过程中起主要控制作用的因素是不同的。内生矿床的主要控矿因素往往是区域性和局部性的构造格局、火成岩的特点等。

控矿因素很多，最重要有构造、沉积、岩性和岩浆 4 类。

（一）构造控矿因素

矿床形成的重要控制因素。控矿构造可分为区域性控矿构造和局部性控矿构造两类，前者控制矿带和矿区的形成和分布，后者决定矿床的定位。

1. 区域性控矿构造

包括造山带、褶皱带、深断裂、裂谷、岛弧及逆冲推覆构造等。它们组成了大地构造格局，控制了岩浆活动（侵入、火山）及有关的内生矿化。造山带和深断裂都有一定变质作用与之伴随，形成不同规模的变质相带和有关变质矿床。以造山带为例加以说明：造山带是岩浆侵入的带，当然也就是与岩浆有成因联系的成矿带。矿床常常产在岩株和岩基里或在其周围成群分布。造山带有较深较大的断裂，矿液可以沿着它上升，再流入其他相连的通道，最后形成矿床。大体上来说，褶皱、岩浆侵入、断层和矿化彼此相关，并按一定的顺序发生。首先发生褶皱并伴随着形成倾角不大的逆断层，然后大规模的岩浆活动，接着发生断层，它们区域性地和局部性地控制了紧接着发生的矿化作用。

2. 局部性控矿构造

包括断层、褶皱孔隙、裂隙带、剪切断、角砾岩带等以及它们的交接复合部位或它们与有利岩层的交接部位。这些常是地壳中含矿流体运移的通道和矿石堆积的场所，因而在一定程度上决定矿体的形态、产状和空间位置。构造的多期次活动导致成矿的多阶段，影响矿化分带和矿体内部结构等。

（二）沉积控矿因素

包括地层、岩相、古地理、古地貌、古气候和古水文地质条件等。

地层控制对于沉积矿床，具有头等重要意义，对于某些内生成矿作用也占重要地位。铁矿主要产于前寒武纪地层中，盐类矿床则主要集中于泥盆纪、二叠纪和第三纪地层中。地层不整合面所代表的古侵蚀面，是聚集残余矿床和砂矿床的有利部位。

沉积岩相对成矿有更直接的控制作用。大多数矿床都产在一定的岩相中，例如海陆交互三角洲相的沉积、成岩、生物和化学条件是极有利的生油和储油环境，有良好的油、气远景。海相火山—沉积岩相对形成铁、锰和块状硫物矿床有重要意义。

古地理和古气候条件对于沉积矿床的空间分布和矿床类型有直接影响，如煤矿层形成于温湿气候条件的沼泽盆地中，而含铜砂岩形成于干燥气候条件下的河谷或三角洲中。

不同地质时代有不同的沉积条件，所以能形成不同种类或不同规模的矿床。对各种沉积矿床来说，都存在着较重要的大量形成的时期。煤矿出现在古生代和古生代以后的地层中，这是因为古生代尤其是晚古生代以来，具有温湿的气候环境，陆生植物大量繁殖的缘故。就世界范围看，主要的含煤地层为石炭二叠系、侏罗系和第三系。锰的成矿时代，以前寒武纪和第三纪为最重要，集中了全世界锰储量的一半以上。铝土矿的主要成矿时代是石炭二叠纪、侏罗白垩纪、第三纪和第四纪，在中国以石炭二叠纪为最重要。大部分条带状硅铁建造都形成在距今 26 ~ 28 亿年的一段时间里。

（三）岩性控矿因素

容矿岩石的物理性质和化学性质对于成矿作用方式、矿化强度、矿体产状以及矿床类型等均有明显的控制作用。

在物理性质中，岩石的孔隙度、裂隙度、渗透性、抗压强度等对矿化强度、矿石组构以及矿体产状等都有影响。如多孔状岩石中矿化常较强烈；脆性大的岩石容易碎裂，也有利于矿液流动和矿质的沉淀，很多矿床，例如斑岩型和网脉型矿床的形成都需要脆性岩石条件。

岩石的化学性质在后生矿床的定位中起重要作用。有些岩石，特别是碳酸盐岩，由于其较高的化学活动性，易于与矿液发生化学反应而沉淀下成矿物质，因此，比别的岩石更适合于容矿，矿体常常选择性地产在石灰岩里。而一些塑性强的岩石，如页岩、片岩等由于其不易发生裂隙，往往能成为矿液运动的隔挡层，因此，当具有一定厚度的脆性和塑性岩石互层时，在脆性岩石中常能形成矿体。

（四）岩浆控矿因素

又称火成岩因素。它是内生成矿作用的重要因素。在外生矿床，尤其是风化矿床和砂矿床中，岩浆岩也是成矿物质的一个重要来源。在内生矿床中，岩浆的控制作用表现在以下几方面：

1. 一定化学成分、矿物组合的矿床常与一定成分的岩浆岩有关。例如，铜镍硫化物矿床常产于苏长岩 - 辉长岩中，刚玉和磷灰石常产于霞石正长岩中，这种关系叫岩浆岩成矿专属性。

2. 不同类型矿床在侵入体内外的产出常表现出一定规律：岩浆矿床产于岩体内部；伟晶岩矿床产于母岩侵入体内或其毗邻围岩中；接触交代型和某些高温热液型矿床产于侵入体接触带或附近围岩中等。

3. 岩体侵位深度对成矿有一定影响。一般在深成和中深部位易生成云英岩型、夕卡岩型矿床；在浅成和近地表条件下，易形成中低温热液矿床和斑岩型矿床。在相对开放的环境中易形成火山喷溢型和角砾岩筒型矿床等。

4. 矿体与岩体形态、大小和部位的关系。不少热液矿床总是在岩基的特定部位产出。岩基是很大的侵入体，通常宽数十公里，长数十至数百公里，下延很深。岩基顶部的形状很不规则，可以向上突起呈圆丘、圆锥，或在一个方向上略有延长的岩钟。许多地质工作者都指出，岩浆分出的流体倾向于先聚集在岩基顶部的岩钟里，再进入岩钟已凝固的边部或上覆围岩中，从而岩钟成为矿体的分布中心，并起了控矿作用。

二、找矿标志

找矿标志是指能够直接和间接地指示矿床的存在或可能存在的一切现象和线索。找矿标志按其与矿化的联系一般可分为直接找矿标志和间接找矿标志，前者如矿体露头、铁帽、矿砾、有用矿特重砂、采矿遗迹，后者如蚀变围岩、特殊颜色的岩石、特殊地形、特殊地名、地球物理异常等。

（一）矿产露头

矿产露头可以直接指示矿产的种类、可能的规模大小、存在的空间位置及产出特征等，是最重要的找矿标志。由于矿产露头在地表常经受风化作用改造，因此据其经受风化作用改造的程度，可分为原生露头和氧化露头两类。

原生露头是指出露在地表，但未经或经微弱的风化作用改造的矿化露头。其矿石的物质成分和结构构造基本保持原来状态。一般来说，物理化学性质稳定，矿石和脉石较坚硬的矿体在地表易保存其原生露头。

例如鞍山式含铁石英岩，其矿石矿物和脉石矿物基本上全是氧化物：磁铁矿、赤铁矿、石英等，因此不会再氧化，至多磁铁矿氧化为赤铁矿，故地表露头基本上反映深部矿体的特征。此外，铝土矿、含金石英脉，各种钨、锡石英脉型矿体和矿脉在地表同样稳定，其中主要矿物皆为氧化物。这类露头一般能形成突起的正地形，易于发现，并且还可以根据野外肉眼观察鉴定确定其矿床类型，目估矿石的有用矿物百分含量，初步评定矿石质量。

多数的矿体的露头，在地表均遭受不同程度的氧化，使矿体的矿物成分、矿石结构发生不同程度的破坏和变化，这种露头称之为矿体的氧化露头。在对金属氧化露头的野外评价中，要注意寻找残留的原生矿物以判断原生矿的种类及质量，另外也可以据次生矿物特征判断原生矿的特征。

金属硫化物矿体的氧化露头最终常在地表形成所谓的"铁帽"。铁帽是指各种金属硫化物矿床经受较为彻底的氧化、风化作用改造后，在地表形成的以 Fe、Mn 氧化物和氢氧化物为主及硅质、粘土质混杂的帽状堆积物。铁帽是寻找金属硫化物矿床的重要标志。国内外许多有色金属矿床就是据铁帽发现的，如果铁帽规模巨大，还可作铁矿开采。在预测找矿工作中对铁帽首先须区分是硫化物矿床形成的真铁帽或是由富铁质岩石和菱铁矿氧化而成的假铁帽，其次对铁帽要进一步判断其原生矿的具体种类和矿床类型。

（二）近矿围岩蚀变

在内生成矿作用过程中，矿体围岩在热液作用下常发生矿物成分、化学组分及物理性质等诸方面的变化，即围岩蚀变。由于蚀变岩石的分布范围比矿体大，容易被发现，更为重要的是蚀变围岩常常比矿体先暴露于地表，因而可以指示盲矿体的可能存在和分布范围。

围岩的性质和热液的性质是影响蚀变种类的主要因素。

（三）矿物学标志

矿物学标志是指能够为预测找矿工作提供信息的矿物特征。它包括了特殊种类的矿物和矿物标型两方面的内容。前者已形成了传统的重砂找矿方法。后者是近 20 年来随着现代测试技术水平的提高，使大量存在于矿物中的地质找矿信息能得以充分揭示而逐步发展起来的，并取得了较大的进展，目前已形成矿物学的分支学科——找矿矿物学。

矿物标型是指同种矿物因生成条件的不同而在物理、化学特征方面所表现出的差异性。通过矿物标型特征研究可以提供以下方面的找矿信息：

1. 对地质体进行含矿性评价。利用矿物标型可以较简洁地判断地质体是否有矿。例如，金伯利岩中的紫色镁铝榴石含 $Cr_2O_3 \geq 2.5\%$ 时，可以判断该岩体为含金刚石的成矿岩体；铬尖晶石中的 $FeO > 22\%$，其所在的超基性岩体通常具铂、钯矿化；再如金矿床中石英呈烟灰色时，其所在的石英脉含金性一般较好。

2. 指示可能发现的矿化类型及具体矿种。预测工作区发育的可能矿化类型，在评价矿点和圈定预测远景区时具有重要意义。如不同成因类型矿床中的磁铁矿，其化学组分差别很大，与基性超基性岩有关的岩浆矿床中，磁铁矿一般含 TiO_2 很高，而其他类型的则含 TiO2 很低。同一矿床从早期到晚期也呈现规律性变化。从锡石的标型特征（晶形和含微量元素）可以区分伟晶岩型、石英脉型、锡石硫化物型等不同类型的矿化。

利用矿物标型特征和矿物共生组合特点，可以提供更好的矿床类型信息。如含锌尖晶石作为多金属矿床出现的标志；电气石的标型变化作为不同成因的锡石矿床的标志。伟晶岩中玫瑰色和紫色矿物（云母、电气石、绿柱石等）的出现是锂、铯矿化的标志；花岗岩中绿色天河石、褐绿色锂云母的出现，说明可能有锂矿化的存在；在变质岩地区见蓝晶石、石榴石、是含云母伟晶岩存在的标志。

3. 反映成矿的物理、化学条件。目前在大比例尺成矿预测及生产矿区的"探边摸底"找矿作中应用较多。利用矿物标型特征的空间变化，推测矿物形成时的物、化条件及空间变化特征，进行矿床分带，指导盲矿找寻。

如在反映成矿温度方面，锡石从高温→低温，晶形由简单的四方双锥→四方双锥及短柱状→长柱状、针状；闪锌矿从高温→低温，含铁量由高→低、颜色由黑→淡黄。王燕在胶东玲珑金矿对第一阶段石英进行系统的测温，绘制出温度梯度等值线图，清楚地反映了多渠道的矿液是从北东深部向南西方向斜向运移的，从而较好的指导了深部矿体的找寻工作。

三、地球化学标志

地球化学标志主要是指各种地球化学分散晕，它们是围绕矿体周围的某些元素的局部高含量带。这些分散晕据调查介质的不同可分为原生晕、次生晕（分散流、水晕、气晕、生物晕）等。

从研究、分析地球化学元素的途径入手而达到提取找矿标志的目的，目前已形成了较为成熟的各种专门性的地球化学找矿方法。通过化探方法所圈出的各种分散晕常称之为化探异常，其在找矿中的应用及评价详见找矿方法一节。

地球化学标志在金属、能源矿产勘查工作中应用非常广泛，与其他找矿标志相比，具有其独特的优点：

首先是找矿深度大，是找寻各类矿产、特别是盲矿床的重要标志，找矿深度可以达到百米甚至数百米；

其次，应用于指导找矿比较简便，利用不同级别、种类的化探异内的主要异常及其形态展布，反映主要成矿带和矿化集中区或主要矿源层的展布以及主要控矿因素与矿化的内在联系，从而有助于提高勘查人员的识别能力，为评价区域总的成矿前景和矿产潜力指明方向；

另外，地球化学标志是发现新类型矿床及难识别矿床的唯一途径或重要途径。对于以成矿元素做指示元素而圈定的地化异常是一种直接的找矿标志；其不同级别的地化异常反映了成矿元素逐步地富集趋势，在找矿工作中从正常场→低异常区→高异常区→浓集中心→工业矿床，可以直接进行矿产的勘查与评价工作。因此，一些新类型的金属矿产就是通过对不同级别的化探异常的逐步评价而发现的。这方面比较典型的如卡林型金矿床和红土型金矿床的发现及勘查评价工作。

最后需指出的是，地球化学的内涵丰富，获取途径之多也是其一大特点。地球化学异常除了上述的以众多的成矿元素作为指示元素外，还可以根据与成矿元素具相关联系的非成矿元素作为指示元素进行异常的提取及评价工作，例如在金矿的勘查工作中常选用 Cu、Pb、Zn、As、Sb、Hg 等元素作为指示元素。在异常的获取途径方面可以是从基岩中提取的原生晕，也可以是从水、土壤、空气、生物中提取的次生晕。

地球物理标志主要是指各类物探异常，如磁异常、电性异常、放射性异常等。地球物理标志对各种金属矿产、能源矿产的勘查工作具有广泛的指示作用，其主要反映地表以下至深部的矿化信息，对地表以下的地质体具有"透视"的功能，因而是预测、找寻盲矿体（床）的重要途径之一。

物探异常的实质是反映地质体的物性差异。因此，地球物理标志是一种间接的找矿标志，其本身往往具有多解性。另外，物探异常的强度受地质体的埋深大小及地形地貌特征影响较大。在应用地球物理标志时，必须结合地质、地貌等多方面的具体特征进行分析，以求对物探异常所反映的信息做出正确的解释。

生物的生存状况受环境条件影响较大，一些特殊的生物的存在可以在一定的程度上反映地下的地质特征及可能的矿化特征，因而可以作为指示找矿的标志。例如：我国长江中下游的铜矿区内一般都有海州香薷（铜草）生长，目前是公认的本地区内找矿的一种重要指示植物。

目前，生物标志的研究趋势是由宏观生物向微体生物、如藻类、细菌、真菌类发展，由现代生物向已绝迹并已成为化石的古生物发展。并且，在研究、揭示生物标志的指示找矿机理方面，一改过去的把生物视为环境的被动产物的片面看法，而是更多地注意对环境的主动改造作用，即把生物本身视为一种重要的致矿因素，在此基础上总结、发掘新的生物找矿标志。

这主要是近20年来生物成矿研究所取得的巨大进展，使人们认识到生物通过自身或因其活动而改变了环境的物理化学条件，使成矿元素发生迁移、沉淀和富集，从而形成上规模的工业矿床。生物致矿作用的揭示给生物找矿标志的研究开拓了新的广阔空间。

主要指旧采炼遗迹，特殊的地名等。例如老矿坑、旧矿硐、炼碴、废石堆等，它们是指示矿产分布的可靠标志。我国古代采冶事业发达，旧采炼遗迹遍及各地。古代开采放弃矿山，或者是由于当时技术落后不能继续开采，或是由于对矿产共生组合缺乏识别能力，用现代的技术及经济条件重新评价，有时会发现非常有工业价值的矿床。我国不少矿区是在此基础上发现和开发的。

此外，更多的是以这些旧采炼遗迹为线索、通过成矿规律、找矿地质条件的研究而找到更为重要的新矿体。特殊地名标志是指某些地名是古代采矿者根据当地矿产性质、颜色、用途等而命名的，对选择找矿地区（段）有参考意义。有的地名直接说明当地存在什么矿产，如安徽的铜官山、湖北大冶的铁山、河北迁西的金厂峪、浙江平阳的矾山、甘肃玉门的石油河等。

有些地名因古代人对矿产认识的局限性，其地名与主要矿产类型有差别，但仍然指示有矿存在的可能性，例如江西德兴银山实际上是铅锌矿、湖南锡矿山实际上是锑矿、甘肃白银厂实际上是铜矿等。

第三节　科学找矿技术与方法

一、科学找矿

科学找矿法是指以现代成矿理论作指导，以地质为基础并采用各种先进的科学技术方法的矿产普查工作。科学找矿是针对找矿难度越来越大，找矿对象由地表露头矿、浅部矿、易识别矿转化为深部隐伏矿、难识别矿和新类型矿，找矿费用不断增大，而矿床的发现率不断降低的找矿工作新局面而提出的。

科学找矿可具体概括为理论找矿、综合找矿、立体找矿、定量找矿和智能找矿5个方面：

（一）理论找矿

理论找矿是指在先进的地质成矿理论指导下进行的找矿工作。

这是相对过去长期进行的"经验找矿"和"技术找矿"而言的。在找矿难度日益增大的情况下，即不能单凭经验也不能仅靠技术，而必须以先进的地质成矿理论为指导，布置找矿工作，才能更好地达到预期的找矿目的。理论找矿的重要途径是建立"矿床模型"。这是通过揭示控制矿床形成的最本质的地质因素或形成某种类型矿床的典型成矿环境，然后再根据相似类比原则寻找类似的地质环境或成矿条件，从而达到更好有效的发现矿床的目的。

（二）综合找矿

综合找矿有多重含义，包括综合手段、综合信息和综合矿种。特别要注意综合信息的间接找矿作用。

根据不同的找矿阶段的目的及任务，应注意不同尺度水平和不同范围的综合信息。例如：研究全球构造和地壳深部构造状况，进行地壳结构类型划分所需的综合信息；研究地区大地构造发育类型，进行构造分区，确定深部与前部构造联系的综合信息；发现矿化带、矿床、矿体所需要的综合信息等。值得强调的是，无论什么层次的综合找矿，都必须统一到最终的成果要求上，各种找矿手段都要把自己的最终成果统一到解决地质问题上和找矿预测问题上。

（三）立体找矿

为了寻找隐伏矿床（体），查明矿化在三维空间的变化，必须增加找矿深度；为了查明深部的矿化特征，寻找新的矿床（体），也必须增加找矿深度。现在国内外都很重视在立体填图基础上的立体找矿工作。

立体填图则是用以查明一定空间每个点上的地质体、断裂、不整合面和地质结构等其他几何要素的位置的。其可靠性和精度要与地表该比例尺工作的精度相适应，还应研究地质体的物质成分特性及其含有某种矿产的可能。

立体地质填图时，地球物理调查深度不应限于矿床工业开采的深度，而应照顾到能在立体上充分表达出每个有意义的地质体，这种深度可以达到 10 ~ 15km。自然，随着深度的增加，填图的比例尺相应缩小。

（四）定量找矿

定量地质找矿是定量地质学的一个分支，也是找矿工作向现代化方向发展的重要体现。定量找矿是通过建立矿床成因、时空分布、质量数量评价的数学模型的途径来达到预测和评价矿床的目的。具体地说，就是要查明矿床形成和分布的数量规律性；建立定量的成因和空间分布数学模型；查明各种控矿因素和找矿标志的找矿信息；查明地区找矿远景或成矿的概率大小及查明远景地区可能的矿产资源量。

（五）智能找矿

智能找矿是人工智能技术应用于矿床普查工作中的常识性实践活动，目前在找矿领域内研究及应用较多的主要找矿专家系统。专家系统是人工智能技术的重要分支，是一个在计算机技术支持下的集某一领域内众多专家知识于一体的咨询、决策系统。

二、找矿方法

找矿方法是指为了寻找矿床而采用的工作方法和技术措施的总称，现主要有地质方法、物探方法、化探方法、遥感方法等。

（一）普查找矿

普查找矿又称找矿，简称普查或找矿是在一定的地区内。为寻找和评价发现国民经济所需要的矿产而进行的地质矿产工作即综合运用地质科学的基础知识与理论。使用必要的技术方法。结合群众报矿提供的线索，以发现各种矿产找矿工作的目的，是发现矿点、矿化区或矿床。对其进行初步地质经济评价（工业远景评价）其任务包括：研究工作地区的地质构造。特别是与矿产形成和分布关系密切的地质条件。预测可能存在矿产的有利地段；综合运用有效的技术手段和找矿方法，在有利的地段内进行找矿，并对发现的矿点或矿床进行初步的研究。就其地质和经济意义做出评价；在以上基础上阐明工作地区的矿产远景。为进一步选择矿床勘探地区（或地段）和编制国民经济发展远景规划提供必需的矿产资源和地质、技术经济资料在概念上矿产普查是指为找寻矿产远景地区而进行的工作，包括航空地质、物探、化探以及其他的地表和地下工程等。

可以把找矿的基本问题概括为四点：找什么？到哪里去找？怎样找？找到之后怎么办？要解决这四个基本问题，就需要根据矿产资源战略形势分析确定找什么矿；依据成矿地质条件、成矿规律和成矿预测，解决到哪里去找；综合使用行之有效的各种找矿技术手段与方法。解决怎样去找；通过地质经济评价。解决找到之后怎么办的问题。

（二）地质填图法

地质填图法是运用地质理论和有关方法。全面系统地进行综合性的地质矿产调仓和研究，查明工作区的地层、岩石、构造与矿产的基本地质特征。研究成矿规律和各种找矿信息进行找矿。它的工作过程是将各种地质特征填绘到比例尺相适宜的地质图上，故称为地质填图法因为本法所反映的地质矿产内容全面而系统，所以是最基本的找矿方法无论在什么地质条件下，寻找什么矿产，都要进行地质填图。因此，是一项具有战略意义的、综合性的、重要的地质勘查工作地质填图搞得好坏直接关系到找矿工作的效果。如某些矿区由于地质填图工作的质量不高，对某些地质特征未调查清楚，因此使找矿工作失误。地质填图必须做好下列工作：

1. 做好地质填图的各项准备工作。如收集和研究有关的遥感资料及其进行详细解译，编出解译图，并在详细研究前人工作成果的基础上做好调查区的现场踏勘。

2. 做好实测地质剖面是研究地层、岩体和构造的基础资料，是地质填图的前提，如果位置不当、地层划分和层序错误，将导致填图工作无法进行。

3. 针对不同的地质情况和填图比例尺采用不同的填图方法和手段，现在应用的填图方法有穿越法和追索法。

4. 同一岩石分类命名和地质语言由于地质填图涉及面大，岩石类型复杂，岩性变化大如果岩石分类命名不统一，认识不一致，将造成同岩异名或同名异物的现象，给连图、岩相划分、地层层序建立和对比带来困难。影响填图质量。

5. 及时做好资料整理和综合研究工作。

（三）砾石法

砾石找矿法是根据矿体露头被风化后所产生的矿砾或与矿化有关的岩石砾石，在重力、水流、冰川等的搬运下。其散布的范围大于矿床的范围，利用这种原理，沿山坡、水系或冰川活动地带研究和追索矿砾。进而寻找矿床的方法称砾石找矿法。

砾石找矿法按砾石的形成和搬运方式可分为河流碎屑法和冰川漂砾法。该方法由来已久，因为方法简便，应用广泛，所以目前仍为基本的找矿方法之一。无论是作路线地质观察、重砂测量或地球化学测量均可同时应用，尤以山地森林区或高山冰川区更为适宜。

河流碎屑法是以各级水系中的冲积砾石、岩块、粗砂为主要观测对象，从中发现矿砾或与矿化有关的岩石砾石，然后逆流而上进行追索。连续的观察其形态、大小及滚圆度。并研究其物质成分和碎屑数量的变化情况，当遇到两条河流的汇合处，要判别含矿砾石来源一直逆流追索到砾石不再在河流中出现，直至发现含矿砾石发源的山坡，继而在山坡上布置比较密集的路线网。详细研究坡积、残积层进而推断原生矿床位置。

冰川漂砾法是以搬运的砾石、岩块为主要观察研究的对象。其方法与河流碎屑法相似。

（四）重砂法

重砂法找矿又称重砂测量，是一种具有悠久历史的找矿方法，远在公元前两千年就用以淘取砂金。因为它方法简便，经济而有效，因此迄今仍为一种重要的找矿方法。回顾我国重要的金、铂、钨、锡、汞、独居石、铌钽砂矿、金刚石等贵金属、稀有、稀土矿床的发现史，如山东的金刚石、吉林夹皮沟的金矿、江西赣南的钨矿、湖北广东等地的汞矿等，都是用重砂法首先发现的。而且很多是开采砂矿后发现原生矿的。

按照采样对象的不同，重砂法可分为自然重砂法和人工重砂法两种。而自然重砂法又分河流重砂法和残—坡积重砂法，河流罩砂法最适宜河流发育的地区。残—坡积重砂法适宜河流不发育的地区。

重砂法是矿产普查和区域地质调查中广泛使用的一种找矿方法。其过程是沿水系、山坡或海滨等，对疏松沉积物（包括冲积、洪积、坡积、残积、滨海沉积等）系统采集样品，通过重砂分析和综合整理，结合工作地区的地质、地貌条件和其他找矿标志，发现并圈出矿产机械分散物，既有用矿物（或与矿产密切相关的指示矿物）的重砂异常。据此进一步追索原生矿床或砂矿床。野外取样工作与淘金差不多。一般用小型淘砂盘在水中淘洗砂土。由于各种矿物的比重不同，轻矿物先被淘洗掉，最后留下重矿物，从中挑选鉴定有用矿物及含量，达到寻找重矿物来源的目的重砂找矿法适用于水系发育的地区。主要用来寻找某些有色金属（钨、锡、铋、铅锌等）、稀有及放射性元素（铌、钽、铍、锆、钇、钍等）、贵金属（金、铂、锇、铱等）以及铬、钛、金刚石等矿床。

第四节　矿化信息提取与合成

一、矿化信息

矿化信息是指从地质信息中提取出来的，能够指示、识别矿产存在或可能存在的事实性信息和推测性信息的总和。

矿化信息据其信息来源可分为描述型、加工型矿化信息和推测性矿化信息三种；据其信息的纯化程度（可靠性）可分为直接的矿化信息和间接的矿化信息，前者如矿产露头、有用矿物重砂，后者如大多数的物探异常、围岩蚀变、遥感资料等。一般来说，事实性信息中的描述型信息和直接矿化信息相对应，加工型、推测性信息和间接矿化信息相对应。因此，矿化信息提取工作的主要研究对象应是具有多解性的加工型和推测性地质信息。

（一）描述型矿化信息

是指不需经过进一步的分析、加工，本身就具有直接表明矿产存在与否的信息功能的那一部分描述型地质信息。

例如野外地质调查、地质测量工作中发现的矿产露头、采矿遗迹、通过探矿工程揭露出的矿体等。

描述性矿化信息也可称之为直接的矿化信息。

地质信息中的描述性矿化信息的识别、获取比较直观、简单，这项工作主要取决于找矿者所具有的知识结构与技术水平。例如，找矿者只要认识、了解某种矿产的基本特征，就能从众多的野外地质现象中将其矿产露头识别出来。对描述型矿化信息应做进一步的评价研究工作，以确定有关矿产的成矿类型、空间分布、规模及工业价值大小等。具体分析、评价内容类同有关的直接找矿标志的分析、研究内容。

（二）加工型矿化信息

加工型矿化信息是从加工型地质信息中提取出来的，能够指示矿产存在的那一部分深层次的信息量。

加工型矿化信息最基本的信息基础是描述型地质信息。从地质体→描述型地质信息→加工型地质信息，已经历了多个信息获取、转换的中间环节，不可避免地已掺杂了一定的干扰信号或假信息，使信息的纯度降低，造成了加工型地质信息的多解性。加工型矿化信息的提取就是从具多解性的加工型地质信息中区分出矿与非矿信息。

一般来说，人们熟悉的物探、化探、重砂异常等都是加工型地质信息，在应用于指导找矿工作时都必须首先进行异常的分析评价工作，从中区分矿与非矿异常，即提取矿化信息。加工型矿化信息的提取，必须以地质研究为基础，针对不同的加工型信息的特点，结合研究区内的成矿地质特征及成矿规律进行分析。

（三）推测性矿化信息

推测性矿化信息来源比较广泛，它可以是从推测性地质信息中进一步推测提取的矿化信息，也可以是从描述型、加工型矿化信息中进一步推测、提取深层次的矿化信息，甚至对于已有的全部地质信息、矿化信息经进一步的综合，加工处理后，从中提取复合性的合成信息。例如：遥感地质解译图所具有的有关地质内容就是一种典型的推测性地质信息，通过对遥感地质解译图的进一步分析，就可以从中提取出感兴趣的矿化信息。已确定的物探、化探异常中的矿致异常是一种加工型矿化信息，经进一步的分析还可以从这些矿致异常中提取出可能发现的矿种、矿体规模、可能的赋存位置、产出特征等更深层次的矿化信息等。

推测性矿化信息是在推断所得的有关信息的基础上，经进一步的加工、分析而得到的相对较深层次的矿化信息。如何识别出信息以及保证所获取的信息的客观性则成为推测性矿化信息提取的基本要求。

为了满足上述两方面的要求，推测性矿化信息的提取必须首先考虑所依据的信息的真实性，如上述的遥感地质解译图是否正确，已确定的物、化、探矿致异常是否真实等，进而结合已知的成矿地质背景和成矿规律，通过慎重、周密的分析、类比和归纳，进行科学的推理，提取深层次的矿化信息。

推测性矿化信息的提取还必须综合各有关方面的信息，通过专门的技术性手段及途径，对已获取的有关数据进行分解、提取、加强、合成等处理，进行数据、资料信息的深加工，从中提取综合性的、新的、深层次的矿化信息。

二、矿化信息提取

矿化信息提取，即从地质信息中区分矿与非矿信息的工作。

（一）基本概念

1. 地质信息

地质信息是指地质体所显示的特征或利用某种技术手段对地质体的具体度量、推断的结果。地质信息按其获得的认知途径可分为事实性信息和推测性信息两类。

（1）事实性信息

事实性信息反映的是地质体（包括矿体）存在的客观属性和特征，其进一步又可分为：

① 描述型：其仅是对地质体的客观描述性记录，是进一步从中发掘、获取其他信息的源泉，具体如地质体的形态、规模、产状等。

② 加工型：是应用科学的分析、类比、综合、归纳等逻辑推理对描述型信息进行加工后获得的比描述型层次更深的信息，具体如据地层岩性及古生物组合特征对原始沉积环境的恢复、在地球化学分散晕基础上圈定的化探异常等。

（2）推测性信息

推测性信息是指尚未观察到（或未揭露到），而是根据描述型和加工型信息推断的某些地质体可能存在及其相应属性、特征的信息。例如，根据地表观察所见地质体（矿体）的产状、规模形态（描述型信息）推测其地下的产状、延深特征，据磁法测量的磁异常（加工型信息）推测地下具有的隐伏基性—超基性岩体或矿体等，据遥感图像数据所做的地质解译成果等。

2. 矿化信息

矿化信息是指从地质信息中提取出来的，能够指示、识别矿产存在或可能存在的事实性信息和推测性信息的总和。它可以是有关的资料、数据及对有关数据经深加工后的成果。矿化信息据其信息来源可分为描述型、加工型矿化信息和推测性矿化信息；据其信息的纯化程度（可靠性）可分为直接的矿化信息和间接的矿化信息，前者如矿产露头、有用矿物重砂，后者如大多数的物探异常、围岩蚀变、遥感资料等。一般来说，事实性信息中的描述型信息和直接矿化信息相对应，加工型、推测性信息和间接矿化信息相对应。因此，矿化信息提取工作的主要研究对象应是具有多解性的加工型和推测性地质信息。

（二）各种矿化信息的提取及评价

1. 描述型矿化信息

在各种找矿技术手段所获取的大量的描述型地质信息中，有的不需经过进一步的分析、加工，本身就具有直接表明矿产存在与否的信息功能，则称之为描述型矿化信息，如野外地质调查、地质测量工作中发现的矿产露头、采矿遗迹、通过探矿工程揭露出的矿体等。

描述性矿化信息也可称之为直接的矿化信息。地质信息中的描述性矿化信息的识别、获取比较直观、简单，这项工作主要取决于找矿者所具有的知识结构与技术水平。例如，找矿者只要认识、了解某种矿产的基本特征，就能从众多的野外地质现象中将其矿产露头识别出来。

对描述型矿化信息应做进一步的评价研究工作，以确定有关矿产的成矿类型、空间分布、规模及工业价值大小等。具体分析、评价内容类同有关的直接找矿标志的分析，其研究内容这里不再赘述。

2. 加工型矿化信息

加工型矿化信息是从加工型地质信息中提取出来的，其基本的信息基础是描述型地质信息。从地质体—描述型地质信息——加工型地质信息，已经历了多个信息获取、转换的中间环节，不可避免地已掺杂了一定的干扰信号或假信息，使信息的纯度降低，造成了加工型地质信息的多解性。加工型矿化信息的提取就是从具多解性的加工型地质信息中区分出矿与非矿信息。一般来说，人们熟悉的物探、化探、重砂异常等都是加工型地质信息，在应用于指导找矿工作时都必须首先进行异常的分析评价工作，从中区分矿与非矿异常，即提取矿化信息。

加工型矿化信息的提取，必须以地质研究为基础，针对不同的加工型信息的特点，结合研究区内的成矿地质特征及成矿规律进行分析。以下对重砂异常、化探异常、物探异常等加工型地质信息的分析评价工作分别叙述之。

（1）重砂异常的分析评价

①对重砂异常的研究，首先要重视异常地区地质背景的分析，同时注意影响重砂矿物分散晕（流）形成的因素，判断含矿岩体、地层、构造或原生矿床（体）存在的可能性。

②对重砂异常本身，则要分析重砂异常的范围和强度，有用矿物种类和含量等。一般来说，异常的范围大、有用矿物含量高，则反映原生矿床存在的可能性也大。进一步联系地质地貌特点，则可以判断异常的可能来源。

③分析重砂异常矿物的共生组合和标型特征。重砂矿物的共生组合和标型特征可反映可能的矿化类型。如锡石—黄玉—电气石—萤石—黑钨矿—白钨矿组合，反映与云英岩化有关的石英脉型锡石矿床的特点，锡石—锐铁矿—担铁矿—馒辉石—独居石组合，则是伟晶岩型矿床的特征。常见重砂矿物的组合及可能的矿化类型。

（2）化探异常的分析评价

地球化学异常是指某些地区的地质体或自然介质（岩石、土壤、水、生物、空气等）中，指示元素的含量明显地偏离（高于或低于）正常含量的现象。化探异常可以是因矿床的存在而产生，也可以仅是指示元素含量的波动变化的反映。因此，只有通过对异常的解释评价，才能从中发掘出异常所提供的矿化信息。异常的分析评价一般从以下 5 个方面进行。

①异常地质背景的分析：从分析异常的空间分布与地质因素的联系入手，在此基础上进一步判断形成异常的可能原因。各类异常的出现都与一定的地质背景有关。

②异常形态、规模和展布：异常的形态往往与产生异常的地质体形态有关，如与断裂构造带有关的异常，往往呈带状分布，与岩浆岩有关的化探异常往往成片状分布。所以，据异常的形态，结合地质背景，可对引起异常的源体进行判译。异常规模，通常用规格化的面金属量（NAP值）衡量，其取决于异常面积和异常强度。异常面积相对异常强度是比较稳定的参数，一般来说，化探异常的面积越大，则属于矿异常，找到大矿的概率越大。

③异常元素组合特征：异常元素组合特征常可反映可能发现的矿化类型的矿化信息。例如，Sb-Hg-As-Au（Ag）的元素组合异常，可能是热液型金矿床的前缘晕的显示，长江中下游一带的矽卡岩型矿床分布区内，Cu，Ag，Mo元素组合为铜钼矿化的显示，Cu，Ag，Bi为钼矿床的指示元素，Cu，Ag，As，Zn，Mo，Mn元素组合则指示铜铁矿床的存在。

④异常的强度和浓度分带特征：在判断矿与非矿异常时，一定要注意异常的结构，凡异常强度高、浓度分带明显、具有清楚的浓集中心的异常，多属具有工业意义的矿异常，否则属与某个地质体有关。

矿致异常的浓度分带明显时，据分带特征可以进一步发掘、提取一些深层次的矿化信息，如确定元素的水平或垂向分带、判断矿液运移方向、划分前缘晕和尾晕、判断剥蚀深度、追索盲矿体等。

⑤异常有关参数的统计分析：为了消除干扰、获得定量信息，对异常还可以进行各种统计分析，从中提取有关的深层次的矿化信息。常用的统计分析方法包括趋势分析、回归分析、判别分析、点群分析、因子分析等。

（3）物探异常的分析评价

物探异常是地质体物性特征的反映，物探异常具有更复杂的多解性。物探异常分析评价的中心任务是区分出矿与非矿异常，为此首先要结合地质资料，将异常分类、分区分带，对研究区内所有异常的分布、强度及组合特征有概略的了解，在此基础上筛选出与矿有关的矿致异常。一般来说，具备以下条件的异常可能属矿异常。

①异常本身的特征，包括异常强度、形态和产状等与已知的矿异常相似，则可认为为地下矿体引起，有必要考虑做进一步的异常查证工作。

②异常群的分布排列具一定的规律性，特别是与一定的成矿地质条件有一定的空间联系时，例如，在宽缓磁异常的边缘或背景上，有次级异常呈串珠状"规则"地排列时，很可能反映了侵入体接触带上的矽卡岩型铁矿床的分布。

③异常所处的位置具优越的成矿地质条件，例如，位于基性、超基性岩带的磁异常是岩浆矿床存在的反映，中酸性侵入体与碳酸盐岩层接触带及其附近的磁异常是矽卡岩型铁铜矿床的显示。

在异常的评价中，还应特别注意对弱缓异常的研究工作。当矿体埋深较大时，往往表现为弱缓异常，而这正是当前找寻埋深较大的盲矿体的重要线索。我国从低缓异常的分析、研究中已取得了较好的找矿实效，在淮北、邯邢和莱芜等地新增了大量的铁矿储量。

3. 推测性矿化信息

推测性矿化信息来源比较广泛，它可以是从推测性地质信息中进一步推测提取矿化信息，也可以是从描述型、加工型矿化信息中进一步推测、提取深层次的矿化信息，甚至对于已有的全部地质信息、矿化信息经进一步的综合、加工处理后，从中提取复合性的合成信息。例如，遥感地质解译图所具有的有关地质内容就是一种典型的推测性地质信息，通过对遥感地质解译图的进一步分析，就可以从中提取出感兴趣的矿化信息，已确定的物探、化探异常中的矿致异常是一种加工型矿化信息，经进一步的分析还可以从这些矿致异常中提取出可能发现的矿种、矿体规模、可能的赋存位置、产出特征等更深层次的矿化信息。

推测性矿化信息是在推断所得的有关信息的基础上，经进一步的加工、分析而得到的相对较深层次的矿化信息。因此，如何识别出信息及保证所获取的信息的客观性则成为推测性矿化信息提取的基本要求。为了满足上述两方面的要求，推测性矿化信息的提取必须首先考虑所依据的信息的真实性，如上述的遥感地质解译图是否正确，已确定的物探、化探矿致异常是否真实等，进而结合已知的成矿地质背景和成矿规律，通过慎重、周密的分析、类比和归纳，进行科学的推理，提取深层次的矿化信息。

推测性矿化信息的提取还必须综合各有关方面的信息，通过专门的技术性手段及途径，对已获取的有关数据进行分解、提取、加强、合成等处理，进行数据、资料信息的深加工，从中提取综合性的、新的、深层次的矿化信息，这其实已属于信息合成的研究范畴。

三、信息合成

目前，原始地学信息的收集已由过去的以定性描述为主，而转化为大量的定量的地学数据。因此，在进行信息合成时，只有采用一定的数据模型对各类浩瀚的无直观规律的数据集进行整理、分析，把握数据分布的规律性，才能进而进行不同种类的信息合成工作。

（一）数据模型的选择

早年提出的地质体数学特征研究实质上也就是研究地质数据的数学模型或简称数据模型。利用数据模型可以反映地质体的几何特征、统计特征、空间特征和结构特征，还可以查明可能存在的分形、混沌等非线性特征。这是一种基础性工作，是十分重要的。例如，只有选用或购置适当的数据模型对原始数据进行加工、处理，查明数据分布特征及其规律性，才能在此基础上进一步借助有关的模型对有关数据进行信息合成所必需的数据预处理、噪音信息的剔除、矿化信息的强化等工作。数据模型在广泛采用计算机技术的信息合成的各个环节中都起着不可替代的作用。而且，数据模型是选用各种数据处理方法的依据。

一般来说，用于查明原始地质数据分布律的数学模型有正态分布模型、对数正态分布模型、二项分布、负二项分布、普阿松分布、超几何分布及指数分布等；用于原始数据处理的数学模型有磁法资料的化极、求导、延拓、求假重力异常、视磁化率、正演、反演方法，重力资料的求导、延拓、各种计算密度界面的方法，遥感资料的边缘增强、线性体增强及环形影像增强方法，化探、重砂资料的趋势分析、因子分析、聚类分析、回归分析等；可用于信息提取及合成的因子分析、典型相关分析、信息量法、成矿有利度模型等。

（二）信息合成方法

1. 概述

信息合成也可称之信息综合，是指把反映地质体各方面的有关信息（数据、资料、图像等）通过一定的技术手段，加工成为一种与源信息具相互关联的新的复合型信息，即由直接信息转换为间接信息。这种复合型信息具有反映地质体总体特征及所具有的隐蔽特征的功能。用于信息合成的源信息的形式可以是各种原始的地质数据，如各种物、化探原始观测数据，也可以是经过一定的专门性加工、处理、整理而成的有关资料、图像等，源信息的类别可以是事实性信息，也可以是推测性信息，源信息的要素可以是矿化信息，也可以是有关的控矿因素。

信息合成是勘查工作发展的摘要。地质数据的野外提取技术，借助于计算机的不同类型空间数据的采集、分析、合成、成图技术也为信息合成提供了必需的技术支撑（如 GIS 技术）。赵鹏大院士曾指出："数字化资料合成技术"可帮助勘查者把先进的传统方法与非传统方法结合起来，以减少后者的不确定性。地质、地球物理、遥感图像以及其他数据如能在一个广泛的空间数据库内进行管理，并在一个具有产生和显示再造数据功能（如资源卫星数据的波段比值与空间滤波、航磁数据二阶导数的综合等）和分析数据集相关性的计算机系统中时，将更为有用。所以，信息合成也是高新技术在地勘工作中应用的直接体现。

迄今为止的信息合成结果有两种：一种结果是各种单独的矿化信息在同一空间上的简单叠加定位；另一种是在通过分析各种单独信息的相互关系的基础上提取出来的（定量），是以前一种合成为基础进行的，后一种的工作难度较大，但有人认为这才是真正的信息合成，是信息合成的发展方向。

2. 信息合成的基本步骤

信息合成一般需进行以下 4 个方面的工作。

（1）地质概念模型的建立

地质研究是信息合成的基础，只有在全面研究的基础上，才能对矿床的地质条件及成矿特征有深刻的了解，在此基础上才能正确地总结控矿因素及找矿标志，确定选择用于信息合成的各种原始资料。

（2）原始各种信息的预处理工作

预处理是把各种格式、比例尺、分辨率的原始资料〔图形、图像、数据、磁盘（带）数据等〕转换为适合计算机图像处理的统一格式及数据类型等。参与预处理的原始资料可以是有关的控矿因素方面的信息，也可以是各个侧面的矿化信息。如与成矿有关的地层构造岩浆岩或已知的矿床（点）、物探、化探、遥感信息等。

（3）信息的关联和提取

各类成矿信息都不是孤立存在的，而是本身就有机地联系在一起的。只有通过信息彼此之间的关联，才能正确、全面地提取有用信息，排除与研究对象无关的"干扰"信息。信息的关联可分为同类信息的关联，如物探信息中的航磁平剖解释信息与化极、求异、延拓解译信息的关联；不同类信息之间的关联，如物探异常信息与化探异常信息之间的关联等。

信息关联和提取的地质意义是清楚的。一般成矿作用，通常理解为多种地质作用相互叠加的结果。各种地质作用常常具有不同的地球物理和地球化学信息标志特征，通过信息关联而确定的有用信息的叠合部位或信息浓集区，则被认为是成矿可能性最大的空间地段。这种成矿可能性最大的空间地段的认识的得出即是信息提取的一种物化表现。

（4）信息的综合和转换

信息的综合和转换，即信息合成，是指在各种单信息相互关联和提取的基础上。将提取出来的有用矿化信息作进一步的加工、优化和综合提取，最终完成直接矿化信息向间接矿化信息的转换。信息合成后的物化形式，一般多为直观的图件，如成矿有利度图、矿化信息量图、综合信息找矿模型等。

第四章 矿床勘探与探采结合

第一节 勘探要求与工作程序

一、矿区水文地质勘探的技术要求

（一）矿区水文地质勘查的概述

水文地质勘查也是勘探矿区地下水文地质情况的重要手段，矿场地下水位对于岩层土层的支撑的重要性不言而喻，矿井下方地下水位的高低，含水层的流动速度，所含的元素等等都会直接关系到矿井作业的安全。通过有针对性的勘探区地质情况调查，采用符合实际的水文勘查技术手段，来探明矿区下方水文地质条件、矿床充水情况，通过含水层厚度、水流速度等等科学有效地预测出矿坑下方涌水量。通过对矿区地下水文地质情况进行勘察，对矿床的客观水资源利用情况给出合理的评价，合理地指出地下水位供水水源状态。

在对矿区地下水文地质条件进行科学有效的勘探后，对露天矿采矿场岩体边坡的质量以及稳定性进行科学的评估，进一步根据有关数据对工程中可能发生的质量问题、安全事故等做出预测，同时对矿床开采可能会造成的环境污染问题进行评定和预测，提醒企业提前做好保护工作，防止污染扩散。

（二）水文勘探的必要性

我国由于国土辽阔，各类矿产资源丰富，自然地理环境、地质条件也是非常复杂的。在矿区作业区中，经过了一定的措施处理，地质条件依然严峻。矿区底层由于经过了人工的爆破、开凿，地质结构失去了一定的稳定性，再加上矿区的水资源有可能随着采矿作业的开展逐渐流失，为了确保矿井下作业的安全性和稳定性，必须对矿以及矿区周围的水文条件进行了解，必须将水文勘探工作落实到位。矿区的水文勘查工作，不仅仅在开矿区开建之前落实到位，在采矿作业进行时，相关人员也需要及时关注矿区地下水位以及水位状态，监视水文变动情况。

（三）矿区水文地质勘探技术

1. 地下水同位素和化学物研究

地质化学研究项目是水文地质研究的重点研究项目之一，通过对同位素的研究和应用，能够对地下水化学的具体状态做出一定的了解和掌握，经过多次的实践证明，同位素的应用在水文地质中取得了较为良好的效果。通过对同位素的研究，能够进一步了解地下水的形成、储存、变化等等问题，对地下水的比例、强度、开源、具体位置等等提供了准确的判断依据。

2. 综合物探技术

综合物探技术由于具有成本低、操作便捷等等优点在水文地质勘探工作中应用广泛。其中，电法勘探技术和地震预测技术在对矿区的地质构造和矿井水问题的勘探过程中起到重要的作用。通过综合物探技术，能够通过计算机技术对矿区建立起完整的、系统的地层、地质构造 3D 图像，通过利用矿区的高分辨的三维地震数据和钻孔数据形成的三维地质构造图形能够为后面的水文勘查工作提供重要的参考依据。在系统的完整的三维图像建立后，再结合电法勘探技术，能够对矿区地下水的分布、储存、岩溶裂隙等等参数进行科学有效的测定，进而了解地质构造的导水性、隔水层厚度等。

3. 水文地质钻探

水文地质钻探技术是矿区勘探技术中应用最广泛的一项技术之一，因为水文钻探技术使用的时间已经足够的长，经过了许多专家学者的不断改进，水文地质钻探技术在水文勘探工作中具有举足轻重的地位，现在的大部分水文地质勘探技术都是建立在水文地质钻探技术基础上的。

在西北等水资源比较欠缺的地方使用水文地质钻探技术难度较大，因为缺水的地层构造中，如果在钻探过程中混入较多的水，容易造成地层坍塌或者泄漏等问题。

4.3S 技术

随着科学技术的不断发展，3S 技术已经成为如今水文勘探工作中不可或缺的一项勘探技术。所谓的 3S 技术便是 RS 遥感技术、GIS 地理信息系统、GPS 全球定位系统的简称。其中 RS 遥测技术是勘探工作的重点，通过地面基站和空间基站的动态简称数据，得出精确度较高的遥测数据，为水文工作提供重要的参考依据。

5. 流量测井技术

流量测井技术是一项建立在钻探技术上的水文勘查技术，其原理是通过测量钻孔过程中不同深度的截面上水流的流量和水量强度，来对地下水的运动状态进行评估。流量测井技术在最近几年才开始被使用，通过流量测井技术的使用，能够对地层下的隔水层、含水层进行厚度划分，并且对含水层、隔水层的方位、渗水状态、隔水性能、岩层厚度等等参数进行分析。由于在实践中多次获得良好的应用效果，流量测井技术已经开始广泛在地下水文勘查工作中。

（四）矿区水文勘查工作中存在的问题以及建议

在传统的矿区水文勘查过程中，需要对矿区地下的灰岩含水性的变化进行测定，由于没有比较有效的测定方法，传统的电测井、抽水试验测试等等方法效率不高、效果不良好，得到的数据也不尽完美，所以矿区灰岩含水性变化的测定是限制矿区水文勘查工作的重点改进工作之一。

由于矿区地下水文勘查工作中需要对钻孔水位的检测来评估地下水文状态，但由于钻孔过程中出现的水位并不能完全反应含水层和隔水层的状态，钻孔水位只是一个混合水位，而其中测定的冲洗液的量也只是一个综合消耗量，并不能得到精确的结果，导致很难对岩层钻探过程中水位的变化做出科学有效并且准确的判定。传统的通过钻孔作业来进行抽水试验，需要布设专业的设备，在设备的运输和操作过程中需要耗费大量的人力物力，却又无法获得较为精确的结果，这让矿区地下水文勘查工作进入进退两难的境地。

为了解决岩层含水性变化测定结果不理想的问题，可以采用分段压水试验的方法，通过采用三抓止水器划分出一段段不同深度的岩层，进而减少不同含水层之间的相互干扰，进而得出一个较为准确的数据，减少了各种掺杂因素的干扰。配合流速仪，能够从钻井中获得较为准确的含水层厚度数据。

二、勘探工作程序

（一）勘探基地的确定

矿产勘查是一个循序渐进的调查研究过程，随着矿产勘查工作的阶段性进展，勘查程度在逐步提高，投资在大增加，风险也在逐渐减小，提供的有关资料更加详细与可靠，发现工业矿床和建成矿山（矿产地）的可能性也在逐步提高。

在详查评价与勘探可行性论证的众多具有工业开发远景的矿床（靶区）中，经过资料对比分析和在综合研究的基础上，择优选取合适的矿床或大型矿床的某个地段作为近期勘探重点，以便集中投入较多的人力、物力、财力，提高勘查程度以及勘探工作的地质和经济效果。所以，勘探基地的选择与确定是详查工作阶段的主要成果，也是转入矿床勘探工作的开始，是承前启后的重要环节。选择与确定为勘探基地的矿床大体应具备以下条件：

1. 在矿种上应是近期国家经济建设与矿产品市场上迫切需要的，并在地理上符合国家工业建设合理布局和要求。这要在资源形势分析与国内外市场需求预测的基础上做出决定，直接关系着矿床勘探与开发的效益，减少经济投资风险性。

2. 作为勘探基地的矿床必须是在矿床地质及资源开发技术条件上，经过充分的详查评价与可行性论证，确定其具有较大的工业远景，即有较大的地质成矿有利度，所取得的矿产储全开发后至少能返还投资并具有较小的地质与技术上的风险性。

3. 经济地理与环境条件优越、储量规模较大、品位较富、埋藏较浅、有成熟采选技术方法可利用的或靠近已有矿山企业和交通条件方便的（即易采、易运、易选、易建矿山企业）的矿床应优先投入勘探。

总之，正确选择与确定了勘探基地，并经申请领取了划定范围的探矿许可证，获得了探矿权、矿区土地使用权，往往也附带取得矿床开采的优先权；通过公开、公平、公正的招标过程，或与某矿业公司（或矿山企业）签订了该矿床的勘探承包合同，则标志着一个成功勘探的开始。

（二）勘探计划与设计的编制

勘探计划是勘探工作正式开展以前预先拟定的具体内容和步骤。它是勘查公司（队）胜利完成矿床勘探任务的战略决策，是领导者综合平衡人力、物力、财力与时间的总体安排，是项目设计的基础与原则要求。勘探计划的编制一般要经过以下工作阶段：

1. 收集已有资料并批判地接受与继承

已有资料是前人工作的成果，应予以广泛、全面、系统地收集并给以尊重，因为这是勘探研究的基础，尤其应重视详查评价报告及其审批意见。但是，更要以审慎的科学态度对待现存前人资料，要善于利用地质理论与经验，结合矿床地质特点去进行实事求是地分析研究，尽量区分出有价值的信息与恼人的"杂音"干扰，去伪存真，尤其要从头脑中剔除那些缺乏依据或夸大其词的所谓"结论"或推论；寻求新的解释、新的概念，进行新的评价，关键是要善于根据勘探任务发现与提出前人工作中所存在的问题，尤其是关键问题。当然，收集已有资料并分类地理出头绪，这是任何一个勘查研究者的基本功。

2. 野外初步地质调查，相当于踏勘

了解矿床地质特征及环境交通与自然地理条件，通过矿床地质的现场检查，辨别其是推测还是实际，初步确定其可靠性，解除某些阅读已有资料时产生的疑虑，并对某些事关勘探任务的关键问题（如矿床类型、矿化强弱、矿体产状等）进行概略地的实际观测验证，做到心中有数。

3. 室内综合分析与研究

通过上述工作，明确勘探工作范围、主要任务与要求、勘探工作具体内容与问题、勘探程度及有关勘探模式的设想或假设。这是勘探计划编制的基础和直接依据。

4. 制定具体勘探计划

按照矿床勘探研究任务和期限要求，进行项目的分解并提出原则要求。实际上，矿床勘探是一项复杂的组织活动。其计划基本上由两大部分构成：（1）由勘探工程师为主负责组织制定的专业技术及进度计划，通常所称的矿床勘探计划主要是指这部分计划，一般包括地质的、工程的、物化探的、测试分析的等直接为完成诸项勘探任务负责的工作计划，属于勘探计划的主体，并由相应的组织机构和人员负责。完成这部分计划的专业人员所具有非常的知识、经验和能力是关系勘探工作计划质量与成效的关键；（2）属于支持与保证系统的后勤行政管理业务计划，包括财务的、物资设备供应的、运输的、建筑的、生活的等方面的计划工作。这部分管理业务计划及其相应工作机构的宗旨与出发点主要是对勘探专业技术及进度计划的如期完成起着服务、支持、保障和某种程度的监督作用，虽然处于从属的辅助地位，但也时常影响到一线勘探人员的士气和勘探工作的顺利进展，不能不给以重视。

5.编制勘探计划任务说明书

根据勘探矿区的地质情况分析，往往是预先假定了一种勘探模型，选择了适用的勘探工程技术手段、方法，并规定了其工作顺序、步骤和时间要求，预期达到的工作程度和其对完成勘探任务的贡献，以及可能出现的新情况、新问题与相应对策，以此来统一全体勘查人员的思想认识，有效地协调各部门间的工作关系，保证顺利完成矿床勘探任务。这也是各具体勘探工程项目设计的依据。

勘探设计是指为完成勘探计划任务，在正式工作之前，根据一定的目的要求，预先制定技术方法和施工图件等工作，它是完成勘探任务的具体"作战方案"，是组织与管理勘探工程施工和落实勘探计划的具体安排。勘探设计是否正确与合理，是直接衡量勘探设计人员业务素质高低的重要标志，也是关系到能否按计划高质量完成勘探任务的关键。勘探设计根据其性质、任务与范围的不同，一般可分为矿区勘探的总体设计和局部地段的具体勘探工程项目的单项设计。

矿区勘探总体设计是指整个矿区勘探的基本方略。虽然大型矿区由于矿床规模大，往往矿体数量多、分布范围较广，或者地质条件较复杂，应当分清主次矿体及地段，采取分期分段分批勘探，分期提交储量，以满足矿山分期建设的需要，但仍应强调整体与系统的观点，用矿区勘探总体设计确定勘探工作的方向和工作顺序，使勘探工作在预定的时间内按计划、有步骤地进行。

矿区勘探总体设计书的内容一般包括：区域自然经济与地理概况；区域及矿区地质特征；矿区勘探工程的总体布置方式及工程间距；采用的主要勘探手段与工作量；预计勘探投资费用；预期储量及各级储量的年增长计划；提交勘探报告的性质及期限等；附有地形地质图、勘查研究程度图、勘探工程总体布置图、主要矿体勘探设计剖面图；以及有关勘探设计工程和施工顺序、成本核算表格等。

局部地段的勘探工程单项设计是指具体的单项勘探技术或工程的地质与技术设计。地质设计是基础，说明施工目的、任务和要求；技术设计是手段与必需的相应措施和步骤，如果不顾总体设计，任何单项工程设计的意义都大打折扣，其施工无疑是"冒险"。单项设计内容包括说明书和图表资料两部分。设计说明书应力求简明扼要、说明问题，其具体内容包括：设计的指导思想，地质目的任务，设计依据，工程布置及工作量，主要技术措施和技术经济指标，所需人力、物力、财力概算及预期成果等。所附图表资料应根据对该地段地质情况、任务要求等具体确定。

设计编制好后，应按规定上报审批。需要强调指出的是：

（1）矿床勘探计划与设计可以看作是矿区勘探项目详细可行性研究的重要组成部分。成功的勘探计划与设计的编制必须：①符合可预见到的国内外市场与矿山建设的需要，充分发挥地质观察研究的主导和枢纽作用，努力提高地质效果；②体现国家有关勘探方面的方针与政策；③贯彻为矿山生产建设服务及综合勘探、综合研究评价与综合利用原则；④坚持从实际出发、实事求是的科学态度；⑤遵循合理工作程序，合理选择、综合使用有效的勘探技术手段与方法，协调与优化勘探工作方案；⑥尽力采用与推广先进技术；⑦要明确规定各项工作和工程的质量要求和保证质量的技术措施，使其达到规范与合同所要求的质量标准；⑧严格实行经济核算，在保证勘探程度要求的情况下，力争以较短的勘探周期、较经济的技术手段和较少的工作量，取得较多较好的地质成果和社会经济效益，并以此保证矿床勘探与矿建可行性研究评价的顺利进行。

（2）随着科学技术的进步，尤其是计算机数据处理与模拟技术的推广应用，应强调勘探计划与设计的科学化，即尽量采用运筹学与计算机相结合的系统工程学方法编制勘探计划与设计。这也是矿床勘探与开发的系统设计与管理的发展方向。

（3）由于矿体埋藏于地下，不确定因素很多，勘探计划与设计的地质依据往往带有预测和推断的性质，所以，勘探设计不同于其他工业的工程（如建筑与机械等）设计，具有很大探索性和风险性，允许有一定的探索工作里。对于勘探计划与设计则既不能看作不可更动的教条，也不能看作可随意变更的草案，应予以动态的科学管理。在设计工程施工过程中随实际资料信息的积累，在综合研究发现的重要新情况、新问题并产生经济有效的新设想时，应允许及时地修改计划和补充设计，并报上级主管部门批准。

（三）勘探施工与管理

勘探施工是在勘探设计的基础上，根据设计的任务与方案的要求，组织进行各项工作的技术活动，使之成为一个互相衔接有机配合的整体。

在多工种综合应用的情况下，必须加强组织和领导，使各工种之间有机地配合和衔接，实施项目管理，并注意工作效率与治理的统一，地质效果与经济效果的统一。在施工过程中，应当做好日常的三边工作（边施工、边观测编录、边整理研究），以便及时发现问题，调整或修改设计，并报负责部门批准，正确指导下一步的工程施工。

在勘探施工阶段，其主要工作内容有：矿区大比例尺地质测t、地形测量，物化探工作，组织各项探矿工程的施工与管理，进行编录、取样、化验、鉴定与试验工作，开展对矿床、矿体地质的综合研究等。

矿区大比例尺地质测量是对矿区地表地质研究的基本方法。其比例尺一般为 1∶10000～1∶1000 之间。大比例尺地质测量的任务是通过矿床的天然和人工露头观测取样，进一步进行矿床的地表地质研究，查明勘探地段的地质构造特点和矿体分布规律，以便指导矿床深部勘探工作的进行。

有效的物探、化探工作对加深认识矿床的各种地质特点和提高勘探成果的质量与效果，具有很大作用，应合理使用并充分发挥其效能。但在施工过程中必须注意与地质和其他手段密切配合，要在共同分析资料的基础上制定工作方案，在统一规划下发挥各种手段的特长，在分别整理资料的基础上，加强综合研究，以提高对矿区地质问题的研究程度和整个工作的合理性。

探矿工程是取得地下地质构造、矿产情况（取样）的直接手段和可靠依据。在施工中，应加强质量检查与验收工作；要摆正手段与目的的关系；要在有地质依据条件下，合理布置工程，在满足地质观察与取样研究要求的前提下，提高效率、降低成本；控矿工程及其质量应按设计及规程要求进行，不得任意变更。

地质编录（包括原始及综合地质编录）是施工过程中一项经常性工作，其好坏将直接影响勘探工作的进展和勘探成果质量。原始编录是搞好勘探工作的基础，综合编录是取得对矿床正确认识的关键。因此，凡在野外进行的地质、测盆、物化探、各项工程及一切测试工作所取得的各种原始资料与数据，都应及时进行编录。在原始编录的基础上，对所获得的原始资料及时地进行综合研究，通过编制综合图件资料，深化对矿床规律性的认识。指导各项工程的进一步施工。

取样是研究矿产质量的重要方法，也是评价矿床经济价值、圈定矿体、划分矿石类型的基础工作。为此，在勘探工程施工过程中必须随着各项工程的进展，及时进行采样、化验、鉴定和测试工作。

除上述一些工作之外，在勘探施工过程中，还要进行阶段性的储量计算及有关矿体开采技术条件、矿石加工技术条件和矿床水文地质条件等方面的研究工作。

（四）勘探报告的编写

勘探报告是矿床经过勘探工作之后，对地质矿产情况详细调查研究的总结。它集中体现了勘探工作阶段所取得的全部地质成果。

勘探报告一般应按工作阶段的不同，分别提交。即每一个阶段工作结束后，一般都要提交相应的阶段勘探报告。

地质勘探报告是进行深一步勘探工作、可行性研究、矿区总体规划或矿山建设设计的依据。它的质量好坏和能否按时提交，不仅是考核勘探队完成勘探计划任务的主要指标，而且关系到矿山建设和国家经济计划的安排。为此，必须树立"实事求是、质量第一"的思想，切实把好地质勘探报告质量关，为可行性研究、矿山建设提供可靠的地质、技术经济资料和矿产储量。

在编写地质勘探报告前，要做好日常的地质成果资料的检查验收工作。在野外工作结束前，必须对其工作程度和主要工作成果进行全面检查或现场验收，并严格履行质量检查手续。只有经过检查合格的资料，才能作为编写地质勘探报告的基础资料，编写报告前要根据经过检验质量合格的原始资料，用一般工业指标或结合当时实际经济方案对比择优选择的工业指标，圈定矿体，计算矿产储量，确定各类储量和各种矿石类型的空间分布。

勘探报告尽可能做到真实反映地质矿产的客观实际情况和工作阶段的全部地质成果，做出合乎实际的评价。在编写中，既要避免烦琐，又要防止简单草率；既要全面完整，又要层次清楚；章节安排要合理，文、图、表内容要对应相符。报告的具体编制按《固体矿产地质勘查报告编写规范》进行，并应由上一级主管单位检查验收。

勘探报告，主要由文字报告书和附图、附表及附件两部分组成。

1. 文字报告书

文字报告书是勘探报告的重要组成部分。其内容一般包括：绪论、区域地质、矿区地质、矿床特征、矿石加工技术性能、水文地质、矿床开采技术条件、环境地质、勘探工作及其质量评述、储量计算和结论等。

2. 附图、附表及附件

综合反映勘探成果的各种图件及表格，是勘探报告的组成部分，也是矿山建设设计的主要依据。具体的图件、表格及与报告有关的附件种类很多，此不冗述。

以上勘探的基本程序与内容，只是对勘探的过程与内容提供一个轮廓。实际工作中，既要遵守这个基本工序，又要结合具体情况，合理组织、交叉进行，以提高勘探成效，保证勘探任务的完成。

第二节　勘探周期与勘探类型

一、勘探周期

（一）概念

矿床勘探周期是指完成一个矿床的阶段勘探任务所经历的时间。

一般说，地质勘探周期包括针对经过详查评价和预可行性论证优选出的勘探基地——具工业开发远景的矿床，编制勘探计划与设计、按设计组织施工与管理、根据所收集整理的资料与信息编写勘探报告，并通过审批验收的整个过程所消耗的时间。

矿床开发勘探周期大体与矿山生产建设的服务年限或矿山生命周期相当。西方工业发达的矿业大国，大型矿床的地质勘探周期最长者为 5 年；矿山开发周期也短，长者不超过

11 ~ 14 年。

我国则不然，地质勘探周期较长，大型矿床最少需 5 年，长者达十几年以上；矿山开发周期更长，大型矿床按探明储量设计规定需达 25 ~ 30 年以上。

（二）影响国内勘探周期和造成周期过长的原因

1. 与国家矿业管理体制有关。如矿业管理体制是否理顺、有关部门的审批时速等。

2. 矿床勘探程度的要求是影响勘探周期的重要因素。因为矿山设计部门与基建生产往往要求过高，或勘探部门因勘探不足，不能通过验收，而需反复补充勘探，或因过度勘探，均会延长勘探周期，所以，合理勘探程度成为勘探工作研究的重要问题。

3. 矿床地质特征的复杂性也是影响勘探周期的重要因素。一般情况下，对于同等勘探程度要求的相当规模的矿床（体），其地质特征越复杂、变化性越大者，则越难于查明，或需利用较高可信度的勘探工程（如掘进速度慢的坑探），或需较密的工程间距，较多的工程量，故势必消耗较多的时间。对于那些地质条件极复杂的小型矿床，甚至往往因达不到应有的地质勘探程度，而不得不被迫采取"边探边采"的探采结合方式。其实质是将地质勘探与开发勘探被动地"合二而一"。

4. 勘探技术手段与设备的先进性、便捷程度和有效性也是影响矿床勘探周期的重要因素。显然，若勘探范围一定、工程量一定，则技术工艺落后，设备笨重、效率低，或勘查效果不佳，所获取资料可信度低等，则势必需要较长的勘探时间。当然，这与国家科技水平和工业发展水平有关。

5. 勘探矿区经济地理环境与交通运输条件等也影响到勘探周期。若自然环境条件恶劣，交通运输条件差，地区环境保护与矿业政策要求严格，以及勘探投资不足或可行性研究程度不够等不利条件，均会影响到矿床勘探工程施工进度，甚至会旷日持久。

6. 有关勘探人员的业务素质也是影响矿床勘探周期的重要因素。若地质矿产预测与推断失误，勘探计划方案与设计失误，或组织管理不善，或技术措施不当、勘探工程质量不高等往往延误时日，甚至同一矿床的勘探工作时断时续、"几上几下"延误勘探周期的事例亦屡见不鲜。

7. 勘探报告的质量若达不到要求，则不能通过审评验收，需重新编写，甚或需增补勘探工程进行补充勘探后，再编写补充勘探总结报告提交审评验收，势必延长勘探周期。

造成地质勘探报告不予验收通过的原因可能是多方面的：或因其编写得不规范，缺少某些必需的重要部分内容，或因资料不完备，有不允许的重要遗漏与错误；或因勘探工程控制程度不足、不合理；或因储量块段与级别划分、分布与比例不合理；或因储量计算参数失误，应用的工业指标错误；或因所附地质编录图表不合格、有错误以及研究程度不够等不能满足未来矿山建设设计的需要等。

（三）注意事项

应尽可能地缩短地质勘探周期。

地质勘探周期过长（或过早投入勘探）造成勘探资金的过早支出、占用与积压，推迟矿山设计与基建时间；已投入大量勘探工程量与资金，由于种种原因而长期不能转入矿山建设开发的"呆矿"，已给国家造成了极大浪费。

矿山基建勘探与生产勘探周期视矿山基建生产的需要而定。一般情况下，前者若需要，则要求尽可能地短，保证矿山基建顺利进行并尽快投产；若大型矿山采取分段分期基建方式，则有可能使基建勘探周期"拉长"，但这种拉长，一般应该是合理的。生产勘探周期大体与矿山采矿生产周期相一致。

所以，合理的矿山建设规模和服务年限等的确定是在建矿可行性研究与矿山设计阶段应予完成的首要任务之一。

二、矿床勘查类型

（一）概念和意义

分类法与类比法是矿床勘查研究中经常用到的最基本方法。由定性到定量是现代这种研究方法发展的必然趋势。

根据矿床地质特点，尤其按矿体主要地质特征及其变化的复杂程度对勘查工作难易程度的影响，将相似特点的矿床加以归并而划分的类型，称为矿床勘查类型。这是在积累了大量已开采矿床的资料和已勘查矿床经验的基础上，进行详细探采资料对比研究和总结后，为规范矿床勘查的目的对矿床进行的归纳分类。

矿床勘查的大量实践证明，只有适应矿床地质特点的勘查方法才是正确的、合理的。因此，矿床勘查工作与具体勘查程度的确定，工程技术手段的选择、工程间距的确定等都首先取决于矿体地质特征的复杂程度。所以，矿床勘查类型的划分为勘查人员提供了类比、借鉴、参考和应用类似矿床勘查经验的基础和可能。先行正确划分矿床勘查类型是手段，后继类比应用其勘查经验是目的。也就是说，划分勘查类型是为了正确选择勘查方法和手段，合理确定工程间距，对矿体进行有效控制的重要步骤。但是，对于具体矿床应具体分析，因为自然界并不存在两个特点完全一致的矿床，所以，坚持从实际出发的原则，理应灵活运用和借鉴同类型矿床勘查的经验，切忌生搬硬套。在新矿床勘查初期可运用类比推理的方法，按其所归属的勘查类型，初步确定应采用的勘查方法，随着勘查工作的深入开展和新的资料信息的不断积累，重新深化认识和修正其原来所属勘查类型，避免因原来类比推断的不正确而造成勘查不足（原定勘查类别过低时）或勘查过头（原定勘查类型过高时）的错误，给勘查工作带来不应有的损失。

（二）矿床勘查类型划分的依据

在划分勘查类型和确定工程间距时，遵循以最少的投入获得最大效益，从实际出发，突出重点抓主要矛盾，以主矿体为主的原则。因此应依据矿体规模、主要矿体形态及内部结构、矿床构造影响程度、主矿体厚度稳定程度和有用组分分布均匀程度等 5 个主要地质因素来确定。以往的划分依据也基本如此，其间，分别采用变化系数（厚度、品位）、含矿系数等数量指标以作参考。为了量化这些因素的影响大小，例如在《钢、铅、锌、银、镍、钼矿地质勘查规范》中，提出了类型系数的概念，即对每个因素都赋予一定的值，用每个矿床相对应的 5 个地质因素类型系数之和就可以确定是何种勘查类型。在影响勘查类型的 5 个因素中，主矿体的规模大小比较重要，所赋予的类型系数要大些，占 30%；构造对矿体形状有影响，与矿体规模间有联系，所赋予的值要小些，占 10%；其他 3 个因素各占 20%。

1. 按矿体规模划分矿体规模分为大、中、小 3 类

2. 按矿体形态复杂程度划分

矿体形态复杂程度分为 3 类。

（1）简单：类型系数 0.6。矿体形态为层状、似层状、大透镜状、大脉状、长柱状及筒状，内部无夹石或很少夹石，基本无分支复合或分支复合有规律。

（2）较简单：复杂程度为中等，类型系数。0.4 矿体形态为似层状、透镜体、脉状、柱状，内部有夹石，有分支复合。

（3）复杂：类型系数 0.2。矿体形态主要为不规整的脉状、复脉状、小透镜状、扁豆状、豆英状、囊状、鞍状、钩状、小圆柱状，内部夹石多，分支复合多且无规律。

3. 按构造影响程度划分

构造影响程度分为 3 种。

（1）小：类型系数 0.3。矿体基本无断层破坏或岩脉穿插，构造对矿体形状影响很小。

（2）中：类型系数 0.2。有断层破坏或岩脉穿插，构造对矿体形状影响明显。

（3）大：类型系数 0.1。有多条断层破坏或岩脉穿插，对矿体错动距离大，严重影响矿体形态。

4. 按矿体厚度稳定程度划分

矿体厚度稳定程度大致分为稳定、较稳定和不稳定 3 种。

5. 按有用组分分布均匀程度划分

可根据主元素品位变化系数划分为均匀、较均匀、不均匀 3 种。

（三）勘查类型划分

建国初期，由于我国大规模的矿床勘查工作刚刚开始，对矿床勘查理论研究和勘查经验都比较缺乏，所以主要是采用苏联 20 世纪 50 年代对有关矿床的勘探分类。

1959 年全国矿产储量委员会在总结我国勘查工作经验的基础上，陆续制定了铁、有色金属矿床、铝土矿等矿种的勘探规范。在规范中分别对有色金属、铝土矿、铁等矿床勘探类型作了划分，其中，将有色金属（铜、铅刊淬、钨、锡、铂）分为 4 类，铝土矿分为 4 类，铁矿床分为 5 类等。1962 年全国矿产储量委员会又制定了我国铜及磷块岩矿床的勘探规范，相应对其勘探类型作了明确规定。

1978 年以来在原国家储委组织下，在大量探采资料对比分析的基础上，重新制定既符合我国国情，又与国际接轨的新规范。作为中华人民共和国国家标准，中国标准出版社于 I999 年 8 月出版了《固体矿产资源 / 储量分类》。2002 年 12 月出版了《固体矿产地质勘查规范总则》。作为中华人民共和国地质矿产行业标准，2004 年 3 月地质出版社出版了一系列地质勘查规范，其中包括：铁、锰、铬矿，铜、铅、锌、银、镍、相矿，钨、锡、汞、锑矿，岩金矿，砂矿（金属矿产），稀有金属矿产，稀土矿产，铀矿，煤、泥炭、煤层气、硫铁矿、重晶石、毒重石、萤石、硼矿，盐湖和盐类矿产，冶金、化工石灰岩及白云岩、水泥原料矿产，铝土矿，冶镁菱镁矿，高岭土、膨润土、耐火粘土矿产，玻璃硅质原料、饰面石材、石膏、温石棉、硅灰石、滑石、石墨矿产等。

总结我国几十年来的矿产勘查经验，新规范将勘查类型划分为简单（Ⅰ类型）、中等（Ⅱ类型）、复杂（Ⅲ类型）3 个类型。原划分的 4 ~ 5 类，出现工程间距严重交叉、类型重叠，难以区分。当然，由于地质因素的复杂性，允许有过渡类型存在。如铜、铅、锌、银、镍、翎的矿床勘查类型划分主要根据上述 5 个地质因素及其类型系数来确定。

1. 第Ⅰ勘查类型

该类型为简单型，5 个地质因素类型系数之和为 2.5 ~ 3.0。主矿体规模大—巨大，形态简单—较简单，厚度稳定—较稳定，主要有用组分分布均匀—较均匀，构造对矿体影响小或明显。

2. 第Ⅱ勘查类型

该类型为中等型，5 个地质因素类型系数之和为 1.7 ~ 2.4。主矿体规模中等—大，形态复杂—较复杂，厚度不稳定，主要有用组分分布较均匀—不均匀，构造对矿体形态有明显影响、小或无影响。

3. 第Ⅲ勘查类型

该类型为复杂型，5 个地质因素类型系数之和为 1.0 ~ 1.6。主矿体规模小—中等，形态复杂，厚度不稳定，主要有用组分较均匀—不均匀，构造对矿体影响严重、明显或影响很小。

（四）对勘查类型划分的讨论

1. 在确定矿床勘查类型时，应在全面综合研究各种因素的基础上抓住主要因素。对某一矿床来说，并不是所有因素在确定矿床勘查类型时都有同等作用，往往只是某一种或几种因素起主要作用。但是，这只有在全面分析上述诸因素，才能加以判定。一般来说，在确定矿床勘查类型中，高品位矿种如铁、铝土矿、磷块岩等，形态、规模比品位变化更重要；而低品位矿种如金、钨、锡等，往往品位变化更为重要。

2. 勘查类型的划分一般是指矿床而言，而作为划分主要依据是主要矿体有关标志的变化程度。我们知道一个矿床很少只有一个矿体，更常见的是一个矿床是由若干大小不等、变化各异的矿体所组成，而且可能是多种有用元素相伴产出。这时，应以占储量最多的主矿体为准，以矿体中主要组分为准，次要矿体、次要组分可在勘查过程中附带解决；在可以分段勘查的情况下，也可区别对待。在勘查进程中，或随勘查程度和开采深度的改变，应对已确定的矿床勘查类型进行验证，应注意主次矿体与矿体标志的变异，当发现变化较大，有较大偏差时，应及时修正勘查类型，也即某种程度上，应以动态的观点对待勘查类型的划分。

3. "工业指标"对勘查类型的确定也有相当大的影响。众所周知，"工业指标"是圈定矿体的依据，它的任何改变都将对矿体的规模、形状、有用组分分布的均匀程度和矿化连续性等产生影响，尤其是当矿体与围岩的界限不清时更是如此。

4. 探索能够反映矿体标志综合特征的合理数值指标体系用于划分矿床勘查类型，是一个值得注意的动向。在这方面，关于地质体数学特征概念的提出和论述，无疑是这种努力的一种尝试。如上述勘查类型系数的提出与应用，又是一种向定量化的进步。但也不能生搬硬套，必须和地质观察研究相结合，否则容易得出错误的结论。

5. 目前，矿床勘查类型具体的划分应以主矿体的自身特征为依据，但往往忽视了对矿床产出自身规律的研究和专家主观能动性的发挥，也往往忽视了矿床开拓、开采方法对矿床开采技术条件（包括水文地质、工程地质、环境地质）的基本特征和复杂程度亦应查明的要求。若结合可能的采矿方式、方法，还考虑将矿床工业类型与勘查类型结合起来，加上应合理选择的快速而有定量效果的勘查方法和手段，以及适宜的工程间距等，综合考虑以上诸因素，并将大量类似矿床的勘查开采资料进行系统全面详细的对比、分析、归纳分类，这样划分的矿床综合勘查类型才能真正实现以最适宜的投入，获取最大经济效益的结果，也理应成为正确选择与确定矿床勘查方法的指南。

第三节　勘探精度与勘探程度

一、勘查精度

（一）概念

勘查精度，简言之，是指通过矿床勘查工作所获得的资料（如矿床地质构造，矿体形态、产状、厚度、品位、储量等）与实际（真实）情况相比的差异程度。差异越大，即误差越大，则勘查精度越低；反之，则勘查精度越高。

矿床勘查与矿床开采是一个统一的连续的国民经济活动过程。虽然矿床勘查不是终极目的，成功的矿床开采与提供合格矿产品才是最终目标，但是，矿山建设与生产设计所依据的足够数量和必要精度的资料信息一般是依靠矿床勘查工作提供的。所以，勘查资料越完整和充分，精度越高、可靠性越大，则矿山建设与开发的风险性越小，成功的把握越大；反之，则矿山设计与开发便失去了前提和根据，要冒失败的极大风险，削减决策者的信心，可能吓跑投资者，如此事例不在少数。同时，矿床勘查资料也只有在对矿床勘查效果与矿床技术经济评价，以及供矿山开发利用中体现其价值。所以，取得足够精度和数量的勘查资料是正确评价矿床勘查质量、提交勘查成果和矿山合理开发设计的必备资料和基础依据。

严格地讲，对于矿床真实情况完全准确地把握是做不到的，这在众多矿床的探采资料中可以得到证实。主要是因为：1. 矿床（体）地质构造变化的复杂性与勘查工作的局限性（抽样性）是不可能完全解决的矛盾；2. 在矿床开采过程中，若有意在矿体的局部地段取得相当准确的资料或许是可以做到的，但在技术与经济上未必允许；3. 对低于矿床工业指标的矿体、某些边部、端部和小分支、盲矿体等则实际上未予开采（避免得不偿失）。诸如此类原因，造成甚至到矿山闭坑，都不可能在严格意义上获得矿床和矿体全部真实而完备的情况，而只可能获得在相对意义上实际可靠和充分必要的抽样控制资料和信息。

因此，从整体上讲，勘查精度只是个相对概念，勘查资料与真实情况间的误差是绝对的，并始终存在着，只是因误差的种类、性质与大小不同，其对矿床勘查评价与开发利用的影响大小也不同。一般情况下，不同勘查类型的矿床最终的地质勘查精度应不同；同一矿床的勘查精度随勘查阶段的进展和勘查程度的提高而提高：开发勘探较地质勘探的精度高，勘查程度也高。所以，在某种意义上，勘查精度属于勘查程度研究范畴。人们往往将矿体某些主要标志的勘查成果界定出一些"允许误差"范围，作为合理勘查精度评价的定量指标，也作为衡量勘查程度高低的重要研究内容。

（二）影响勘查精度的因素

影响勘查精度的因素很多，概括起来，可以归纳为两个大的方面：

1. 自然的客观因素

自然的客观因素即矿床地质构造及其变化的复杂程度，尤其是矿体各种地质特征变化的复杂程度是具体划分矿床勘查类型的根据，也在某种程度上决定着其勘查精度，例如，对于属工类的大型、特大型矿床，往往其地质构造相对简单，矿体规模大，各种特征标志相对较稳定，或说其变化相对较缓慢，变化幅度与范围较小，变化规律较易掌握，即使用较稀、较少的工程控制，以较简单的内插、外推方法，也较易获得误差较小、精度较高的资料与信息提供矿山建设与开发设计用。而对于Ⅲ类地质构造极复杂的小型矿床，则往往与前者相反，甚至看来十分密集的系统工程也不可能获得提供满足矿山建设与生产设计需要的充分且可靠的勘查资料依据，用以减少因误差过大而造成的风险损失，不得不采取边探边采、探采结合的方式也可能是唯一正确合理的决定。

2. 人为的因素

人为因素是人与技术方法因素的综合。它是贯穿于勘查工作始终全过程中影响勘查精度的最积极主动的因素。换句话说，即勘查精度又取决于勘查方法是否正确，所选择的勘查工程技术手段及其数量、间距和分布是否合理，探矿工程施工质量及矿产取样、地质编录、储量计算等各项工作的质量是否符合要求；经济条件是否允许；对所获得资料进行综合分析的理论和经验水平等等。

同时，根据最高精度要求与最大可靠程度的统一，最优地质效果与经济效果统一的原则要求，针对矿床的具体地质条件和勘查技术与经济条件，预先正确确定勘查类型和可能达到的合理地质勘查程度，并分清地质勘探与开发勘探资料所分别要求达到的误差范围，使之既不应过高，也不能过低。这理应成为横盘矿床勘查专家业务水平与评价合理勘查方法、勘查程度和勘查成果质量的重要标志。然而，由于种种因素的限制，这便成为人们历来关注，而又未能完全解决、取得统一认识的研究课题。

（三）勘查误差的分类

勘查误差是勘查精度的一种具体表征和度量。它可产生于整个勘查过程中的各个环节，表现出多种多样的特点和性质，对矿山建设与生产的影响程度也不同，所以也是个复杂的系统概念。可以将其概略分类如下：

1. 按勘查误差的归属分类

（1）矿床地质构造的勘查误差类：包括对矿区地层、岩性、岩相、控矿断裂、褶皱构造、围岩蚀变、矿化强度等的控制与研究方面的误差。这些误差影响到对矿床成因、工业类型、成矿潜力、开发前景与可行性的总体评价，也影响到对矿床勘查方法选择合理性的评价。

（2）矿体形位的勘查误差类：包括对矿体形态、产状、埋深、厚度、面积、体积内部结构与储量等的工程控制、测定与统计计算方面的误差。这些误差严重影响着矿山开发总体规划及矿床开采工程设计，乃至矿山长远效益。

（3）矿石质量的勘查误差类：包括对矿石成分、品位、杂质含量及其赋存状态，矿石结构构造、品级、类型分布、物化性质及选冶加工工艺指标等的取样测试、分析、鉴定试验及统计计算误差。这些是直接关系到矿山采、选、冶加工利用途径、方法的可行性研究评价及其工艺技术流程的合理性评价。

（4）矿床开采技术条件勘查误差类：包括矿石与围岩机械物理（力学）性质、破坏矿体的断裂破碎带、工程与水文地质情况等的控制与测算误差。这些误差将影响到矿床开采技术可行性，设备材料的选型与供应，以及保证生产安全等问题的正确解决，环境地质调查资料的误差也属其列。

2. 按勘查误差（储量误差）的来源或产生原因分类

（1）地质误差或称类比误差：如由于勘查工程控制不足（质量不高或数量不够），地质研究程度不高，或类比确定的工业指标不当，利用某些资料的不正确内插和外推方法圈定矿体以及错误的地质构造推断造成的误差。这类误差往往较大，影响也大。

（2）技术误差：又称测定误差，如由于勘查与取样技术选择不当，测试设备与条件不完善，管理与检查不严格等造成的误差。这类误差也往往成为勘查储量不能通过审查的主要原因。

（3）方法误差：如由于勘查与取样工程布置的方式方法、地质编录方法、储量计算方法（包括计算参数的计算方法）等不当而造成的误差。这类误差，只要按经论证的原则要求进行，除了其中由地质误差因素影响者外，一般能保证精度要求。

3. 按勘查误差的性质和特点分类

（1）依误差变化性可分为：随机性的或偶然误差；方向性（坐标性）或趋势性的系统误差。后者往往因会造成较严重的负面消极影响，故备受重视。

（2）以误差的可度量性分为：定性的与定量的误差。前者往往属总体性笼统的，也可以是否能引起严重问题的误差性质范围归类；后者往往属局部性的可用较准确数值表示，如品位、厚度指标值等。

（3）依误差值表示方式不同可分为：绝对误差与相对误差。前者往往为与实际定量、定位的差值，如矿体边界位移，具体品位、厚度测定误差值等；后者则往往以百分数表示某标志的对比误差等。

（4）依误差的影响范围又可分为：可靠性误差与代表性误差。前者属样品的实际技术误差；后者属取样资料外推影响范围造成的类比误差，类似于数理统计中的抽样统计误差。

4. 按勘查误差发生的时间序列和特点分类

事前的勘查工作计划或设计预测中蕴含的误差；勘查工作中（事中）实际发生（施工、观测、测定等）的误差；事后的编录、统计计算的误差与检查处理（否）的勘查误差等等。

所有这些勘查误差，因其对矿山建设和生产的可行性与设计影响程度不同，各矿床又具有各自不同的特点，所以，一般情况下，矿山设计与基建生产部门较多注重那些可能会给其带来严重负面不利影响的实际的超出允许误差的部分。而勘查工作者则不仅如此，既要尽量查明勘查误差的种类与大小，还要重视研究产生误差的原因、性质及误差变化的规律性，同时要设法避免和消减产生较大勘查误差，从而研究探讨科学的勘查工作方法、合理的勘探精度与勘查程度，规范矿床勘查工作。

（四）勘查精度的研究方法

勘查精度的最终检验标准只能是矿床充分开采的实践，其最根本、最确切的检查评价方法也应该是具回顾性的探采资料对比评价方法。但如前所述，在矿床勘查工作自始至终的各个步骤或环节中都可能产生这样那样的误差，故实行勘查项目全过程的全面质量管理与控制就成为研究与保证勘查精度的实际而有效的措施。针对影响勘查精度的因素，系统分析产生勘查误差的原因，查明勘查误差的性质、大小与影响程度，以预防为主，及时对勘查工程和工作质量进行监督指导与检查评价，对勘查误差进行校正和适当处理。条件允许时，配合运用计算机的某些数理统计方法、现代地质统计学方法等，以适当程序达到预防、计算、控制与减少勘查误差的目的。建立与健全勘查工作质量标准和质量保证体系，是矿床勘查与评价走向现代化、科学化、系统化与规范化的基本措施。

矿床地质勘查工作计划与设计编制阶段，由于矿床地质构造资料数量有限并局限于地表和浅部，往往主要是凭借勘查工作者的知识和经验，采用类比法推断矿床（体）地质构造向深部的变化趋势，初步确定矿床勘查类型，选择勘查方法，编制勘查工作计划与工程设计，因其未必正确与合理而可能埋下产生较大勘查误差的"祸根"。所以，一般应在勘查项目审批阶段，采用专家检查评价的方法，由多位具有较高矿床理论水平和丰富勘查经验的专家，根据该类工业矿床的成矿规律理论与勘查规范的原则要求，并结合具体矿床地质构造特征的实际及已有勘查工作成果，对勘查计划与设计的地质依据、技术经济条件和设计方案等进行综合的定性或定量研究（可行性评价），提出肯定或应修改的意见与建议。

这或许是减少勘查误差、保证勘查精度的首要预防措施。

在矿床勘查工作进行过程中，要严格按照相关规定和要求，保证勘查工程施工质量与取样、编录等工作质量；为确保原始资料真实可靠，必须随着勘查工作的进行不间断地对各个环节工作过程和成果开展技术指导与监督检查，按规定适时进行专门的质量检查工作。例如：钻探工程的测斜、测深，以坑探检查钻探；取样的内检、外检；相邻勘查工程及相邻剖面的对比分析；阶段储盆计算参数与计算方法的误差对比分析等。由于勘查精度还与工程间距、数量关系密切，一般情况下，在取得一定工程控制的原始数据后，便可以运用一些数理统计（或地质统计学）研究抽样误差的方法，对某些地质特征标志（如矿体品位、厚度等）值的误差性质、大小等进行统计分析，作为查明其产生勘查误差规律性的手段。同时，加强矿床（体）地质特征的综合研究，根据具体情况，补充与修正原勘查设计，使之更趋切实可行、经济合理并满足勘查精度要求的事例也不少见。

在矿床地质勘探结束及开发勘探过程中，获得了丰富的勘查资料，有利于进行有关矿床地质概念的重新认识，有利于全面系统地查明勘查精度或误差性质、大小、产生原因及其演化特点，总结经验教训，并利用探采资料对比方法，结合稀空法与某些数理统计方法研究与评价勘查精度，获得符合规定勘查精度要求的勘查（包括储量）报告与相关附图、附表资料。生产勘探与采矿过程中，系统而密集的探采工程为提高勘查精度与勘查程度创造了极为有利的条件，为查明实际的矿体形态、结构和矿石质量均衡控制与管理提供了资料依据。

二、勘查程度

（一）概述

勘查程度通常是指对整个矿床地质和开采技术条件控制与研究的详细程度，实质上是包括勘查工程控制程度与地质研究程度的综合概念。

要求勘查程度的高低，直接影响到矿床勘查工作的部署、期限、投资，勘查与矿山设计、基建生产间的正常衔接，以及勘查结果与技术经济效益的正确评价。裴荣富、丁志忠等认为，合理的矿产勘查与开发程序应受地质和技术经济控制，其合理的勘查程度也在地质和技术经济研究程度互为约束的"合理域"内。勘查程度过高，将造成过早支出与积压浪费勘查资金，勘查周期过长，推迟矿山设计与建设；反之，则所提供资料不能满足可行性评价及矿山设计与基建的需要，"欲速则不达"，增加矿山投资风险，造成矿山设计方案的失误及矿建生产的被动和严重损失的事例不少。所以，勘查不足或过度勘查都是不合理的。衡量勘查程度高低应综合考查与评价如下因素：

1. 对矿床地质构造、矿体分布规律和对矿山建设设计具有决定意义的主要矿体的外部形态特征及内部结构特征的研究与控制程度。

2. 对矿石的物质成分、结构构造等质量特征和各类型、品级矿石选冶加工的技术性能，以及各种可供综合开发利用的共生矿产和伴生有用组分的研究与查明程度。

3. 对水文地质条件与开采技术条件的研究控制程度。

4. 已探明的矿产储量总量，及其中不同类别储量的比例和空间分布情况（包括勘查深度），往往综合体现了上述诸因素，同时也从总体上反映了矿床勘查工作的地质和经济效果，并应与可行性评价紧密结合起来。

对固体矿产的矿床勘查程度基本要求的规定，请查阅新颁布的《固体矿产地质勘查规范总则》及具体矿种的地质勘查规范。

应该指出，矿床开发勘探，尤其是矿山生产勘探同样具有勘查程度问题，根据采矿生产的要求，生产勘探程度要比地质勘探程度高得多。但其基本要求是在规定的有限范围内，实行探采结合和探矿适当超前的原则，为保证矿山生产阶段的正常衔接，提供采矿生产设计所需的地质构造与储量资料。合理勘查程度始终是矿床勘查研究的重要问题。

（二）合理勘察程度的确定

合理勘查程度的确定是个复杂问题，在某种意义上，也是矿床勘查研究的核心问题。勘查程度直接反映在矿床勘探与矿山基建生产的正常衔接问题上。如前所述，一方面，矿山建设与生产设计要求勘查提供的资料尽可能充足、全面与准确可靠，使设计有把握而风险最小；另一方面，勘查工作则要求用最少的工程量和最少的时间消耗查明矿床与矿体特征的变化性与规律性。将两者间的关系辩证地恰如其分地处理好，取得最好的地质和经济效果，既要满足矿山设计对地质资料信息和矿产储量的需要，又不能把矿山建设和生产过程中要做的开发勘探与研究工作提早到地质勘探阶段进行，这时的勘查程度被称为合理的勘查程度。

1. 矿床合理的勘查程度的确定决定于国家与市场对该类矿产的需求程度。一般情况下，对于国家与国内外市场急需的紧缺矿产种类，往往意义较大，价格攀升。该类矿床的勘查与基建生产投资资金较易筹集，则勘查程度可略低些，即不必全面展开勘查工程，可在首采地段满足一定储量规模和地质技术资料需要的前提下，经可行性研究证明矿山开发技术上可行，经济上合理，所冒风险不太大，即可筹资转入设计和基建；或采取边探边采、探采结合的形式，目的是尽快投产。对于首采地段的勘查程度不足及其余范围的地质勘查工作，以基建勘探弥补与投产后进行补充地质勘查满足后期扩大生产的需要。如此方式的优点是勘查周期短，资金流动快，勘查效果较好；其缺点是其基建生产设计与投资所冒风险较大，往往会因勘查程度不足造成后期基建生产的被动等。实质上，这种方式也是西方诸国比较强调的，值得借鉴。

2. 合理勘查程度决定于矿山建设与生产设计的要求，体现矿床勘查为矿山开发服务的基本原则。一个稳妥而兼顾长期发展要求的矿山设计与规划，需要对矿床进行全面系统的勘查研究资料作为基础。所以，在正常情况下，一般应保证勘查对矿山基建有一个合理的超前期：一方面，要求勘查对矿床全面控制，提交矿山设计服务年限内所需要的控制资源储量和推断的资源量，以及相关的技术资料；另一方面，又要求在先期开采地段提交一定的探明储量。这是我国、苏联与东欧诸国现行的、比较强调的一种方式。其缺点往往是勘查周期较长，易造成勘探资金过早支出和积压，并易造成过度勘查，地质勘查经济效益有待讨论。最大优点是矿山企业基建生产的设计与其投资风险相对较小，近期与长远规划方案较稳妥，

因此，一个矿床合理的勘查程度，一般应按国家规定，由投资者与地质勘查、矿山设

计及基建生产部门共同研究、妥善协商决定。如对矿产储金则应以保证首期（探明的可采储量的数量应满足矿山返本付息的需求），储备后期（控制的矿产资源／储量应达到矿山最低服务年限的要求，如有色金属与贵金属大型矿山30年，中型矿山为20年，小型为10～15年；推断的资源最可作为矿山远景规划的依据），以矿养矿，持续滚动发展的原则为适用。若矿床规模很大，考虑分期分段建设矿山时，应在获得矿床全貌信息的基础上，以相应的分段分期勘查为合理。

3. 合理勘查程度决定于矿床地质构造的复杂程度，勘查程度、勘查精度与勘查方式三者密切相关，均是勘查方法研究的重要内容。勘查精度是勘查程度和勘查工作质量评价的重要依据和定量表征，勘查方式是决定勘查程度与精度的基础。归根结底，勘查方法与方式必须适应矿床地质构造特征才是正确合理的，即矿床地质构造的复杂程度决定了其合理的勘查程度。具体表现在：地质构造复杂程度不同的矿床，其地质研究程度往往不同，不同勘查类型的矿床，勘查工程技术手段与工程密度不同，要求探明的储量级别及其比例和分布也不同。原则上，在保证各项勘查工作质量的前提下，以满足矿山设计合理规模和开采顺序基本需要的矿产储量、矿石质量及开采技术资料为合理。人们往往又以主要矿体的某些主要指标（如形态圈定误差和平均品位误差）作为评价勘查程度合理性的定量指标，则矿床勘查类型划分的正确与否也成为影响勘查程度合理性的重要因素。

4. 合理勘查程度还决定于矿床（区）的自然经济地理条件和勘查深度等。因为矿床勘查程度的合理性，除了要求勘查方法与矿床地质构造变化特征相适应外，必须强调技术的可行性与经济上的合理性，注重勘查效果与经济效果的统一评价。这就要求因矿区施工的实际自然经济条件与具有的技术设备条件进行综合优化，争取采用自然经济条件下允许使用的最有效的技术手段组合，以最短的时间、最少的成本费用，完成勘查任务，达到勘查程度的要求。

勘查深度是指经过矿床勘查所查明的矿产储量，主要是提供矿山建设设计作依据的资源储盘的分布深度。这是衡量勘查程度的因素之一。合理的勘查深度，还决定于工业部门对这类矿产的需要情况，当前开采的技术与经济水平，即技术可行性与经济合理性，未来矿山的生产规模、服务年限和逐年采矿的下降深度（采矿强度），以及矿床的地质与技术特点等。一般对矿体延深不大的矿床，最好一次勘查完毕。对矿体延伸很大的矿床，勘查深度应与未来矿山的首期工业开采深度一致或相当为合理。我国规定矿床勘查深度一般为300～500m。在此深度以下，可由有限深孔取样资料并根据地质成矿规律等推断矿产资源址，为矿山远景规划提供资料；对其详细查明留待矿山企业在一定时期后的补充地质勘查工作来完成。

5. 新的《固体矿产地质勘查规范总则》中，在矿床勘查程度方面，强调了为可行性研究或矿山建设设计提供依据的目的任务，故对工程控制程度和各项勘查工作内容及其质金都提出了原则性明确的技术要求，较以前有所调整，某些方面有所提高，例如，对勘查工程控制，首先应系统控制勘查范围内矿体的总体分布范围、相互关系；对出露地表的矿体边界应用加密工程控制，其工程间距应比深部工程加密一倍或更多，对基底起伏较大的矿体、无矿带、破碎矿体，影响开采的构造、岩脉、岩溶、盐溶、泥垄、泥柱应控制其产状和规模等；对主矿体及能同时开采的周围小矿体应适当加密控制。对拟地下开采的矿床，要注重详细控制主要矿体的两端、上下的界线和延伸情况；对拟露天开采的矿床要注重系统控制矿体四周的边界和采场底部矿体的边界。

零星分散小矿的勘查控制程度应视规模及预期的经济效益而定，可适当放宽。

第四节　矿体取样与质量评定

一、矿产取样概述

取样是指从矿体或近矿围岩和堆积物中采集一小部分有代表性的样品用以进行各种分析，测试，鉴定与实验，以研究确定矿产质量，物化性质及开采加工技术条件的专门性工作。

取样概念的扩展——由于用于确定矿石中化学组分含量的地球物理测量方法的出现和应用，部分机械取样由自然状态直接测定所代替。前者具不可重复性，后者是可重复的。

（一）取样的目的

取样的目的是查明矿石和围岩的质量，矿物成分，化学成分，分带性和内部结构，技术和工艺性质的唯一有科学依据的方法。

（二）取样的分类

1. 材料取样中，根据具体采样位置不同可分为：自然露头，钻探工程，坑探工程及矿石堆，矿车取样等。

2. 根据取样目的任务不同可分为：化学取样，岩矿鉴定取样，加工技术取样，开采技术取样和地球物理取样等。

（三）取样的一般程序

样品的采集→加工处理→分析，测试鉴定，试验等→结果的检查与评定。

1. 原地取样和异地取样的不同影响

异地取样，即从已采出的矿石中采取样品。异地取样矿体的原始结构已遭到破坏，所以被取样体积可以看作是一些互不相关的单元体积的总体。品位变化性的估值只与体积大小有关，将样品的体积增加 n 倍，会使样品的品位的方差相应缩小 n 倍。

2. 影响取样的有关因素

原地取样由于相邻样品存在相关性，并且大部分样品结构具各向异性。因此样品的形状，规格及方向都对品位变化性估值产生影响。在整个取样范围内，等距离采集大量小体积样品比采集少量大体积样品更为有利。

（1）样品数量与间距的影响

样品的数量越多，其取样代表性越好。

取样间距小，能反映出小尺度的内部结构，随着间距的增大，所反映的变化性的尺度水平也随之加大。

（2）样品体积的影响

样品体积对有用组分变化性估值的影响极大。

如金刚石只占金伯利岩体体积的千万分之一，为了保证样品中平均能有 1 个金刚石晶体，样品体积应大于晶体体积的 1 千万倍。考虑到晶体的大小不一和晶体空间分布的不均匀性，其体积应数倍于此数。

（3）样品形状和规格的影响

在原地取样时，不同形状的同体积样品计算的品位值的方差相差可以很大。线型的样品比立方体样品的方差小。

（4）样品方向的影响

样槽的方向与矿脉走向近于垂直时，最有效地反映出矿体的变化性；否则，若与矿脉走向平行，则往往不能有效地反映矿体的质量及其变化性。

二、化学取样

（一）样品的采集

对采样的基本要求是要保证样品的可靠性，否则，因"先天不足"而丧失了取样代表性和取样工作的全部意义。为此，对勘探工程的矿体取样应遵循以下原则：

1. 总体上，取样的方式方法首先应根据矿床（矿体）地质特点，并通过试验证实其有足够可靠性的前提下，做出正确选择与确定；其次，兼顾其取样效率与经济效益。

2. 取样间距应保持相对均匀一致的原则，便于取样结果的利用和正确评价。

3. 取样应该遵循矿体研究的完整性原则。样品必须沿矿化变化性最大的方向采取，即在矿体厚度方向上连续布样，而且应向围岩中延伸一定距离；尤其对于没有明显边界线的矿体，要在穿过矿化带的整个勘探工程上取样。

4. 对于不同类型，品级的矿石与夹石，应视其厚度与工业指标，系统地连续分段采样，以满足分别开采的需要；若有必要或混采时可按比例进行适当的样品组合。

（二）钻探取样

对岩心钻孔的岩（矿）心取样，对于较大口径者常采用劈半法，即沿岩（矿）心一轴面用手工劈开或用机械劈（锯）开成同样的两部分，一半作为样品，一半留存或做他用。

对小口径（45 或 59mm）钻孔，尤其是坑内小口径金刚石钻孔，则需将整个岩（矿）心作为样品，以保证有足够的可靠重量。岩心取样注意事项：

1. 取样时要考虑岩（矿）心采取率的高低，采取率相差悬殊的两个回次的岩心不能采作一个样品。

2，取样时要考虑岩（矿）心选择性磨损；常见于含脆性或软弱矿物的钼，锑，汞，钨等矿床。此类矿石矿物磨损，则品位会降低。

3. 岩（矿）心采样时，必须连续取样或连续分段取样。

4. 单个样品长度一般应小于可采厚度，一般 1～3 米。样品长度是指岩（矿）心所代表的厚度，不是岩（矿）心的实际长度。

冲击钻勘探砂矿时，要按回次将全部掏出来的物质收集起来作为一个样品。

为保证样品的可靠性，一是要将该回次物质收集完全（减少损失），二是防止孔壁塌落混入其他物质"污染"，故要加套管加固孔壁，严禁超管采样。样品长度要根据矿层厚度和预计的采矿方法确定。

在无岩心钻进的钻孔中，要对岩屑和粉尘取样，用专门的岩粉采集器收集。

（三）自然露头与坑探工程中取样

常用的采样方法有刻槽法、剥层法、打眼法、方格法、拣块法和全巷法。

1. 刻槽法

一般是沿矿体厚度方向（或沿矿石质量变化最大的方向）按一定断面规格和长度刻凿一条长槽，把从槽中凿下的全部矿石块作为样品。刻槽样应按矿石类型与夹石、蚀变围岩等不同分段取样。经试验，对大多数矿床，刻槽样品具有较好的可靠性和代表性，故其应用广泛。但刻槽时，由于目前多靠锤子与凿子手工操作，预先需仔细整平，在露出的新鲜面上取样；样槽中矿石不允许散失，也不准被混人物"污染"，故效率低；粉尘对人体有害，急需采用结构简单、操作简便的切割式采样机代替手工采样。

在探槽中，多在槽底垂直矿体走向取样，也可在槽壁取样，视具体情况而定。在探矿浅井、天井中，矿化均匀者一壁取样；矿化不均匀或变化甚大者，应两壁取样，将对应位置的样品合并为一，保证其可靠性。

在水平坑道中，对穿脉或石门工程，多在腰切平面位置（距坑道底 1.0～1.4m 高处）沿矿体厚度方向一壁或两壁连续分段取样。对沿矿体走向掘进的探矿沿脉工程，多在一定间距的掌子面或顶板沿矿体厚度方向取样。

样槽断面形状有矩形、三角形等，常用前者。

样槽断面规格用宽 × 深（cm³）表示。确定其大小的影响因素首先是样品的可靠性，包括考虑矿化的均匀程度、矿体厚度大小、矿石硬度等，其次是取样效率。在保证样品可靠性的前提下，选取断面规格小，取样效率高者为合理。可用经验类比法与试验法确定。

2. 剥层法

它是在矿体上连续或间隔地均匀剥下一薄层矿石作为样品的采样方法。剥层法一般用于：（1）矿化极不均匀，有用矿物颗粒粗大，用其他采样方法（如刻槽法）不能获得可靠结果的矿床；（2）其他采样方法不能得到足够质量样品的薄矿体；（3）检查其他采样方法的可靠程度。剥层深度一般 5 ~ 15 cm。

3. 方格法

这是在矿体出露部分划分一定网格（或铺以绳网），然后在网格各交点上均匀地凿取一定数量和大小一致的矿石块，将其合并成一个样品的采样方法。每个样品由 15 ~ 20 个点样组成，总质量约 2 ~ 3 kg。该法通常只用于矿化比较均匀、矿体厚度较大的矿体取样。

4. 拣块法

又称提取法，是将绳网铺在矿石（或废石）堆上，从每个网格中随机拣取块度大致相等的小块矿石（岩石）碎块，合并成一个样品的采样方法。样品总质量一般不少于几公斤，由矿化均匀程度而定。试验证明，这种取样方法简单，工效高，只要是坑道在矿体中掘进，并且不是人为有意偏富或偏贫地采集，则该法有相当高的可靠性和代表性，所以，极常用在矿车、矿石堆或废石堆、皮带运输机上取样。在矿山还常用于检查矿石质量、计算采矿贫化率和矿石质量管理的生产取样。

5. 打眼法

又称炮眼法，是在坑道掘进过程中，用一定设备收集钻凿炮眼所产生的岩矿粉、泥作为样品的采样方法。一般多用于厚度较大、矿化均匀的矿体取样。其优点是取样与掘进同时进行，对矿体未被坑道揭露的部分取样不另费工时，样品颗粒细．缺点是往往不能按厚度方向取样，仅能凭矿粉（泥）颜色分辨矿石与围岩，对于矿石类型复杂者或薄矿层不能分段取样等，所以不常用。

6. 全巷法

这是坑道在矿体内掘进时，随即将一定长度内采出的全部矿石（或就地缩减后的一部分）作为样品的取样方法，采样长度一般为 1 ~ 2m，可连续或间隔取样。虽然取样可靠性最大，但由于样品质量大（数吨至数十吨），运输与加工费用高，故不常用，一般只在下述情况下采用：

（1）研究与测试矿产选、冶或其他加工技术性能时所需要的大质量试验样品。

（2）检查其他取样方法的可靠程度。

（3）用别的取样方法不能确定矿产性质的某些物理取样，或为确定其有用组分含量、品级的特殊矿床，如云母、石棉、水晶、宝石、光学原料、金刚石和部分金、铂等矿床的矿体取样。

三、岩矿鉴定取样

岩矿鉴定取样指系统或有选择地采集岩、矿石标本以供直接或镜下观察矿产质量及进行有关地质研究的采样工作。其包括了一般的岩石，矿石取样和砂矿取样。

矿床勘探阶段的岩矿鉴定取样，更注重对矿石的质量及其加工技术性能的研究。首先，根据需要系统地分类型，品级采集矿石标本；然后，运用矿物学，矿相学及岩石学的方法，目前仍以显微镜下光片，薄片的研究为主，辅以电子探针，化学分析等各种测试手段进行研究。研究内容有：

1. 研究矿石的矿物成分与共生组合，矿石结构构造，矿物次生变化及其含量等，配合以物相分析，用以确定矿石氧化程度，划分矿石类型，掌握其分布规律；编制矿床或矿体的矿物及矿石类型分布图；

2. 确定矿石中各矿物组分种类与含量，除了较粗略的目估法外，可用较精确的点，线，面统计法，已知标准比较法较快地求出该矿物含量。而且某种情况下，如矿石矿物简单到只有一种（如黄铜矿），则可通过换算即有一定可靠性地求出 Cu 含量或黄铜矿含量。

3. 结合测定矿物的晶形，粒度，硬度，磁性，导电性等物理性质，解决有关矿石选矿加工方法流程和合理技术指针等问题，为提高选矿回收率和矿石的综合利用提供较可靠的资料依据。

四、加工技术取样

矿石加工技术取样又称工艺取样。指为查明矿石的选冶性质，进而确定其选矿，冶炼或其他加工方法，生产过程和合理的技术经济指标，为矿山开发可行性提供可靠资料而进行的取样工作。

不同种类或用途的矿石，其加工技术取样的任务和研究内容也不同。

对绝大多数金属矿产和部分非金属矿产，主要是确定矿石的可选性及选矿方法和工艺流程，其中一部分矿石还需要研究冶炼性能和其他加工性能。

对于绝大多数非金属矿产，则必须采用各种专门的取样试验方法或测试手段，查明与其工业用途有关的技术和物理性能。

对加工技术取样的样品主要通过矿石选冶实验以查明矿石的选冶性质。

五、开采技术取样

技术取样又称物理取样，或矿床开采技术取样。指为了研究矿石和近矿围岩的物理力学性质而进行的取样工作。

对一般矿产技术取样的具体任务主要是测定矿石和围岩的物理机械性能，如矿石的体重，湿度，块度，孔隙度，矿石与顶底板围岩的松散系数，稳定性，抗压，抗剪，抗张强度，硬度，安息角，沙性及粘性土的土工试验，为矿产储量计算和矿山设计提供必要的参数资料。

对一部分借助化学取样还不足以确定质量的矿产，主要是测定与矿产用途有关的物理和技术性质，例如石棉的含棉率，纤维长度，抗张强度和耐热性等；建筑石材的孔隙率，吸水率，抗压强度，抗冻性，耐磨性等；宝石的晶体大小，晶形，颜色等；耐火粘土的耐火度等。

六、地球物理取样

地球物理取样是指根据矿石与围岩，夹石间的物性差异，利用合适的方法和仪器设备，在露头和工程中现场测定有关的数据资料，用以研究与确定矿产质量的采样方法。

通过地球物理取样，目前可以确定一定种类矿石的物质成分，含量，密度（体重），含水量，孔隙度等物性，所得资料多用于研究矿化程度的差异，用于补充推断钻孔，坑道工程间矿体界线的连结与圈定，验证与提高地质取样资料的可靠性，以及勘探工程所在剖面的含矿性评价，并可以及时指导勘探工程施工作业。

在实际工作中，目前起主导作用的是 X 射线放射性测量法。它的应用面广，施工简单，同时测定多种元素。在铁矿勘探中是磁法或电磁法测井占主导地位。其次是中子活化法在含氟矿床，锰，铝矿床中应用最有效。能谱中子伽马法主要用于汞矿床勘探；伽马中子法用于铍矿床勘探；伽马—伽马法用于确定矿石体重等。

第五节　矿体构形与勘探剖面

一、矿体构形

（一）矿体构形及其特征标志

矿体构形是指矿体各部分组合构成的形态特征，即通常所讲的矿体空间形态特征，包括矿体外部形态、内部结构及其变化特点，属矿体形态学研究范畴，可用一些形态特征标志或几何要素和参数来描述。

矿体外部形态主要是指矿体规模、形状、空间位态及其某些影响因素。

1.矿体规模大小一般用矿体在三度空间的延长或长度、延深或宽度与厚度的几何尺寸参数（一般取平均值）来度量；可用与之相关的矿石（或有用组分）储量大小来表示，总体上反映着阶段勘查成果。人们按矿产种类或矿床种类的不同规定了不同的特大、大、中、小型矿床划分标准。

2.矿体形状一般是指矿体外部边界的线与面要素组合成的轮廓。其边界复杂程度及延伸和尖灭特征应是矿体形态分类的基本依据。一般常是按矿体长度、宽度、厚度三者比例关系来分类。克列特尔凡凡划分出3种基本类型：（1）向延长的筒状、管状、柱状、条状矿体；（2）向延长的层状、似层状、透镜状及其他扁平脉状矿体，（3）向延长的等轴状、囊状、巢状、瘤状矿体。

3.矿体空间位态则是指矿体产状和埋藏状况。

矿体产状：一般常以其总体走向、倾向、倾角三要素表示，故其实质往往是具有代表性的平均值；而要反映矿体产状在局部地段的细节变化，则必须进行详细的加密测量。对于一向延长（如脉状、管柱状）和某些二向延长（如透镜状）矿体，当延深方向与倾向不一致时，还必须考虑矿体的侧伏方向及倾伏涌大小，以便准确确定矿体空间位盆和正确有效地布置勘查工程。

矿体埋藏状况：（1）矿体埋藏深度分为出露的或援盖的、隐伏的或深埋的等；（2）矿体与其他地质体（如围岩）的关系，即同生或后生，包裹或并列，界限渐变或截然，整合或非整合等；（3）与地质构造的关系，包括与断裂、褶皱、层理、片理等构造的空间位置关系；（4）矿体间的空间关系，如排列形式有平行、侧列、尖灭再现及间距有大小，或各种交叉、复合的等等。总体构成大小不等的矿段、矿带、矿床、矿田等不同成矿单元。

4.矿体内部结构是指矿体边界范围内的各组成部分在三度空间的搭配与排列分布特点，即包括矿化连续性、工业矿化与非工业矿化地段的空间关系、夹石层或无矿天窗的特征、矿石自然类型、工业品级的种类和分布特征等。矿体内部结构既反映了矿体内部物质成分的宏观组合形式，也在某种程度上影响矿体形态的复杂程度，矿体外部形态与内部结构之间存在着矛盾的对立统一关系。

（二）矿体形态变化特点分析

矿体形态变化往往以某些形态标志（参数）的变化具体表现。分析其变化特点一般注重于其变化性质与变化程度两个方面。

矿体形态变化性质一般是指矿体形态标志（如厚度）在不同空间位置上相互之间的联系和具体变化的各种规律。实际上，矿体外部形态与内部结构均具有各向异性，在完全与严格意义上的查明是做不到的。勘查工作是通过在有限空间范围内，对矿体加密系统取样工程抽样获取某些标志有限而大量的数值，然后运用与实际对比或统计分析的方法研究发现其某些变化特点和规律性。国内外许多学者对矿体形态标志的变化性质都有大同小异的分类研究，总体上分属于坐标性（方向性）连续的规则变化和偶然性的不规则变化。多数情况下，矿体形态在沿走向和倾斜方向上，以坐标性、连续的规则变化为主。

矿体形态变化程度是指矿体形态变化的急剧程度或复杂程度，包括变化的幅度大小与变化速度快慢。它既影响着矿床勘查的难易程度和勘查精度，也严重影响到矿床开发阶段矿山设计与采掘工程布置的合理性和技术经济效果。一般情况下，矿体的边界形态、厚度、产状与规模之间的变化具有密切的相互联系，也往往与矿化的富集程度（含矿系数与品位）有关，并总是随矿床工业指标和勘查工程间距的改变而改变。

（三）矿体形态特征的影响因素和勘查研究

通过对矿体形态特征及其变化规律的研究，人们认识到其控制与影响因素很多。首先宏观的区域成矿地质条件控制着矿田、矿床的时空分布；其次矿床具体的地质构造因素控制着矿体的产出方式、规模大小、形态及产状变化的复杂程度；进而研究矿床成因成矿规律与成矿模式，划分矿床的成因类型，为同类型矿床的预测提供地质类比的依据；并根据其工业意义大小进一步划分矿床工业类型，为矿床勘查指明方向。由于矿体是综合成矿地质作用的结果，所以需要全面地综合分析与研究矿床千差万别的具体地质构造条件，尤其是控制具体矿体空间形态的主要地质构造特征。

除了影响矿体形态特征的客观地质构造因素外，矿床勘查与开发过程中人为的技术经济因素，也是影响对矿体形态特征正确认识和评价的重要因素。这些因素主要反映在勘查方法及其勘查与研究工作的质量上，并始终在发挥着作用。

研究与掌握矿体形态特征的变化规律及其影响因素，是建立正确的矿床勘查模式的根据，是有效地指导矿床勘查与矿山开发设计的基础。矿体空间形态特征极大地影响和决定着矿山企业总体规划、开采境界、开拓方式、开采顺序、采矿方法设计、采矿损失率与贫化率的确定，乃至矿山生产勘探及生产效益指标等一系列宏观到微观的矿床技术经济评价问题。所以，矿体形态特征的查明与研究始终是矿床勘查与开发过程中极其重要的基本内容。

矿体空间形态特征的勘查研究，是指伴随着矿床勘查工作从地表到深部的展开，对矿体从初步研究到详细的模拟研究过程。通常在地表的矿床勘查初期，人们依靠大比例尺地质测量（填图），配合物化探测量，轻型山地工程揭露、取样研究、地质编录，以及数学地质方法，完成矿体形态特征变化规律及其影响因素的初步研究。往深部，人们依靠正确布置的钻探和重型山地工程（井巷）有规律地直接揭露矿体，通过地质观察、取样、编录等收集系统资料；补充利用物化探信息资料；然后，运用有关成矿规律的地质理论进行综合方法研究和科学的预测与推断，时常运用图解模拟的方法进行矿体几何学研究；或借助计算机数据处理技术以及地质统计学方法等对矿化规律、矿体形态和结构变化进行定性和定量的详细研究。最终获得一系列综合地质编录的文字报告、图件和表格等勘查研究成果，满足矿山设计的需要，并为系统的探采资料对比研究、数理统计分析和进一步开发勘探所利用。其中，用以获得矿体系统剖面资料的勘查剖面法，被人们称为矿体形态特征勘查研究的最基本方法。需要指出的是，在矿床开发阶段，人们也已在将计算机应用技术和矿山开拓、采矿方法优化设计与管理相结合方面积累了较好的经验。

二、勘查剖面及其作用

任何一个矿床都是由矿体与围岩按照一定的地质构造特点和规律构成的非均质成矿单元。任何一个矿体都是由多种有用和无用元素或矿物、矿石与夹石物质组成的非均质结构的地质体。在空间几何形态上，任何一个矿体都是由无数的"点、线、面、段"按一定结构规律组合构成的几何体。矿体切面（或断面）则在其"点、线、面、段、体"结构系统中起着承上启下的关键与枢纽作用。

勘查剖面，或称勘查断面，就是为了正确地圈定矿体，了解和基本查明矿体不同部位（矿段）的形态、产状和内部结构，使勘查资料更好地为矿山设计所利用，通常在矿床勘探或详查阶段，将勘查工程沿一定的切面加密系统布置和施工，这些由勘查工程及其所揭露的地质现象构成的切面即勘查剖面。所获得的反映勘查剖面成果的基本图件是勘查剖面图，只要按一定系统和规律设置勘查剖面，用一定勘查工程技术手段揭露与查明单个勘查剖面上必要的"点、线"地质构造和矿化特征，就能获得足够精度的矿体勘查剖面资料；然后，综合对比研究各相邻剖面资料，按其间的联系与区别研究推断矿段地质构造特点，就能达到在三度空间从整体上控制与基本探明矿体形态特征的目的。

在矿床勘查实际工作中，人们根据矿床（体）地质构造特征和勘查工程手段的特点往往选择一组平行或垂直的或水平的勘查剖面系统作为基本的总体工程布置方式。前者称为勘查线法，有时也采用两组相交勘查线构成勘查网；后者称为水平勘查。生产勘探中还常利用坑、钻工程将勘查线法与水平勘查结合起来，构成各式坑道或（与）钻孔组合的格架系统。勘查网与各式工程格架系统，其目的是为了获得多组较准确的系统勘查剖面资料（尤其是勘查剖面图件），更好地满足矿山建设与生产设计需要。

第五章　钻探工程

第一节　钻探工程技术

一、地质钻探技术

根据不同的外力的作用方式，可将现钻探方法分为冲击式钻探、回转式钻探、冲击回转式钻探和振动式钻探，个别特殊地层条件下喷射式钻探也常常被采用。如果根据钻探切削工具的不同又可将钻探方法分为钢粒钻探、硬质合金钻探和金刚石钻探。还有一些高效的钻探方法如热力法、熔融法和化学方法等，但这些方法因为成本高、技术难度大而未得到广泛适用。其中热力法包括高频电流钻、火焰喷射钻、微波钻等，熔融法包含等离子钻、电热钻、激光钻等，而化学方法常用的是利用化学试剂将岩石进行破碎。

（一）冲击式钻探

冲击式钻进是始创于中国的一种古老的钻井方法，早在 11 世纪传入西方，目前在中国和国外都还在广泛适用。其钻进原理在于使用钢丝绳或钻杆相连用"字型或"字形钻头，上下运动冲击岩石，同时捞出岩屑和岩粉，形成钻孔。影响冲击钻进的速度主要是冲击频率、冲击功、冲击方式及传递三要数。冲击频率对钻进速度的影响根据冲击的频率不同，可将其分为 4 类：低频、中频、高频和超高频。冲击频率与钻进效率是成正比的，但当冲击频率达到某一定值后，这个比例关系就不再存在，相反而有所下降。这是因为单位时间内的重复次数多，孔内的岩屑来不及排出，沉积在钻头部位起到一个缓冲的作用。另外，冲击频率大，必然冲击时间过短，导致冲击功对于岩石的作用时间不够长，破岩不够完全而达不到高效率的体积破碎。冲击功大小对钻进速度有着最直接的影响。

（二）冲击回转式钻探

冲击回转式钻进的优点在于其能大大提高硬质层转速和回转进尺长度，降低钻孔弯曲程度，明显降低工程成本。冲击回转钻探通常采用以下 2 种冲击器实现：一种是利用钻孔中冲洗液能量驱动的冲击器来实现，称液动冲击回转钻探；另一种则利用压缩空气驱动的风动冲击器实现，称气动冲击回转钻探。液动冲击回转钻探系统是有泥浆泵将冲洗液注入冲击器驱动液动锤来产生动力对岩芯管和钻头进行冲击，钻杆则有钻机提供扭矩回转并同时对钻头施压。这种钻探方法也常与绳索取芯钻具相结合，被称为绳索取芯式液动冲击回转钻探。液动冲击器是冲击回转钻探中的关键组成部分，液动冲击回转钻探适用于地质岩芯钻探、工程地质钻探等，而且适合反循环钻探和深孔钻探中。

（三）振动式钻探

振动式钻进过程中利用振动器带动钻杆和碎岩工具产生周期性振动力。它除利用地表振动器和钻具对地层产生垂直静载外，还有钻具上下振动产生的高频冲击振动所产生的动载，对岩层周围或土层产生振动。在高频的振动下，岩层或土层的强度下降，岩层和土层在钻具和振动器自重和振动力的联合作用下，使钻头钻进岩土层，从而实现钻进的过程。振动钻进常采用机械式双轮双轴振动器，其采用双轴水平布置外，还可以上下平行布置。这样布置后不仅可以产生垂直振动，还可以产生横向振动。此外，还有单轴单轮振动器和单轴双轮振动器等布置方式。常用的振动器有无簧式和有簧式2类。其中有簧式振动锤由电动机、振动器、弹簧、冲头、砧子和接头组成。其特点是振动其与钻具分开，这样既可振动钻进，又可进行冲击振动钻进。另外喷射式钻探技术是利用钻孔冲洗液流经钻头喷嘴所形成的高压高能射流充分地清洗孔底的钻屑，使钻屑免于重复削切，并与机械作用联合破碎孔底岩石，达到提高机械转速的一种钻进技术。

二、钻孔技术及其应用

（一）钻孔技术的分类

在钻探工程中，为了揭露矿体，便于对矿床进行一个全面的调查研究工作，必须采用一些勘探，而钻探是快捷勘探深部矿体之非常有效的方法之一。如何合理正确高效地使用钻探工程，已经成为勘察工作中较为重要的问题之一。总体来说勘探工程可分为坑探和钻探2大类，钻探中常用的有浅钻、岩芯钻和坑内钻（或地下钻）等。

1. 浅钻

浅钻一般用来勘探埋藏深度不深的矿床近地表部分的矿体，当涌水量大时，浅钻可以代替浅井，其用途与浅井相似。浅钻的类型有很多，多半是自行安装在汽车上，机动性较强。其优点在于投入费用相对较少（经济）、使用便利（便利）、钻孔相对较浅（孔浅）、容易搬运（易搬），其缺点在于不能在硬质岩层地区进行钻探。

2. 岩芯钻

作为一个用来了解矿体深部地质情况的工程手段，岩芯钻在对矿场进行勘探的过程中得到广泛运用。为了了解矿场规模或矿体向地下深部延伸情况，或者为了寻找并勘探盲矿体等，一般都要用到岩芯钻，不管是在山区或者平地，无论有无矿种或者矿场的复杂程度怎样，通过观测在钻进过程中钻机所采取的岩芯及岩粉，可详细地研究钻头所穿过的岩石以及矿场的地质构造，同时计算矿产的产量。岩芯采取率一般不应小于 60% ~ 70%，当矿体倾角较大时，可直接采用倾斜钻孔的方式进行钻孔。在某些特殊情况下，在施工允许的弯曲范围内，也可将钻进的倾斜角度随着深度均匀变化，最终按计划的角度穿过矿体的定向钻。

3. 地下钻

水平坑道中打进的岩芯钻称为地下钻，也叫坑内钻。这种钻探的工程手段在对许多矿体数量多、矿体产状复杂的矿床进行详细勘探或生产勘探时非常有效，同时其时效性、经济性是其他方法无法比拟的。

（二）钻孔技术的应用探讨

一般情况下，钻孔深度和直径的大小往往取决于钻孔的用途和地质情况。钻孔就是为了获取矿心、岩心、液、气态样品和岩屑等第一手地下地质实物资料，以便于施工人员观测地下水层水文地质动态和制度开采地热、地下水、油气等矿产资源的依据。目前，钻孔技术已经广泛应用于许多部门，并呈现出其诱人的应用前景。主要体现在：1. 钻探水井，以便于人们开采地下水资源，为农业、工业、国防及人们生活用水的开发提供可靠的水文地质资料数据，降低地下水资源的开采成本；2. 工程基础施工钻孔，勘探工程施工现场地质条件，让施工人员更详细地了解地下溶解岩盐、水文、地质等参数，为加固处理建筑工程基础提供保障；3. 在采矿或隧道等工程施工中，往往辅助钻孔施工，因为，通过钻孔施工能够很好地满足探水、排水、冻结、探气、通讯安装管线、爆破以及运输等施工要求，极大地提高工程施工效率；4. 用于水文、石油钻井勘查和开发石油、天然气等工程勘探；5. 用于了解地质构造与地质地貌，实现地质普查或勘探钻孔，从而便于人们找矿或探明矿产储量。

三、钻探工程技术体系

在不同的应用领域钻探技术采用的钻探工具是不尽相同的，但是最基本的技术体系都是由钻探工具、钻探设备、钻探对象和钻探工艺方法组成的。按照技术来划分包含：科学钻探技术体系、石油天然气钻进技术体系、固体矿产地质岩心钻探技术体系、水文水井技术体系、工程地质勘查等等技术体系。以下简略介绍一下固体矿产地质岩心技术体系和科学钻探技术体系。

固体矿产地质岩心技术体系可以钻遇坚硬的沉积岩、火山岩、变质岩等，钻孔深度为中等，主要才去的是以金刚石取心钻探的方法为主，也可以运用绳索取心和液动锤等方法。

科学钻探技术体系主要是钻遇沉积岩、火山岩、变质岩等结晶岩为主，而钻井的深度是最大的，其中海洋科学钻的深度和口径是最大的。工艺方法采取的是以体系地质岩心钻探取新技术和石油钻井相结合的组合钻探技术体系。

四、钻探技术现代化的几个关键问题

我国钻探工业现代化之路有一系列亟待解决的问题，其中关键的影响全局的重大问题有：

（一）战略与决策问题

首先是国家的作用。有人认为市场经济下工程技术进步单纯靠市场、靠竞争就能发展起来，钻探技术研究没有必要国家投资，从事这方面研究的科研单位全部轰赶到市场就行，于是积极加入转企的行列。科研院所转企是国家科技体制改革的方向之一，对于市场前景好，条件具备的研究院所应当向这个方向积极努力发展，但是对于服务于整体上尚没有形成市场机制的地质工作的钻探工程来讲，目前不具备这样的条件，或者更准确地说不完全具备条件。为什么市场条件更好的矿产资源研究单位不转企而进入创新体系，同样的从事物探和分析测试的勘查技术研究单位也不转企，唯独只将钻探技术研究所列入转企行列？这充分反映了上层决策的偏颇。实践结果也表明单纯靠市场，严重影响了钻探技术的现代化发展，反过来给地质调查和矿产资源勘查工作拖了后腿。

（二）顶尖科技创新人才和野外施工现场技术

钻探工艺技术水平要与世界先进水平看齐采用世界主流施工技术占大多数（如地质岩心钻探体系中金刚石、绳索取心比率达70以上），有大量独立开发的新技术（如液动锤）。

装备水平具有很强的国际竞争能力衡量指标有技术性能参数、故障率（无故障工作时间）、使用寿命、操纵性能、安全性、运移性等；设计理念的现代化，主传动系统液压化，控制系统电液化和智能化；产品可大量出口。

五、在钻探工作中的钻探装备与钻探技术创新

（一）钻探装备

钻探装备又称钻探设备，是钻探工作中起决定性作用的因素，它是钻探行业生产力发展水平的标志。要改变现行钻探工作中，人干一半，机器干一半的重体力活的状况，就需要钻探技术工作人员不断地改革与创新钻探设备与钻探技术。80年代深矿钻机以XY-4为代表，探明了大部分800m以内孔深的资源，800m以内的资源大都开采完或逐渐减少。2000年以后，随着矿产资源的短缺，以XY-4-4、XY-5机型为主体的探矿设备，揭示了很多1400m深度以内的矿产。以后矿产资源开采，一是浅部越来越少，往深部发展；二是国外资源的利用。今后钻探设备的设计方向，钻机控制系统要电子化，人性化，井内观测影像清晰、准确化。

（二）加强并提高钻探技术创新

技术创新的核心内容是科学技术的发明和创造，其直接结果是推动科学技术进步，提高社会生产力的发展水平，进而促进社会经济的增长。通过钻探技术创新可实现技术跨越式发展，在短期内获得显著的技术经济效果，使一些常规方法难以解决的问题得到解决。

加快培养高素质钻探技术人员，推广应用先进的钻探设备。目前，我国许多地质钻探技术人员和工人缺乏施工操作经验，不少人甚至对过去常规的钻探操作，如金刚石钻进与绳索取新技术都不会或掌握不好，也少有深孔钻探技术经验，其工作难度可想而知。如广西地矿局曾在桂北 2 个大型铅锌矿实施了 2 个 750m 的钻孔，当钻探超过 300m 地质结构变繁杂技术操作难度加大时，年轻的钻工技术过不了关，只能请退休的老机班长来。试想一下，一个连常规的钻探技术和设备都不能掌握的技术人员又怎能指望他去运用先进的钻探装备呢？新型的地质装备技术含量高、价格昂贵，必须培养具有相应文化素质和实际工作经验的技术人员和工人来掌握使用。

（三）在钻探工作中要加强新方法、新技术的推广应用

钻探技术的新方法、新技术从研发出来，到在钻探施工中得到普遍应用，通常需要花很长时间，做大量的推广应用工作。推广应用工作包括宣传、现场演示、技术培训和技术交流等。这些环节工作效果的好坏，都会直接影响到科技成果转化及其得到实际应用所需的时间，影响地质钻探技术现代化的进程。为获得好的效果，该项工作应有计划、有组织地开展。

第二节　钻探设备、管材及工具

一、钻探设备

钻探设备是指用于钻探施工这种特定工况的机械装置和设备，主要由钻机、泥浆泵及泥浆净化设备，泥浆搅拌机，钻塔等组成。

（一）基本构成

通常，主要类型的钻探设备均由钻机、钻塔—桅杆、泥浆泵等三部分构成。

当然，对于一些大型钻探设备来讲，划分得可能会更细一点，如石油钻机就号称 8 大件：井架、天车、游动滑车、大钩、水龙头、绞车、转盘、泥浆泵。

（二）发展概况

1. 第一个发展阶段——手把给进式钻机

1862 年，瑞士首先发明了手镶金刚石钻头，并设计制造了世界上最早的手动操作立轴式岩心钻机；1899 年，出现了廉价的钢粒钻进，代替了昂贵的金刚石钻进；1916 年硬质合金应用于钻探，产生了合金钻探技术。随着这两种钻进方法的采用，相应地出现了萌芽状态的立轴式回转钻进钻机，并由这种钻机逐步发展成性能比较完善的手把给进式钻机。

2. 第二个发展阶段——油压给进式钻机

随着合金钻进技术进一步成熟和发展，钻头类型增多，规程强化，手把给进式钻机已经明显地不能适应钻进工艺发展要求。与此同时，由于粉末冶金技术的发展，导致铸镶金刚石钻头新工艺的出现，而金刚石钻进工艺对钻机提出了新的要求，如精确控制钻压、高的回转速度及良好的调速特性等，加之当时的液压技术也有了长足的发展与应用，在这种条件下，油压给进式钻机应运而生。

3. 第三个发展阶段——全液压动力头钻机

随着工业技术主要是液压技术的逐步发展与完善，同时，也由于在西方工业发达国家的劳动成本构成中工资成本所占比重越来越大，国外开始在岩心钻机的高度机械化上投入力量进行研究，其结果，全液压动力头钻机应运而生。

（三）设备使用

钻探设备与一般的机械设备存在很大的差别，凡是应用到钻探设备的工作，基本上都是影响城市发展的重要领域。从客观的角度来说，钻探设备具有以下特点：第一，钻探设备的自身性能比较高，能够完成较多的复杂任务；其次，钻探设备的使用寿命比较长，一般情况下，经过很长时间的应用或者相关技术获得重大进步的时候，才会更换钻探设备；第三，钻探设备并不是单独作业的，需要其他领域的设备共同配合，才能达到一个理想的效果。由此可见，在未来应用钻探设备进行作业的时候，必须从实际的情况出发，同时结合钻探设备的特点来应用。在使用钻探设备的时候，应该从以下几个环节出发：首先，必须控制设备的磨损。虽然这种情况是客观存在的，但是工作人员可以改善机件工作条件，加强维护保养，推迟机件磨损，从而达到延长设备的稳定磨损期，提高使用寿命。其次，严格控制作业时间。目前的社会需求较为强烈，但是如果长时间的高强度作业，势必对钻探设备产生很大的负面影响，在修理和更换上的损失会让已经获得的经济效益进一步流失。

（四）设备维护保养

钻探设备的维护与保养，并不能从表面出发，而是要根据实际的情况来进行。不同工作领域在应用钻探设备的时候，会产生不同的情况，如果采用统一的维护保养方式，很有可能导致最后的钻探设备达不到理想效果，并且影响后续工作的进行。

1. 润滑

润滑是钻探设备维护保养的重要方式之一，也是必要措施。由于钻探设备存在磨损的情况，因此需要通过专业的润滑方式，将磨损降到最低，并且最大限度的延长各个部件的使用寿命。在润滑的过程中，主要是从以下几个方面努力：第一，必须按照产品说明所指示的润滑油性能、型号选定润滑油，不能随意地更换。现阶段的润滑油类型较多，能够满足不同钻探设备的需求，因此要选择针对性、并且合适的润滑油来使用；第二，按照实际的注油点，实行定点、定质、定量、定期、定人加注润滑油的方式来进行使用。定点就是要在规定的时间注入润滑油；定质就是要保证润滑油符合实际的需求；定量就是要注入合适的含量，而不是一味地去多注入或者少注入；定期指的就是在规定的时间进行注入，而不是凭借个人的主观估计来注入；定人就是要让专门负责此项工作的人员来注入润滑油，因为他们对整个流程非常熟悉，并且能够避免在润滑油的环节出现问题。

2. 检查、保养

钻探设备的检查和保养具有固定的时间，主要分为班保养、周保养、月保养。班保养就是经过一班的工作以后，对钻探设备进行保养；周保养是在班保养的基础上进行的大型保养工作，基本上是对一些中小型问题进行彻底的处理；月保养是在周保养的基础上进行的，是对钻探设备的全面检查和保养工作，同时对下一次保养进行铺垫，避免某些问题反复出现，影响日常的应用。这里主要以班保养为例，进行一定的阐述。班保养是周保养和月保养的基本工作，主要是在以下几个方面来进行：首先，将设备的外表擦洗干净，尤其是在一些死角；其次，检查表露在外的全部螺栓、螺母等细节部件是否牢固，一旦发现丝毫的松动，必须通过设备将其拧紧；第三，要根据润滑的要求加入润滑油，并且检查压油箱的油位；第四，通过一切可以采用的手段来解决本班内发生的所有故障。

3. 维修

维修工作对于钻探设备来说，是绝对的核心工作。绝对不允许出现丝毫的差错，如果在维修的时候，因为主观上的判断失误，没有处理好某一个小问题，那么在日后的工作当中，也会演变成非常严重的安全隐患。因此，在维修钻探设备的时候，必须进行全面的检查，防止遗漏。同时绝对不能抱有侥幸心理，认为某个出现问题的部件还能"撑一阵"，必须进行更换或者彻底的修理。经过一定的讨论和研究，维修工作可以在以下几个方面着手：第一，临时修理。此类修理一般是对一些小问题，多数情况在班保养的时候，直接解决；第二，小修。对钻探设备进行小修，就代表着钻探设备的问题不能忽视，要对损坏的零件和一些裂缝等问题进行有效处理，避免发生较大的问题；第三，中修。钻探设备在长期的应用当中，磨损是必不可少的，有时甚至因为磨损对其他部件产生了较大的影响。中修主要是解决一些已经引起重视的问题，并且通过技术和针对性的设备对已经受损的部位进行整修；第四，大修。钻探设备很少进行大修，如果一定要进行的话，代表着钻探设备的问题已经对工作人员的安全产生了威胁，并且对开采工作也产生了较大的负面影响。大修主要包括拆卸和清洗设备的全部零部件及管路系统；修理或更换所有损坏的部件及机件；更换全部润滑材料；最后进行装配和调试，使设备达到技术要求。

（五）设备的更新

钻探设备和其他机械设备一样，在长期的应用以后，需要对其进行更新。更新设备以后，不仅可以提高设备的性能，同时可以对相关工作产生较大的积极影响。但是，更新的频率并不是人为界定的，而是要根据实际的使用情况进行更新，并且要充分考虑后续工作。钻探设备的更新要遵循以下原则：第一，钻探设备在大修以后，情况仍然没有明显好转；第二，设备所使用的技术老旧，满足不了生产需求；第三，使用时间过长，不符合现阶段的工作需求。还有一部分的钻探设备是因为损坏较为严重，不得不更新，否则就没有办法继续作业。

二、钻探管材

岩心钻探用的管材是指用无缝钢管制成的钻杆、岩心管、套管、沉淀管（取粉管）、钻铤和主动钻杆等。

（一）钻杆

钻杆是一种尾部带有螺纹的钢管，用于连接钻机地表设备和位于钻井底端钻磨设备或底孔装置。钻杆的用途是将钻探泥浆运送到钻头，并与钻头一起提高、降低或旋转底孔装置。钻杆必须能够承受巨大的内外压、扭曲、弯曲和振动。在油气的开采和提炼过程中，钻杆可以多次使用。钻杆分为方钻杆、钻杆和加重钻杆三类。连接次序为方钻杆（1根）＋钻杆（n根，由井深决定）＋加重钻杆（n根，由钻具组合设计决定）。详细介绍了钻杆的分类、钻杆接头、钻杆规格以及钻杆的钢级与强度。

（二）岩心管

岩心钻探中连接在钻头上部用以容纳和保护岩心的一段管材。钻进时，它还起导正钻具的作用。普通的岩心管仅只是一根两端有丝扣的无缝钢管，直径略比钻头直径小一点（小2～4毫米）。单根的岩心管长3～4.5米，为防止钻孔弯曲可将几根岩心管连接起来，组成长粗径钻具。在特殊地层（如松散、破碎地层）钻进时常采用特殊的岩心管，如双层岩心管。

（三）套管

套管是一种将带电导体引入电气设备或穿过墙壁的一种绝缘装置。前者称为电器套管，后者称为穿墙套管。套管通常用在建筑地下室，是用来保护管道或者方便管道安装的铁圈。

套管的分类有刚性套管、柔性防水套管、钢管套管及铁皮套管等。

（四）取粉管

取粉管又称岩粉管、沉淀管。是地质岩心钻探钻粒钻进时用来收集钻粉（碎钻粒、岩粉）的工具。它用取粉管接头连接在岩心管上部，上端开口呈马蹄形。取粉管直径与岩心管相同，长度 1 ~ 1.5 米。

（五）钻铤

使用轧制或锻造的 AISI4145H 铬钼合金钢制造，对化学成分及微量元素的含量进行有效的控制。

钻铤处在钻柱的最下部，是下部钻具组合的主要组成部分。其主要特点是壁厚大（一般为 38 ~ 53mm，相当于钻杆壁厚的 4 ~ 6 倍），具有较大的重力和刚度。

三、钻进工具

（一）钻头

在钻井过程中钻头是破碎岩石的主要工具，井眼是由钻头破碎岩石而形成的。一个井眼形成得好坏，所用时间的长短，除与所钻地层岩石的特性和钻头本身的性能有关外，更与钻头和地层之间的相互匹配程度有关。钻头的合理选型对提高钻进速度、降低钻井综合成本起着重要作用。

钻头是进行石油钻井工作的重要工具之一，钻头是否适应岩石性质及其质量的好坏，在选用钻井工艺方面起着非常重要的作用，特别是对钻井质量、钻探速度、钻井成本方面产生着巨大的影响，PDC 钻头是当今石油和天然气勘探开发行业广泛使用的一种破颜工具，它有效地提高了机械钻具，缩短了钻井周期。

目前石油行业使用的钻头有很多种类，以不同的钻进方式为根据对钻头进行分类，可以将其分为金刚石钻头、牙轮钻头与刮刀钻头，这三种钻头是最基本的钻头形式。在这三种钻头中，在石油钻探工作中应用最为普遍、最为广泛的一种是牙轮钻头，其应用程度也比较深。将这三种钻头进行对比，使用范围最小的一种钻头是刮刀钻头。这里主要介绍的是金刚石钻头与牙轮钻头。

1. 金刚石钻头

切削刃使用的是金刚石材料的钻进刀具就是金刚石钻头，金刚石钻头的主要优势在于能够适应研磨性较高、地质较硬的地层，切割性能也比较优良。在高速钻探方面具有非常显著的优势。

以所适应地层的差异为根据，可以将金刚石钻头分为普通金刚石钻头、聚晶金刚石复合片钻头两大类。在这两大类之中，普通金刚石钻头适用于研磨性较高、地质较硬、地质复杂的地层；聚晶金刚石复合片钻头能够被广泛地应用于硬质地层、软质地层、软硬适中的地层，其应用范围十分广泛。刀片的不同是这两种金刚石钻头的主要差别所在。

聚晶金刚石复合片钻头主要有四个组成部分，即金刚石复合片、喷嘴、胎体以及钻头体；普通金刚石钻头主要有四个组成部分，即金刚石颗粒、喷嘴、胎体以及钻头体。因为金刚石钻头的切割性能比较优良，因此在选择金刚石钻头当作石油钻井工具时，能够高速钻探，也能够在一定程度上扩大钻深。在使用金刚石钻头进行石油钻井作业的过程中，需要高度注意的有以下几个方面：

第一，金刚石钻头的价格比较高，因此在使用时应小心操作，降低损坏程度；

第二，金刚石钻头在热稳定性方面具有一定的缺陷，因此在使用时要保证钻头的冷却性能、清洗情况；

第三，其质地比较脆，因此金刚石钻头的抗冲击性能会比较差，应该严格按照金刚石钻头的相关规程来进行严格的、规范的操作。

2. 牙轮钻头

以牙轮钻头的结构为依据，可以将其分为水眼、轴承、巴掌、牙轮以及钻头体这五个部分。如果是密封喷射式的牙轮钻头，在一般情况下还包括储油补偿系统这一部分。螺纹一般会在牙轮钻头的上部，钻柱与螺纹进行相互连接，钻头下部会存在牙轮，其上带有三个巴掌，牙轮轴上装上牙轮，牙轮轴与各个牙轮之间装有轴承，牙轮

会通过其自身所带的切削齿进行破碎岩石工作。钻井液的通道就是钻头的水眼。在进行石油钻井工作的过程中，通过钻进过程中的横向剪切作用、纵向振动作用，牙轮钻头会实现破碎岩石的目的，从而能够提升钻井速度。

在选择牙轮钻头当作石油钻井工具时，需要按照钻井设备的实际情况、地层的实际条件以及相邻油井的地质资料、地层资料来进行牙轮钻头的选型。在进行选择时，需要考虑的问题主要有以下几点：

首先，应考虑钻井地层中的软硬交错情况是否存在；其次，应考虑在石油钻井工作中是否需要防斜钻进、曲线作业；

再次，应考虑同一油井中的不同钻进井段的实际深浅情况；

最后，应考虑钻井地质、地层的可研磨性以及软硬程度。

（二）钻柱

钻柱是钻头以上，水龙头以下的钢管柱的总称。其主体包括方钻杆，钻杆，钻铤，各种连接接头及稳定器等井下工具。是快速优质钻井的重要工具，它是连通地面与地下的枢纽。

1. 结构

在旋转钻井中，钻柱包括水龙头以下所连接的整个系统的钻具。它由方钻杆、钻杆、钻铤、接头、稳定器等部件组成。方钻杆的作用是将地面转盘的功率传递给钻杆，以带动钻头旋转。钻杆的作用是将地面所发出的功率传递给钻头，并靠钻杆的逐渐加长使井眼不断加深，钻铤位于钻杆的下面，直接与钻头（或井底动力机）连接，依靠其本身的重量进行加压，靠它和稳定器的各种组合来控制井眼的斜度，钻柱的各个不同组成部分的相互连接是借助钻杆接头或配合接头来实现的。

各部件间均由接头（钻杆接头或配合接头）以丝扣形式连接。钻柱下端连接钻头或井底动力机。地面的动力和扭矩通过钻柱传递给钻头，钻井液亦可通过钻柱内部输送到井底，以进行洗井和钻进。

某些特殊作业（如打捞、挤水泥、地层测试等），还可通过钻柱连接有关工具下入井内来完成。钻柱丝扣连接方式分正扣连接和反扣连接两种。

2. 受力情况

转盘钻井时，钻柱的受力是比较复杂的。但所有这些载荷就性质来讲可分为不变的和交变的两大类。属于不变应力的有拉应力、压应力和剪应力；而属于交变应力的有弯曲应力，扭转振动所引起的剪应力以及纵向振动作用所产生的拉应力和压应力。在整个钻柱长度内，载荷作用的特点是在井口处主要是不变载荷的影响，而靠近井底处主要是交变负荷的影响。这种交变载荷的作用正是钻柱疲劳破坏的主要原因。

钻柱受力严重部位是：

（1）钻进时钻柱的下部受力最为严重。因为钻柱同时受到轴向压力、扭矩和弯曲力矩的作用，更为严重的是自转时存在着剧烈的交变应力循环，以及钻头突然遇阻遇卡，会使钻柱受到的扭矩大大增加。

（2）钻进时和起下钻时，井口处钻柱受力复杂。起下钻时井口处钻柱受到最大拉力，如果起下钻时猛提、猛刹，会使井口处钻柱受到的轴向拉力大大增加。钻进时，井口处钻柱所受拉力和扭力都最大，受力情况也比较严重。

（3）由于地层岩性变化、钻头的冲击和纵向振动等因素的存在，使得钻压不均匀，因而使中和点位置上下移动。这样，在中和点附近的钻柱就受到交变载荷作用。

3. 作用

钻柱是快速优质钻井的重要工具，它是连通地面与地下的枢纽。在转盘钻井时是靠它来传递破碎岩石所需的能量，给井底施加钻压，以及向井内输送洗井液等。在井下动力钻井时，井底动力机是用钻柱送到井底并靠它承受反扭矩，同时涡轮钻具和螺杆钻具所需的液体能量也是通过钻柱输送到井底的。

在钻井过程中，钻头的工作、井眼的状况、甚至井下地层的各种变化，往往是通过钻柱及各种仪表才能反映到地面上来。合理的钻井技术参数及其他技术措施，也只能在正确使用钻柱的条件下才能实现。除正常钻进外，钻井过程中的其他各种作业，如取心、处理井下复杂情况、地层测试、挤水泥、打捞落物等都是依靠钻柱进行的。

第三节　钻进方法

一、概述

钻探是一种最直接的隐蔽致灾因素探查技术，它具有精度高、直观性强、适应面宽等优点，在构造探测、老空区探测、探放水、瓦斯泄压、火区探测以及其他隐蔽致灾因素探查中发挥着越来越重要的作用。

（一）基本原理

钻探是利用钻机、钻具和一整套工艺措施，在地层内钻凿出圆柱形手 b4L，取出岩矿样品，探明矿产的赋存状态和分布规律，或者实现其他地质和技术的目的。钻探也是通过一系列的没备和仪器直接作用于岩石上，形成钻孔的过程，破碎岩石是钻探生产过程的主要工序，因此掌握岩石的性质和破碎机理，对加快和改善钻探工作具有重要意义。

目前，钻探过程中多使用机械法破碎岩石，通过施加不同的外力使岩石的一部分从整体上分离下来，从最早的回转钻进，逐步发到冲击钻进、冲击—回转钻进等钻进方法。随着需求的日益增大，钻探技术也由常规钻进技术向定向钻进技术发展，采用一些科学的人为可控的技术方法与机具有目的地控制钻孔轨迹，钻进到目标储层。同时也在定向仪器中增加了传感器，除井斜角、方位角以外还可以测量地层的电阻率和伽马射线，通过无线传输系统把这些数据从钻头附近传到地面系统，从而更精确地引导钻头穿过薄层和复杂地层。

（二）主要用途

钻探技术的主要用途有以下几个方面：

1. 地质勘探：普查找矿钻探；矿产勘探钻探；水文地质钻探；工程地质钻探。
2. 资源开发：水井钻探；石油（天然气）钻探；盐井钻探。
3. 煤矿钻探：地质勘探、瓦斯抽放、碳排放水、锚杆锚索施工与应急救援。
4. 工业钻探：加固建筑物的基桩孔；建大桥的大直径（桥墩施工用空间）钻孔。

二、跟管钻进

跟管钻进是地质岩心钻探的一种特殊钻进方法。即一边钻进一边压入套管，或套管超前压入，然后钻具跟着钻进。这种方法可以防止钻进过程中的孔壁坍塌或流砂充塞钻孔，适用于钻进松散地层和流砂层。

（一）应用

这种方法可以防止钻进过程中的孔壁坍塌或流砂充塞钻孔，适用于钻进松散地层和流砂层。在大直径工程钻进中，由于下套管需要大的扭矩和功率，因此常配备专门的称为搓管机的机械进行边钻进边下套管的作业。

（二）分类与原理

跟管钻进分为偏心跟管及同心跟管两种方式，二者在工艺原理上有所不同。

1. 偏心跟管钻进的工作原理

正常钻进时，通过冲击器的振动冲击作用，带动偏心钻具进行钻孔，钻进时由于离心力及摩擦力的作用，偏心轮朝外偏出从而达到扩大孔径的目的，再通过稳杆器的冲击带动套管跟进，钻孔产生的岩粉通过稳杆器上的键槽吹出孔外。钻孔结束后，通过反转，使偏心轮收拢提出套管，套管留在孔内护壁而成孔。偏心跟管钻进宜在孔深 40m 以内且地层中无较多较大的孤石时采用。

2. 同心跟管钻进的工作原理

通过中心钻头及套在中心钻头外的同心套冲击破碎岩石造孔，同时利用同心套的扩孔作用将套管带入孔内，同心套内设键槽，到基岩后，中心钻头反转通过同心套中退出。同心跟管能较好地解决偏心跟管钻进时因地质条件复杂而造成的卡钻及孤石钻进问题，更加有利于施工操作，提高钻孔工效。同心跟管钻进宜在孔深超过 40m 且地层中有较多较大的孤石时采用。

跟管结束后换用常规钻头钻至设计孔深。

三、硬质合金钻进

用镶焊在钻头体上的硬质合金作切削具，破碎岩石，形成钻孔的钻进方法。它适用于钻进中硬和中硬以下的各种岩层。目前，在中国煤田地质钻探中，以硬质合金钻进工程量最多、技术最成熟。尤其在 4 级以下的软岩和塑性岩层中，其适用性最强。

（一）硬质合金钻进工作原理

硬质合金钻进是，钻头上的切削具在轴心压力和回转力的作用下，压入并剪切岩石，使岩石破碎。再经冲洗液将被破碎岩石的岩粉颗粒冲洗上来

切削具破碎岩石时，要同时克服岩石抗压入阻力和剪切强度。因此，每颗切削具上的压力超过岩石的抗压入阻力，才能使切削具切入岩石一定深度。切削具切入岩石的深度越大，破碎岩石的效果越好。不同的岩石，切削具切入岩石的深度是不相同的。另外，切削

具剪切岩石的次数越多，破碎岩石的速度也越快。因此，硬质合金钻进中，要有一定的钻压和转速。

（二）钻探用硬质合金

硬质合金是以碳化钨为主要成分的一种粉末冶金制品。碳化钨（WC）具有高硬度、耐高温、抗磨损和抗氧化性能。单纯的碳化钨脆性较大，加入适量钴的制品可大大提高制品的韧性。随着含钴量的增加，其抗弯、抗冲击性能相应提高，但其硬度和耐磨性则相对下降。硬质合金产品规格、品种繁多，用途亦非常广泛。钻探采用的硬质合金，常用牌号有：YG4C、YG6、YG6X、YG8、YG11、YG15 等。其中，Y 代表硬质合金；G 代表含钴；阿拉伯数字代表钴含量所占百分数；X 代表细颗粒；C 代表粗颗粒。硬质合金切削具的形状有片状、方柱状、八角柱状、针状、排状、球头圆柱状等。

（三）硬质合金钻进优点

与钢粒钻进比较，有如下优点：

1. 钻进时，钻头工作平稳，震动较小。岩心比较光滑、完整、采取率高。容易控制钻孔弯曲，提高工程质量。

2. 根据不同的岩性，可以灵活地改变钻头结构。在软的和中硬的岩石中钻进，具有相当高的钻进效率。

3. 操作简单方便，钻进规程、参数容易控制，孔内事故少。

4. 钻头镶焊工艺简单，修磨方便，钻探成本低。

5. 应用范围不受孔深、孔径、孔向的限制。

四、金刚石钻进

（一）发展

我国金刚石钻进技术的研究工作，1963 年制成了表镶天然金刚石钻头。与此同时，人造金刚石在我国也已开始制造；1972 年制成了人造金刚石钻头并试用于生产实践中；此后，金刚石钻进技术在我国迅速发展起来，人造金刚石厂和钻头制造车间大量兴起，产品成倍增加，质量不断提高，品种亦不断增多，制造钻头的新方法也相继研究成功。在钻探设备方面还研制出多种适用于小口径金刚石钻进的新型钻机；小口径管材和工具亦形成系列；此外，还研制出各种适用的冲洗液及孔内、地表用的各种仪表。

现今，金刚石钻进技术已推广到全国各行业的矿山勘探中。

实践证明，金刚石钻进比其他钻进方法有许多优越性，它具有钻进效率高、钻探质量好、孔内事故少、钢材消耗少、成本低及应用范围广等特点。

金刚石钻进的孔径不受限制，最小为 28mm，最大达 30mm。因此，它广泛地用于金属和非金属、煤田、石油等地质勘探中，也用于石油、天然气、地下水的开采及其他工程孔上。

金刚石钻进的钻孔倾角不受限制，它不仅能钻垂直孔、斜孔，还能钻水平孔和仰孔，因此，它可广泛用于隧道掘进工程及矿山坑道中钻凿爆破孔和追索矿体的勘探孔钻进中。

（二）规程

金刚石钻进与其他钻进方法一样。在正确选择钻头的情况下，其钻进效率取决于钻进规程参数，即：钻压、转速与泵量。

确定金刚石钻进规程参数时，除了考虑机械钻速外，还要充分考虑钻头的寿命问题。因为，钻头费用在钻进成本费用中占有很大部分，所以，判别规程参数的合理与否，主要看机械钻速和金刚石的消耗量。

1. 钻压

金刚石钻进中，钻压既要保证金刚石能有效地切入岩石，又要保证不超过每颗金刚石的允许承载能力。即：作用于钻头上的钻压，应使每粒工作的金刚石与岩石的接触压力既要大于岩石的抗压入强度，又要小于金刚石本身的抗压强度。

2. 转速

金刚石钻进中，钻头转速是决定钻进效率重要参数之一。在一定条件下，转速愈高，则钻速也愈高。

（三）金刚石钻进冲洗的意义

金刚石在破碎岩石过程中，沿着移动方向的功消耗于破碎岩石和克服摩擦上。试验证明，消耗在摩擦上的功是很大的。摩擦功转化为热能可使金刚石强度降低、石墨化而导致早期磨损。按能量转换计算，钻进中在正常钻压、转速情况下，如断绝冷却2min，钻头便烧毁。因此，金刚石钻进时必须充分冷却钻头。

钻进中的钻头，其工作面下的间隙很小，金刚石前面的岩石颗粒被压皱凸起的岩石抬起，对胎体进行削蚀。部分岩屑颗粒被挤压在金刚石下遭到重复破碎，无益地磨损金刚石。被挤压的岩粉还会垫起钻头，阻碍其破碎岩石，这就需要强大的冲洗液把岩粉及时带走并排出孔外。

此外，高速回转的钻具与孔壁激烈摩擦，其摩擦阻力是很大的，这也需要冲洗液来润滑。

（四）金刚石钻进规程参数的配合

金刚石钻进效率随着钻压转速的提高而增长。但是，钻压、转速增加到一定程度时，会导致钻头强烈磨损甚至烧毁。实际钻探工作中，如何掌握确定最优规程参数值，是金刚石钻进的重要课题。

国外钻探科研工作者，为了求得金刚石钻进最优规程参数值，设计了专用试验钻具，在标准花岗岩上用直径46mm的人造金刚石孕镶钻头进行钻进试验。试验中测出以下数据：钻压、钻头转速、冲洗液量、功率、电能消耗、钻速及胎体温度等。

据试验，金刚石钻进存在着两种规程参数："正常规程"与"临界规程"。在正常规程下，钻头胎体温升正常，功率消耗平稳，同时钻头磨损轻微；而在临界规程下，钻头胎体温升将急剧上升，功率消耗剧增，钻头磨损严重，甚至出现烧钻。试验分析了胎体温度与钻压 P 和转速 n 的关系；功率消耗、机械钻速与钻进规程的关系；胎体温度与冲洗液的关系和钻头磨损与钻进规程的关系。通过以上分析得出两点结论：

1. 对于金刚石钻进而言，每种岩石都存在着临界规程，其 P·n 值基本是个常数，可以通过实验测得。也就是说，钻压 P 和转速 n 两个参数之间存在着明显的交互影响，必须同时考虑它们的取值。进入临界规程的主要表现是胎体温度急剧升高，钻头严重磨耗，虽然此时钻速也很高，但可能导致烧钻事故。因此，必须保证钻进生产工艺处在小于临界规程的状态下。

2. 钻进过程中的胎体温度和钻头非正常磨耗是重要的孔内工况指标，但不便于测量。而功率消耗便于在地表检测，又与上述二指标同步进入临界规程，因此可通过测量钻进功率来判断钻进过程正常与否。一旦出现功耗突变，便可发出进入临界规程的报警，这是由凭经验打钻走向科学钻进的一个重大进步。

上述试验还是单一性的，但可以想象，不论什么岩石、什么类型和规格的钻头，都存在着"正常、临界"两种规程参数，故应该进一步推理、计算与充分试验，求得各种条件下的临界参数值，以指导金刚石钻进。

五、冲击、冲击回转钻进

（一）冲击钻进

冲击钻探是利用冲击锥运动的动能产生冲击作用，破碎岩层实现钻进的一种钻探方法。使冲击锥运动的动力有气动、液动和重力。一般指的是重力作用下的冲击钻探。

1. 工作原理

冲击钻探是利用钻头凿刃，周期性地对孔底岩石进行冲击，使岩石受到突然的集中冲击载荷而破碎。为使钻孔保持圆柱状，钻头每冲击孔底一次需转一定角度后再次进行冲击。当孔底岩粉（屑）达到一定数量后，应提出钻头，下入专门的捞砂（屑）工具，将岩粉清除，然后再下入钻头继续冲击破碎岩石。如此反复地进行冲击钻凿，以加深钻孔。

根据所采用的动力不同，冲击钻探可分为人力冲击钻探和机械冲击钻探两种。根据冲击工具的不同，又可分为钢绳冲击钻探和钻杆冲击钻探两类。

2. 冲击钻机

冲击钻机一般利用曲柄摇杆机构或卷扬机提升悬吊在钢丝绳下端的钻具至一定高度，然后在重力作用下下落，对井底产生冲击破碎岩石。钻进效率决定于钻具重量、冲程和冲次。由于钻具下落速度及时间受重力加速度限制，在泥浆中冲程为 1 米时，冲次一般为 40 ~ 50 次，要提高冲程就得降低冲次，反之要提高冲次就得减小冲程，这就限制了冲击钻钻进效率的进一步提高，因此除在风化基岩及卵砾石层中钻进外，一般钻进效率低于正常的回转钻。冲击钻靠抽筒捞取钻屑取岩样，或用击入取样器采取砂土样来了解地层。由于取样时不用像回转钻那样起下装卸钻杆，所以效率不低于回转钻。冲击钻探随着孔深增加钻进效率逐步降低，虽然有用冲击钻深孔的记录，但一般多用于钻凿深度在 300 米以内的井。

（二）冲击回转钻进

此种方法的具体实施是：在回转钻进的钻具中增加一个具有一定冲击频率和冲击能量的冲击器（也称潜孔锤）。在取心钻进时，冲击器安装在岩心管上端；在无岩心钻进时，则直接安装在钻头之上。

六、无岩心钻进

无岩心钻进又称全面钻进，是指在地质勘探的岩心钻探中，不取岩心的钻进。无岩心钻进技术是以全面破碎孔底岩石为特征，通过岩屑录井、物探测井和孔壁取样等手段，进行岩矿研究的一种钻探新技术。无岩心钻进效率高，回次长度大，多用在钻进地表覆盖层，有时也用在可以通过地球物理测井达到了解地层的沉积岩中的钻进。钻进时使用鱼尾钻头、牙轮钻头、刮刀钻头或矛式钻头。目前，无岩心钻探技术主要有两个应用领域：一是矿区的详勘和补勘；二是一些特殊矿种的找矿勘探。

（一）无岩心钻进技术特征

无岩心钻探技术是以全面破碎孔底岩石为特征，通过岩屑录井、物探测井和孔壁取样等手段，进行岩矿研究的一种钻探新技术。由于其钻孔过程中孔底岩石被全部破碎，不采取岩心，故又称其为无岩心钻进、全面钻进。先进、完善的无岩心钻探技术应当具有以下技术特征：1.高效、长寿命无岩心钻头；2.工艺配套性好、防斜能力强的孔内钻具；3.具有强力钻进能力和长行程给进能力的钻机；4.良好的岩属采集系统和编录方法；5.先进的孔内物探测井方法和仪器；6.性能优良的孔壁取样器具。

（二）优越性

无岩心钻进技术之所以能得到人们的重视并加以大力研究和推广应用，主要在于其具有以下优越性：

1. 高效率

无岩心钻探中孔底岩石全面破碎，没有采取岩心辅助工作，故纯钻时间大大提高，台月效率大幅度增长，加上高效钻头的应用，使得这一优越性更为突出。

2. 低成本

无岩心钻探不但因其特有的高效率使得成孔时间和矿区勘探周期大大缩短带来成本的大幅度降低，而且由于起下钻少。劳动力消耗少，钻杆及管材因拧卸造成的损坏少，孔内事故少等原因，带来钻井成本的大幅度降低。

3. 简便易行

无岩心钻探对钻机等设备要求不高。特别是复合钻进中的无岩心钻探，使用一般设备也可进行。对钻进操作技术也无特殊要求，易于掌握。

4. 获取的地质资料准确

先进的无岩心钻进—岩屑录井—物探测井—孔壁取样技术，在铀、金、汞、铜、煤等矿种的勘探上所取得的地下地质资料的准确性，已可以超过普通取心钻进。

（三）应用领域

随着科学技术的发展，也随着人们对一定矿区或一定矿种的研究程度加深，人们已开始注重从唯一依赖取心钻进获取的原状岩样来确定地下矿藏，向由无岩心钻进、岩屑录井、物探测井和孔壁取样等组成的无岩心钻探新技术方向发展。

目前，无岩心钻探技术主要有两个应用领域：一是矿区的详勘和补勘。此时矿体上部岩层的岩性及构造已经探明，钻孔工程目的主要是按一定加密网度穿过矿体，取得矿样。在这种情况下，除对矿体及其顶底板进行取心钻探外，其余孔段都进行无岩心钻探。由于无岩心和取心两种钻探方法并存于同一钻孔中，又称复合钻进法。二是一些特殊矿种的找矿勘探。对矿种如煤、铀、金、汞、铜、地下水等，采用物探测井可获取准确的地下地质资料。故在勘探中除对少量基准孔进行取心钻探外，其余多数钻孔皆采用全孔无岩心钻探。

（四）开展无岩芯钻进必备条件

随着勘探程度的提高，地质人员对地质情况了解越来越清楚，资料掌握的越来越多，在加强地质研究工作的基础上，合理的使用无岩芯钻探工程量，在详精查勘探施工阶段可以设计出部分钻孔和部分层段无岩芯钻探工程量。

钻探施工在满足地质设计要求的情况下开展无岩芯钻进，就是采用技术措施恰当的处理钻探施工中质量和数量辩证统一的关系问题，在钻探施工中有条件无岩芯钻进而采用有芯钻进，则是延缓钻探施工速度，如客观地质条件不具备无岩芯钻进条件，盲目的开展无岩芯钻进，则会给国家造成经济浪费，不顾质量的扩大无岩芯钻进范围的教训是很深刻的。

多年来无岩芯钻进一般都是在于精查勘探阶段进行，而且还必须具备如下地质条件：

1. 无岩芯钻进施工区必须是电测井曲线解释可靠，对煤层分层定厚、区域内依靠测井曲线能进行煤岩对比，能够确定岩层产状。

2. 煤质牌号已经清楚，或经化验已知牌号单一的地区，都可大量开展无岩芯钻进。

凡需要采样化验的钻孔和有专门技术要求的钻孔都不能无岩芯钻进。一般来说无岩芯钻探工程量的多少是根据勘探程度和客观地质条件，主要的还是取决于电测井水平和对煤质的要求程度。

第四节　钻孔弯曲与冲洗

一、钻孔弯曲

（一）钻孔弯曲产生的原因

在钻孔施工时，钻杆柱通常将自转与公转运动共同完成，钻孔轴线就是其围绕中心，此时钻头钻进角度会随着时间而变化。如果倾斜面稳定在某个位置不变动时，钻杆柱只做自转，导致钻具轴线远离设计轴线形成弯曲。下面将从分析钻孔弯曲产生的具体原因。

1. 地质构造原因

地质构造是产生钻孔弯曲的主要原因，地质构造决定了岩层软硬程度，那么必然会对钻孔施工有较大影响，并且地质构造原因通常不可避免，只有提高施工技术来降低其影响。地质构造原因主要包括两方面：一方面是岩石构造因素。岩石自身就有其度的构造特征，不同岩石在层理与片理等方面有很大差别，所以对钻头的阻碍程度也会有所不同，如果是破碎率较低的岩石，钻头会顺着岩层倾斜方向钻入，那么就会形成与层面垂直的钻孔弯曲；另一方面是岩层软硬相互交错。钻孔通常是以锐角穿透层软硬交错的岩层位置，从软岩层穿过硬岩层时，二者的分抗破碎能力有差别，导致钻具向着垂直于层面垂线方向运动，而上方钻具是处于坚硬岩层中，会阻碍钻具偏离，钻头基本上向着原有的方向钻进，这样会导致上下层钻具的钻进方向偏离，形成钻孔弯曲。

2. 技术条件原因

技术原因相对于地质构造原因影响程度较小，是可以通过人为因素来减少的。钻孔施工前，对场地缺少清理及平整等基本工序，导致钻机基础不稳，立轴倾斜，未下孔口管及孔口管方向不标准都会形成钻孔弯曲。钻孔进入时出现钻孔弯曲的技术原因是钻具结构尺寸缺少科学的设计，在实际钻进过程中，考虑到不同条件的需要，钻头直径常常超出钻杆柱直径，此外，在钻进时必然会产生某种程度的扩壁，造成钻具与孔壁间有较大空隙。钻具时刻都在承受着轴向压力，受上述空隙影响，钻孔柱将形成钻孔弯曲。钻具越长，被轴向压力压弯的程度越明显，就更容易形成钻孔弯曲。

3. 工艺条件原因

钻进方法选用有差别必然会导致岩石破碎机理形成有差异的孔壁间隙，产生孔壁间隙最大的是采用钢粒钻，所以形成的钻孔弯曲程度最明显。硬质合金产生的弯曲程度一般，金刚石产生的钻孔弯曲程度最小。钻进参数决定了钻孔的弯曲程度，钻压太大，导致钻具弯曲，钻头会向孔壁侧靠拢，那么钻具和孔壁摩擦阻力加大，钻具不再做公转，钻具有一定的偏离，形成钻孔弯曲。转速太快，钻杆柱离心力也会加大，那么钻具的横向振动就会加大，造成孔壁间隙加大；而转速不够，钻具和孔壁就会研磨，也能增加孔壁间隙。

（二）钻孔弯曲的测量

用专用测量仪器测出钻孔深度、顶角、方位角的数据，经计算、作图，得出钻孔各测点的空间坐标及其轨迹图形。简称测斜。钻孔轨迹是一空间变化的曲线。钻孔轴心线上任一点的空间坐标，由孔深（L）、顶角（θ）、方位角（α）3个参数确定。

1. 测量方法

钻孔顶角是钻孔在其各测点处倾斜方向的垂直平面上偏离铅垂线的角度，可利用地球重力场，以铅垂线为基准，采用液面水平、悬锤、摆锤等方法测量。高精度测量采用闭环式加速度计。钻孔方位角是钻孔水平投影偏离磁北（N）的角度，利用地球磁场、以地球磁子午线为定向基准，用磁罗盘测量。高精度测量采用磁通门。在强磁性矿区的钻孔内，要采用以惯性定向原理的陀螺仪测量。

（1）磁性测斜仪

用磁罗盘测量钻孔方位角的测斜仪，有下列几种类型：①机械锁卡单点测斜仪。这是一种利用机械钟来定时的测斜仪，它可按钻具到达井停留在孔内某点所需的预定时间来锁卡摆锤和罗盘磁针，然后提到地面读出其顶角和方位角读数；②地面控制多点测斜仪。这是一种利用平衡电桥原理的测斜仪。随孔斜变化的探管角度传感器的电阻数值（孔斜数据），可由地面仪器面板上与平衡桥臂电位器同轴转动的度盘指示出来，从而可于探管在孔内移位过程中进行无限多点测量；③单点、多点照相测斜仪。这是一种用孔内照相技术来显示钻孔顶角和方位角的测斜仪。这类仪器常见的测角部件式样有悬锤—磁罗盘式、磁环浮子式等。其测斜数据可由照相底片上，悬锤十字丝或仪器轴线标志，投影在罗盘（有顶角刻度的）面上的位置读出。这类仪器在中国、美国、苏联和欧洲各国等广泛使用。

（2）陀螺测斜仪

利用陀螺的惯性原理来定向的测斜仪。其定向部件是方位陀螺仪，它是利用修正装置、消除地球自转影响的三自由度陀螺仪。自由陀螺仪相对固定坐标系的稳定性（又叫定轴性）和进动规律，是陀螺测斜仪的工作基础。因方位陀螺仪的主轴能保持在水平和初始给定的方位上，所以，可作为钻孔方位角测量的基准。钻孔方位角（α）的测量是由钻孔测量起

点平面 Q（陀螺仪地面定向方位）与钻孔终点平面（Z）（钻孔倾斜方向）间的终点角（φ），根据钻孔顶角数值换算而得。

2. 随钻测量

属实时测量。钻探过程中对孔底顶角、方位角随时进行测量，是及时有效地保证钻孔按正确方向延伸、提高钻探效率、获得更准确资料的先进方法。地面与孔底信息的传输通道有 4 种方法：（1）导线法。如柔杆法、内嵌铜管法、内嵌硬导线法、电缆法等，其中以电缆法应用最广。电缆传输信息的转向仪应用最广。这类仪器由磁通门和加速度计等测量传感器组成，能连续指示钻孔顶角、方位角、工具面向角的变化和其他参数；（2）泥浆脉冲法。它是在钻杆柱泥浆流中，设置受测量传感器控制的扼流阀，流动的泥浆柱受控时，便产生压力脉冲的变化，其信息以脉冲数目编码，或以脉冲振幅、脉冲相位用二进位数制进行编码，由地表压力检测器接收。可用各种传感器，分别测量钻孔顶角、方位角、工具面等参数；（3）电磁波法；（4）声波法。电磁波法和声波法都处在试验阶段，由于信号衰减和噪声干扰，在深钻孔中需用重发器。

（三）钻孔弯曲预防

1. 结合地质构造设计钻孔

根据勘探网确定钻孔位置，保证钻孔垂直于岩层层面及岩层走向。对于那些地质条件不好的地层，因为钻具自重导致斜孔出现垂直方向的弯曲，所以要尽量采用垂直钻孔。对于软硬交错复杂的地层，要求设计钻孔的方向尽量和层理面垂直。

2. 合理安装钻具，提高钻孔质量

在钻具安装前要清理好场地，确保钻具安装时平稳，钻机钻塔要对准，立轴倾角方向要严格按照设计规范安装，倾斜方向要符合设计方位角度要求，此外，在施工过程中要结合钻孔进程适当调整，这样才能保证设计与实践相结合，设计方案只是一草参考方案，具体施工还是由实际条件决定。

3. 选择科学的钻具结构

选择科学的钻具结构，能够为钻具规范的同心度提供保障，增加钻具的韧性，有效降低钻具和孔壁间的空隙，能做到孔底加压，能够达到提升钻具稳定性及导正的目的，优化下部钻具的弯曲倾向，切实起到了预防钻孔弯曲的作用。

（四）钻孔弯曲纠正对策

如果钻孔弯曲程度已经超出允许范围，对后期的工作有很大的不利影响，那么就需要对这些钻孔进行纠正，目前常见的纠正方法有下面几大类。

1. 上漂法纠正

钻具在钻进时会有自然上漂的倾向，上漂法就是将其加以利用，把较大的规格的钻头套在较小一级直径的岩心管构成新形式的钻具，岩心管通常使用短心管，可以结合实际调整钻压和冲洗液量，来增加孔壁间隙，提供钻具上漂条件。

2. 下垂法纠正

下垂法就是所谓的吊着打，就是应用底钻钻进的手段，确保钻具在重力的作用下竖直进入，能有效减少钻孔弯曲。特别是在地质构造偏差条件下使用更为有效，在其他地层，可使用重组式钻具等手段逐步使钻具沿设计钻孔方向下沉。

3. 封孔重开法纠正

如果顶角与方位角存在很大偏离时，普通的纠正方法根本不能起到作用，应该采用封孔重开法进行钻孔弯曲纠正，其具体步骤是在弯曲的钻孔中注入一定量水泥，再用导向钻具重新开孔，这种方法在中硬岩层中有很好的效果。

二、钻孔冲洗

在钻探或钻井工程中，利用水泵或压缩空气机将水或泥浆、空气、充气泥浆、黏性泡沫、雾化泥浆等冲洗介质输入孔（井）内，形成循环流动，以冷却钻头并将钻粉或钻屑携出孔口的作业，称冲洗钻孔。

钻孔中的冲洗介质又称钻探的"血液"。一旦钻孔内冲洗介质停止循环，或者选择不当时，就会发生烧钻，钻进时破碎的岩粉不能及时排除孔外，甚至不能进尺。同时还会发生孔壁坍塌、夹埋钻具等一系列孔内事故。因此正确选择和合理使用冲洗介质是提高钻探效率和降低钻探成本的必要手段。

（一）冲洗介质类型

1. 清水

清水黏度小，因此钻具回转和水泵工作阻力小，液柱压力对阻碍孔底岩石破碎的影响小，故钻进效率较泥浆时高；清水中岩粉容易净化，对钻具和水泵的磨损小；此外清水洗孔成本低，操作方便。因此，在稳固的岩层和钻孔深度不大的漏失地区（水源丰富时）应尽量采用清水洗孔。

2. 泥浆

泥浆是由优质黏土与水混合后（根据不同的地层需要加入一定数量的有机或无机化学处理剂以改善泥浆的性能）所形成的一种胶体悬浮液。在复杂地层钻进时多采用这类冲洗液冲洗钻孔。通过对泥浆性能的调整，能有效地对付涌水、井喷、部分漏失、钻孔缩径、坍塌掉块等许多复杂情况。

3. 乳化液

这类冲洗液为油（机油或重柴油）和乳化剂（即表面活性剂和水）通过强力搅拌配成。它具有良好的润滑、冷却、排粉、减振等性能、它是为适应小口径金刚石钻进而发展起来的冲洗液。

4. 空气

采用压缩空气或高压天然气冲洗钻孔，国内外在石油钻井中应用较多，岩心钻探中也开始使用。由于空气密度小，流速快，有利于孔底清洁和提高钻速。特别是在干旱缺水的地区具有很大的经济意义。纯空气钻进只适用于干燥地层。在潮湿地层易泥包粘卡钻具。如果将高压空气通入一定比例的发泡溶液中形成空气泡沫，空气泡沫能适用于含水地层。

（二）钻孔冲洗方式

为了将岩粉从孔底排除或者是某种取心的需要，根据不同的地层条件，冲洗液在钻孔中可采用不同的循环方式。其循环方式有正循环和反循环，而反循环又包括全孔反循环和孔底局部反循环。

1. 正循环洗孔

冲洗液由水泵输送至高压胶管到水接头，沿钻杆的中空而下，通过钻头的水口，冷却钻头，冲洗孔底，让后带上岩屑沿孔壁与钻具的环状间隙返回地表，流入地面的循环槽中。返回地面的冲洗液在循环系统得到净化后可再压入钻孔重复使用。在多孔隙或裂隙的岩石中钻进时，冲洗液往往会部分或全部漏失，需要向水源箱中补充新的冲洗液。

2. 反循环洗孔

全孔反循环：冲洗液经过水泵的压送，由钻具和孔壁的外环状间隙压入孔内，然后由钻头水口进入钻具和钻杆柱内孔中，将携带上的岩屑返回地表。其循环途径与正循环相反。全孔反循环冲洗钻具只有在某些特殊要求时采用。

孔底反循环：又称局部反循环。它是正、反循环结合的一种循环方式，是在正循环钻具的上部与钻杆之间加了一个喷射式反循环接头，接头以下为反循环，接头以上仍为正循环状态。这种反循环常用于难以取心的松散地层和硬、脆、碎地层，作为提高岩矿心采取率的技术措施之一。

第五节　钻孔护壁与堵漏

一、钻孔护壁

钻探过程中，经常会遇到喀斯特地形以及一些裂隙发育地层，或者在钻进过程中破坏了岩石的力学性质，导致地层压力发生变化，这些都会使得钻孔发生失稳现象。这一现象的发生，会导致其他钻探事故的发生（比如烧钻、卡钻等），钻井液流失，严重时还会导致塌孔、甚至钻孔报废。因此，为了减少钻探事故的发生率，降低钻探成本，有必要对钻孔进行护壁。这就要求我们必须掌握相关的基本原理。

（一）孔壁失稳的原因

造成孔壁失稳的因素，主要是孔壁周围岩石受力不平衡。孔壁周围岩石主要承受静液柱压力、上覆岩石压力、地层压力的作用，在岩土体中进行钻孔后，钻孔周围原岩应力的平衡状态受到破坏，发生变化。在钻井液的作用下，孔壁岩石的应力再次得到平衡。但当钻井液的参数性能发生改变时，钻孔岩石应力又将失去平稳，这就导致了钻孔孔壁的失稳。

（二）孔壁失稳的类型

1. 脆性岩层

当钻孔孔内液柱压力大于地层压力时，由于脆性岩层不具有弹性缓冲，液柱压力对孔壁产生压力，压裂岩层，造成孔壁破坏。而当孔内液柱压力小于地层压力时，岩层将向孔洞释放压力，孔壁岩石因外界缺少抵抗压力，向孔内发生突出变形，形成孔壁坍塌。

2. 塑性岩层

在易产生塑性流动的岩层钻进时，孔内液柱压力不足，或者未采用有效抑制地层膨胀的添加剂时，由于地层沿孔内径向压力大于孔内钻井液液柱压力，导致孔壁岩层向孔内径向变形，引发孔径缩小，造成钻孔缩径以及卡钻等相关事故。

（三）稳定孔壁的基本原理

1. 根据孔壁失稳的机理

要稳定孔壁，可以从不稳定孔壁的特点出发，针对以下三个方面采取相关的技术措施进行处理：（1）根据孔壁岩层的力学性质，建立孔内液柱与岩层之间的压力平衡，以实现钻进过程中的平稳钻进；（2）根据不同岩层失稳的特征，采用不同的护壁材料，调整其组成和参数，达到保护孔壁的目的；（3）选用优质钻井液，采用合理的钻进技术，尽可能地减少钻进过程中破坏压力平衡，确保孔壁的稳定。

2. 孔壁岩层受力情况

欲稳定钻孔孔壁，压力平衡是最有效的方法。想要建立钻孔——地层间的平衡压力，首先就要了解钻孔和地层之间的压力类型。除了静液柱压力（PW）、上覆岩层压力（P0）和孔隙压力（PP）三种主要压力外，还有钻井液环空压力、激动压力、泥页岩的表面水化力以及渗透水化力等压力。由于各种压力的不同作用，在建立平衡时，要注意钻孔静止时、开钻时和起下钻时的各种压力。

3. 孔壁稳定的平衡条件

为建立以上这些平衡条件，我们可以改变一些主观上可以调整的参数性能，如静夜柱压力、环空压力、激动压力等，调整方法：（1）调整钻井液密度和含盐量；（2）选择抑制性的泥浆体系，调节其组成和配方；（3）调节钻井液的粘度、切力、滤失量等。

孔壁压力平衡之后，还需要进行一些护壁措施。正确选用防塌方法和防塌泥浆的类型，有利于控制孔壁的稳定。近几年，随着有机高分子聚合物的应用，防塌的理论和新型防塌泥浆的应用，有了很大的发展。

二、钻孔堵漏

（一）常见钻孔漏失的原因及分类

1. 渗透性漏失

这种多发生在砂类土、碎石土、砂岩及砂砾岩等粗颗粒的未胶结或胶结较差的渗透性良好的地层中，这种漏失主要是孔内压力不平衡造成的，即钻井液的当量循环密度超过了地层压力系数，使钻井液漏入地层。渗透性漏失一般漏失量较小，漏失速度较慢。这种漏失一旦发生，可一直持续到钻井液中固体颗粒被地层孔隙阻挡住，钻井液在地层空隙中逐渐形成泥饼才会停止，否则将一直进行下去。

2. 天然裂缝、溶洞性漏失

钻进过程中遇到天然裂缝和溶洞时，尽管钻井液柱压力很低，也会发生漏失。同样，遇有断层、不整合地层和地层破碎带也会发生不同程度的钻孔漏失。裂隙性漏失的特点是漏失钻井液的数量多，漏失速度大，通常只能用封堵或下套管来解决。

3. 地层被压缩造成的钻孔漏失

钻孔内压力过大，地层会被压出裂缝，造成钻孔漏失。当钻孔内压力与地层压力的压差超过地层的抗张强度和钻孔周围的挤压应力时，地层就会被压出裂缝。钻进过程中多是由于钻井液流变参数不合适，钻进工艺措施或操作不当造成地层压裂而出现漏失。

（二）钻孔漏失的分析判断

1. 从岩层结构判断因为在钻探中，初次漏失往往发生在孔底。发现漏失后，首先应对钻探取上的岩心进行分析，观察接近孔底的岩心是否有裂隙、节理发育或溶蚀等情况，完整程度如何。同时，也可以联系水文地质情况，搞清楚靠近孔底这一层位的岩性，是否是含水层、漏失层和破碎带等。

2. 从钻进过程中判断如果在钻进过程中突然漏失，并伴有钻速突然加快或钻具坠落，则应考虑是否遇到了破碎带、大裂隙或大溶洞。

3. 从孔内水位判断当在不含水地层中发生孔底漏失时，则孔内没有稳定水位，即所谓全孔漏失。当在含水的漏失层中发生孔底漏失，稳定水位与地下水水位一致。而在孔壁产生漏失时，若漏失层为非含水层，则稳定水位将在漏失层之下；若漏失层为含水层，则稳定水位可能在漏失层之上，也可能在漏失层中，根据动水位与稳定水位可以大致判断漏失量。

（三）漏失层位的测定

1. 现场简便测定法

（1）止水测定法利用橡皮胶囊充水把孔内漏失层隔开，来测得漏失层的顶部；（2）隔离压力试验法用逐孔断开泵检查压力变化的办法来判断漏失层底部。

2. 井温测定法

利用低温梯度的突然变化。以电测井温的办法来确定位置。在正常条件下，孔内水的温度总是随孔深增加而逐渐变大的。当有漏失层存在时，往孔内泵入钻井液后，由于钻井液漏入地层，而使漏失层处的井温曲线突变。

3. 钻孔测漏仪（钻孔流量计）

测漏仪可测定钻孔漏失的位置、厚度和漏失量相对大小。其井下部分就是一个涡轮流量计。常用的有 LWJ-73 井内涡轮流量计、JCI-l 型钻孔测漏仪等。

（四）常见堵漏方法

1. 浆液堵漏

（1）钻井液堵漏

①石灰乳泥浆堵漏。在普通泥浆中加入 2% ~ 10% 的熟石灰，还可以加入 1. 5% 的锯末配制成行灰乳泥浆，采用泵入或倒入孔内的方法，静止 2 ~ 4h，即可达到堵漏的目的，此方法适用于中小型漏失。

②冻胶泥浆堵漏。在粘度大于 50S 的泥浆中加入 5% ~ 10% 的水泥或熟石灰，再加入 1.5% ~ 2.5% 的水玻璃，也可加入一定的氧化钙或适量的锯末，即可达至 0 堵漏的目的，

此方法适用于中小型漏失。

③聚丙烯酰胺絮凝浆液堵漏。在原浆中加入 0.1% 左右的 HPAM，并加入 5% ~ 10% 的惰性材料（如锯末、稻子壳等）配置为聚丙烯酰胺絮凝液，将搅好的浆液从孔口灌至漏失部位。灌注后，静候 16h 左右即可扫孔。

（2）水泥堵漏

①水泥堵漏常用材料。水泥浆具有流动性好、易于泵送、凝结时间适当、早期强度和终凝强度高、细度适当（保证能顺利进入岩层的微细裂隙）等特点。常用的水泥为普通硅酸盐水泥、硫铝酸盐地勘水泥，另外，为了改善水泥浆的流动性，改变水泥的凝结时间，提高水泥的强度，节约水泥，缩短灌浆候凝时间，也可在普通水泥中加入添加剂，主要有：减水剂、速凝剂、早强剂、缓凝剂等。

②水泥浆液灌注工艺。

A 水泵灌注法。用水泵将水泥浆直接泵入需灌浆的孔段，这种方法操作方便，不需要特殊的灌浆工具设备，适用于灌浆量大的钻孔，并且可以进行高压灌浆，将浆液压入较小的地层孔隙和裂隙中去。

B 管网灌注法。当钻孔漏水，而地下水位又很低的情况下，可用管柱法灌浆堵漏。

C 灌注器灌注法。大部分灌注器为活塞式。注浆时用钻杆把盛有浆液的灌注器下至漏失层位，开泵送水，利用水压将灌注气排浆阀打开，水泥浆则自动流入井内需要灌注的部位。盛浆管可沿活塞上下滑动，注浆时开动水泵，则高压水经钻杆进入活塞上部，推动盛浆管向上移动时，剪断阀门上的销钉，于是阀门被打开，水泥浆从盛浆管内被活塞挤出。

D 速效混合器灌注法。对于需速凝的浆液应采用速效混合器下入孔内所需地段，使水泥浆与速凝剂按一定比例在孔内混合后注入地层破碎带或裂隙中。

（3）常用化学浆液护壁堵漏

①脲醛树脂浆液堵漏。脲醛树脂是尿素和甲醛水溶液合成的高分子聚合物。是一种水溶性树脂，在酸条件下能迅速凝固成具有一定强度的固结体，由于性能较好，原料易得，成本较低，加工方便，因而广泛用于复杂地层的钻孔护壁堵漏。

②"氰凝"浆液堵漏与护壁。"氰凝"是近十年来用于钻孔护壁堵漏的新型材料。这种材料遇水以后能立即发生化学反应，产生 CO 气体，使浆液发泡，发热膨胀，并最终生成一种不溶于水的有一定强度的泡沫凝胶体。

③随钻系列堵漏剂。随钻系列堵漏剂以刨花楠等植物胶为主要成分，复配聚丙烯酰胺、羧甲基纤维素、腐殖酸盐、羧甲基淀粉、海泡石、凹凸棒石、海带粉、皮革粉等几种成分制造而成。具有护壁效果好，堵漏成功率高，能随钻堵漏的优点，其最大特点是几乎不需停待时间，不影响钻井液的性能，对某些性能还有所改善，如果配合惰性材料堵大漏失会起到更好的效果。除以上三种堵漏剂之外，工程钻探过程中常用的堵漏剂还有水玻璃浆液堵漏、高失水性堵漏剂、凝胶堵漏剂等。

2. 套管堵漏

钻进过程中遇到天然裂缝、溶洞、断层、不整合地层、地层破碎带、级配较差的碎石土、杂填土层时，多发生裂隙性漏失。其漏失速度大、数量多，通常只能用封堵或下入技术套管来解决。不过下入技术套管堵漏方法一般适用于浅部地层堵漏，其深度不宜超过 50m。

第六节　孔内事故的预防与处理

一、孔内事故的危害及预防事故的意义

在钻孔施工过程中，由于种种原因，常常发生各种孔内故障而中断正常钻进，通常把这些故障统称为孔内故障。它首先耽误钻探进尺，推迟施工进度，影响地质材料和矿区储量报告的提交。如果处理不当，还会报废钻探工作量和管材，使钻探成本提高，严重时，还会损坏机器设备，造成人身伤亡事故等严重后果。

孔内事故的发生，一般有主观和客观两个方面的因素。

主观因素主要指操作人员技术不熟练，技术措施不当以及违章作业等。例如，修理水泵时，未将钻具提离孔底一定高度，就容易发生埋钻和夹钻事故；在破碎地层钻进，使用泥浆不当，会加剧钻孔坍塌、掉块而造成卡钻、埋钻事故；硬质合金换钢粒钻进，以及下套管后采用钢粒钻进时，开始如不使用旧钻头、小钢粒，不减少投砂量和水量，就会造成卡钻事故等。

客观因素主要指地质条件复杂和设备、管材质量不好等。例如，岩石节理裂隙发育、流砂、涌水等情况，会使钻孔坍塌、掉块和出现探头石；高岭土、绿泥石等塑性岩石常常遇水膨胀而使钻孔缩径；钻探设备、管材质量不好，也常常容易造成孔内事故。

孔内事故是提高钻进效率，保证工程质量、安全生产和降低钻探成本的大敌。我们钻探工作者与孔内事故做斗争，应积极采取以"预防为主，处理为辅"的方针，把事故杜绝于发生之前。实践证明，只要思想重视，严格遵守操作规程和采取有效的预防措施，就能把孔内事故发生率降至最低，甚至完全杜绝孔内事故。

二、孔内事故分类与处理原则

（一）孔内事故的分类

孔内事故可分人为的和自然的两类，实际上，绝大多数事故的发生都与人为因素有关，纯自然事故是比较少见的。

人为事故，指事故发生的主要原因是操作者没有严格按钻探操作规程作业，没有根据

生产的具体情况采取相应的技术措施而造成的事故。如：钻具折断、烧钻、岩粉埋钻等事故，都属于人为的。

自然事故，主要指有地质条件等客观因素而造成的事故。这种客观因素，或者是我们事先无法掌握，或者即使我们事先掌握了，采取的相应措施很难收效而难以避免事故。如：严重孔壁坍塌引起的埋钻事故；严重破碎地层引起的掉块挤夹事故等，都属于自然事故。

根据孔内事故发生的具体原因及现象，可分为埋钻事故；烧钻事故；挤夹、卡钻事故；钻具折断、脱落和跑钻事故；工具、物件落入事故以及套管事故 6 种类型。

（二）处理孔内事故的基本原则

孔内事故发生在钻孔中，眼睛不能直接观察，手又不能直接接触，只能靠间接标志去判断事故的情况，靠专用工具去处理孔内事故。如果判断准确，选用的方法合适，处理工具恰当，则很快即可排除而恢复正常生产。否则，处理不当，可能出现双重事故，使事故进一步恶化。

因此，掌握好处理孔内事故的基本原则使十分重要的。

1. 事故发生后，要弄清以下几个情况：

（1）事故部位要清事故发生后，要根据机上余尺或提出来的断头钻具，精确计算事故部位的孔深，确定打捞钻具的长度。

（2）事故头要清根据提出孔外的钻具和其他有关的标志，弄清事故头是钻具的哪一部分，口径多大，损坏变形的程度如何，必要时可以采用打印法查明，以确定处理方法和打捞工具。

（3）孔内情况要清弄清发生事故钻具的结构（规格、种类、数量），钻孔结构，孔内岩石性质，孔壁稳定程度，岩粉和钻粉多少，有无暗管和其他残留物，以及事故发生过程和起初的征兆（如冲洗液循环情况、钻具回转阻力，动力机声音变化、操作者的感觉等），这些都是判断事故情节和确定处理方法及步骤的重要依据。

2. 处理事故前要慎重地做好以下两项工作

（1）弄清上述情况后，发动群众，发扬技术民主，开好事故分析会，认真分析研究事故发生情况、事故性质、事故原因，慎重制定事故的处理方法、步骤和安全措施。

（2）根据处理方法与步骤，慎重地选择和检查打捞工具。

3. 处理事故中，要做到快、稳、准、勤

（1）处理事故的方案和方法确定以后，组织工作要迅速落实，处理事故作业的动作要快，操作要稳、准，不要忙乱和蛮干。总之，要抓紧实践，及时排除，避免事故恶化。

（2）勤了解和分析事故的实际变化情况。在实践中验证原来所制定的方案是否正确，根据事故情节的变化，适当修改处理方案。

（3）所用打捞工具和处理中的各种情况，应立即填入报表，并准确如实交接清楚。

4. 事故排除后，应详细讨论造成事故的原因，总结经验，吸取教训，以防止类似事故再度发生。

三、处理孔内事故的基本方法

孔内事故的具体处理方法，主要依附事故的具体情况来确定。由于事故的性质、类型、情节、以及当时各方面的条件都是各不相同的，所以，采用的处理方法也不一样。常用的基本方法和工具，归纳起来，可以分为以下几点：

（一）捞

用各种类型的丝锥和捞管器打捞孔内事故钻具。

用丝锥打捞，是借助自身硬度大的丝扣，对孔内钻具的断头重新套扣，并与其接合而打捞上来。在一般情况下，用正丝钻杆和正丝锥打捞折断或脱落事故钻具。在处理卡钻、夹钻、埋钻、烧钻等引起的折断和脱落时，如果事故钻具提升阻力很大，不易提拔时，应采用反丝钻杆和反丝丝锥捞取。

丝锥分公锥和母锥两种类型。打捞钻杆及其接头时，根据不同情况可用公锥或母锥。打捞套管、岩心管时只能用公锥。

用丝锥进行打捞时，必须注意检查与事故钻具是否吻合；本身有无伤裂缺陷；连接用的钻杆和接头是否坚固，不合格者不能使用。

水压捞管器，是由冲洗液的压力，推动活塞杆向下，迫使装在其上的三块齿瓦沿外壳下部锥形体的滑槽下行，并张紧在套管内壁上。然后，上提与捞管器连接的钻杆，则椎体上行，使卡瓦可靠地卡死在套管内壁，将事故套管提捞上来。如果提拔无效，则将钻杆下压，锥形体下行，齿瓦即可收缩，安全取出捞管器。

当岩心管脱落孔内，或是套管脱节，因岩心管或套管丝扣损坏，丝扣不能吃扣时，采用岩心管卡取器捞取更为适用。卡取器可带卡料至卡取位置，卡取时开泵将卡料准确可靠的投放到预定位置。

打捞其他事故物件，如断脱在孔内的电缆、钢丝绳、工具等，则采用捞矛、抓筒、磁铁打捞器或其他专用打捞工具。将在后面有关章节中叙述。

（二）提

用丝锥或其他打捞工具对上事故钻具后，一般用升降机提拉，即可将事故钻具提出孔外。

发生卡钻、埋钻、夹钻等事故时，都要先用升降机提拉。如果事故较复杂，提拉阻力较大时，在设备负荷允许的情况下，可用双绳或三绳复式滑轮系统强力提拉。

用升降机提拉时，用力不要过猛，要逐渐积蓄力量，在提升设备的安全负荷允许范围内，进行有效的提拉，提拉事故钻具时，有时不仅要向上提拉，当提拉到一定高度后，还可靠钻具自重向下回送，这样反复串动，决不能死拉。发生掉块或掉物件卡钻时，事故钻具往往有一定活动距离，即可用此法将事故钻具逐渐提出孔口。

（三）扫

事故钻具在孔内某孔段遇阻，超出这孔段就不能提升或下降，但钻具能够回转或上下活动。遇此情况，可开车回转钻具，向上或向下扫，把挤夹物扫碎或挤入孔壁，使事故钻具能够顺利提升或下降。

（四）冲

用冲洗液冲洗事故钻具上部或周围的障碍物。当发生埋钻和夹钻事故时，如用升降机起拔无效，可用增加冲洗液量进行强力冲孔的办法排除埋挤的障碍物。一般不太严重的埋钻和夹钻事故，经强力冲洗后，再进行起拔，即可排除。所以发生孔内事故后，不要停止冲洗液循环，已经中断循环的应当尽可能地恢复循环。

（五）打

用吊锤或震动器，冲击和震动卡钻事故钻具。消除或减少事故钻具周围的挤压力，以使事故钻具松动或上下串动进而解卡。此法一般用于浅孔或中深孔浅部的掉块或钢粒挤夹事故较为有效。

冲打钻具，有向上打或向下打两种。当钻具在孔底被挤夹时，必须向上打；钻具悬空挤夹时，应向下打。向上打时，应将钻具用升降机吊紧，以增加冲击效果。

钻探常用的吊锤有 100 和 50kg 两种。

（六）顶

用千斤顶起拔事故钻具。千斤顶起拔的能力比升降机大得多。适用于阻力较大的卡钻、挤夹钻和烧钻事故。

用千斤顶起拔时一种静力作用，顶时不要用力过猛，上顶速度不宜过快，以免事故钻具顶断而造成插钎，使事故复杂化。因此，每顶起 100 ~ 200mm，应停顿一下，缓慢地增加力量，使作用力充分传到孔底事故钻具上。

钻探常用的千斤顶有螺旋千斤顶和油压千斤顶两种。螺旋千斤顶时利用丝杠旋转的力量强力起拔事故钻具。油压千斤顶是运用油泵、油缸，利用油压起拔。油压千斤顶具有劳动强度低，操作安全可靠，起拔力大等特点。油压千斤顶又分为手动和机动两种。

以上处理事故的方法，都是力图将事故钻具完整地由孔内提出，但在某些情况下，往往很难做到一次将事故钻具完全提出钻孔，常常需要分段处理。此时可用下述几种方法排除。

（七）反

通过粗径钻具上部的反事故接头或采用反丝钻杆和反丝丝锥，将事故钻具分若干段分次从孔内反取上来。反取了全部钻杆，就给进一步处理下部粗径钻具创造了有利条件。如果粗径钻具上面埋挤的障碍物较多，还需用特质的导向钻具进行"冲""扫"，减轻对事故钻具的挤夹；尤其是反取带有取粉管和短钻杆的粗径钻具，往往阻力较大，应采取措施减少阻力。

反取孔内事故钻具，体力劳动强度大，且易发生钳把伤人。为了避免钳把反转伤人，宜采用棘轮式反管器或钢丝绳反管法，以确保工作安全。

1. 棘轮式反管器反管

反管时，两把反管器同时使用。首先将方钻杆连接在孔口的钻杆上，然后分别将下反管器和上反管器套在方钻杆上，为便于操作，上、下反管器间放置垫管，操作时扳动上反管器把手，便由反钻杆带动钻杆反转。松开上反管器时，由于下反管器的棘轮卡及把手靠在机架上，起到了制动作用，使事故钻具只能随同方钻杆左旋而不能右旋。这样连续扳动上反管器把手，当反转力达到一定程度时，述古钻杆便从某一处卸开。

2. 钢丝绳反管法安装及使用方法

将镶有卡瓦的夹板卡紧在约距孔口台 100mm 的被反钻杆上。把卷筒套在钻杆外面并座在夹板上，于四角铁塔的前左后右（或前右后左）两塔腿下部各安装一个导向滑轮，使其与卷筒水平。把反管钢丝绳（直径 16mm，长 30mm 左右）折成双股，U 形折头挂在夹板凹槽中，然后根据反管需要的方向把双钢丝绳在卷筒由上而下的缠绕，最后把两个绳头分别穿过两个导向滑轮，并用绳卡连接。用 U 形环挂起牵引钢丝绳，用提引器吊住钻杆，开动升降机提拉。

此时，升降机的提拉力量，通过天车、游动滑轮和 V 形挂环提动提引钢丝绳，然后通过两个导向滑轮传到卷筒和夹板，再通过卡瓦传到钻杆。由这些绳具组成的反管系统，只要升降机一开动，卷筒上的两条钢丝绳即成力偶一样，反向受力，被卡的钻具即被反开。

利用此法的优点是，升降机的功能比人力大很多，事故钻具一般都可以权益反开，而且操作安全。另外，在反管的同时，由于钻具上头被游动滑轮挂住而拉紧，可以起到中和点反管的作用，每次反出的根数也较多。

为了尽可能一次将事故钻杆全部返回，可采用下列两项措施。

（1）尽量把中和点控制在粗径上端。所谓中和点，就是指钻杆柱在钻进和提升时即不受拉，又不受压的部位。例如减压钻进时，钻杆上部手拉；下部处于加压状态受压，而受拉力与受压力的分界点，就时中和点。处理事故时，钻杆柱被向上提拉，而孔内阻力可视为把钻杆往下拉，而上拉与下拉的分界点，也是中和点。因为中和点即不受拉又不受压，所以丝扣易于反脱。因此，除钢丝绳反管法外，用其他方法反管时，都有可能把中和点控制在粗径与钻杆连接部分，这样就可能一次将事故钻杆全部反出。在缺乏反丝钻杆的情况下，采用正丝钻杆反正丝事故钻具，利用中和点反取就更为便利。

如何找中和点，主要看卡紧事故钻具拉力多大才合适。而拉力大小可由钻杆的拉长来推断。根据实践经验，每 100 米 Φ50mm 钻杆拉长 3 ~ 3.5cm 时的拉力比较恰当，基本上能够反回粗径以上的全部钻杆。

（2）利用易反接头（反事故接头、安全接头）在粗径钻具与钻杆之间加一易反接头。由于易反接头的扣型大（1 英寸 2 扣），容易拧卸，在孔内发生事故拉不动时，可以在大扣部分反回，将全部钻杆提出孔外。易反接头分上下两个部分，中间用方扣连接，全部用优质碳素钢（45 ~ 60 号）制成。

（八）炸

用炸药炸断事故钻杆或震松事故套管，然后提出钻孔。采用此法，比用反管法处理的效率高得多，既减少反丝钻杆的运输，节省大量钢材，又减轻钻探人员繁重的体力劳动，同时还比较安全。

钻杆内爆破的方法，是利用胶质炸药（硝化甘油炸药）和电雷管，装在一个外径小于锁接头的长筒内，用胶质导线从钻杆内部下入需炸位置，在地面连接电源起爆，将钻杆炸断并提出。炸药包外径应根据钻杆锁接头内径和钻杆内加厚部分的内径来决定。通常 Φ50mm 钻杆采用的药包直径最小为 17mm，最大为 25mm。地表试验与孔内实炸时的炸药，药包外径 17 ~ 25mm，长度为 200 ~ 250mm，爆炸成功率占 95% 以上。

起爆电雷管为 8 号（防水）激发电雷管，每个药包中装 1 ~ 2 个。为了防止炸药和雷管受潮，药包应当密封。常用的封闭物为皮带蜡和松香。导线为细尼龙电缆或防水胶线，要求其绝缘性良好，抗拉力强。电源用 12 ~ 22V。交流或直流电均可。导线与雷管接头出必须用胶布裹实，以防浸水短路。在炸药上部装以 10 ~ 15mm 厚的绝缘物（细干土）隔热，以防受热发生意外。把药包垂直插入冷水或粘土中，再将熔化冷却可流动的封闭物分次少量注入筒内，待注满尚未凝固之前，旋紧丝堵即可。为使药包顺利到达需炸位置，下端悬挂与药包直径相同的重锤。

操作时应首先选定需炸位置，一般最好悬在锁接头连接钻杆之处，计算并量好导线，连接重锤。先从钻杆内试探，确定事故钻具，锁接头最小内径，以便选用相应的药包直径。然后，检查通电孔内需炸位置。将孔内钻杆挂上提引器，用升降器吊紧，以免钻杆炸断后斜插。最后，接通电源起爆，起爆后，切断电源，提出导线，拉上事故钻杆。

如果炸断后断头不规矩，则应用专用工具下入孔内，进行收拢断头工作，再作下步处理。

如用炸的方法，处理孔内套管卡夹事故，应将炸药包置于套管斜下部。起爆后，使套管下部松动，以便提出孔外。一般炸药量为 0.5 ~ 1.0kgf。可用硝铵炸药，但药包需密封防水。

（九）透

孔内的事故钻具经爆炸或反取处理后，只剩下粗径钻具，且周围挤夹力较大时，可用小一级或小二级的钻头从粗径钻具内往下透孔，透过钻头 1 ~ 2m 为止。由于钻具的震动，可减轻或消除事故钻具侧旁的挤夹力，然后再用丝锥捞取。

此法亦叫掏心钻进，在钻头或岩心管挤夹部位不高或挤夹不严重的情况下使用。

如经过小径透过的岩心管丝锥捞取无效，则可考虑用分段切割或消灭的办法处理。条件许可时亦可换小一级口径继续钻进。

（十）扩

孔内事故钻进经爆破或反取处理以后，只剩下短钻杆和粗径钻具，且周围挤夹力较大时，可用大一级岩心管连接只有外刃和底刃的薄壁硬质合金钻头进行扩孔套取。一般情况下，扩孔到底后，事故钻具可随扩孔岩心管一起被带上来。如带不上来可用丝锥捞取。

（十一）割

当事故岩心管以上的异径接头已被返回，剩下的岩心管和钻头阻力较大时，可用割管器分段割断，再用公锥捞取。

常用的割管器有水压割管器、离心割管器和简易割管器。水压割管器的工作原理是通过水泵冲洗液的压力，推动割刀壳体内的活塞向下移动，于是弹簧被压缩，连接在活塞下端的锥形推杆把可到推出，在钻具回转下切割事故岩心管或套管。不断回转切割器，割刀在泵压作用下不断伸出，一旦管子被割断，出水孔全部露出，泵压明显下降，此时割断全部伸出。管子被割断后，关泵，则活塞被弹簧反伸张力推到原来位置而隔离割刀，割刀即被弹簧片拉回。

离心割管器和简易割管器都具有构造简单，加工容易，操作方便，使用效果良好等优点。

（十二）劈

用环状切铁钻头劈开事故岩心管和钻头，然后用岩心管套取或用抓筒取残片。劈比磨处理得快，但劈时要特别注意，每次要按原劈口延续下去，此法副作用大，应当慎用。

（十三）磨

用特质的切铁钻头，将事故钻具从上到下象车刀切削工件一样全部磨完。

磨钻杆接头或钻杆时，通常采用平面切铁钻头。磨岩心管或套管时，则用环状切铁钻头。为了平稳地进行磨削，环状切铁钻头一般都带有导向器。

四、埋钻事故的预防与处理

钻具在孔内被岩粉、钻粉沉埋或被孔壁坍塌物、流砂等埋住，不能转动，不能提升，也不能通水时，叫埋钻事故。

埋钻事故往往发生在孔底，陷埋物不仅填盖在钻具上部，而且填满在钻具周围。单纯的埋钻事故较少，多因其他钻具事故，处理时间较长而引起埋钻事故，其中钻粉事故的情节较为严重。

（一）埋钻事故的原因

1. 孔壁垮塌引起孔壁垮塌的因素是

（1）岩层本身松散破碎、胶结薄弱，例如严重的风化层、松软的煤层、流砂层等。钻孔穿过这些岩层时又未采取有效的护壁措施。

（2）泥浆质量不符合要求，如失水量大，含砂量高，泥皮厚而疏松，未起到保护孔壁的作用。

（3）钻具受压过重，成弯曲状态，转动后发生剧烈振动。碰击孔壁。

（4）在松散岩层中冲洗液流速过高，将孔壁冲毁后，钻孔超径，上升的冲洗液在此形成涡流，对孔壁产生严重冲刷，引起松散岩层的塌陷。

（5）随着冲洗液的大量渗漏，冲洗液渗入岩层裂隙与孔壁裂隙，促使岩石膨胀、位移和解体。在孔内无液柱反压力平衡的情况下，很容易造成坍塌。

2. 岩粉沉淀钻孔中大量岩粉沉淀的原因在于

（1）所钻的岩石松软，进尺速度快，产生大量岩粉，未能迅速而及时地排除。

（2）泥浆质量差，胶体率差，切力不够，对岩粉悬浮和携出能力差。

（3）水泵工作不正常，排出的冲洗液量不足。

（4）钻杆接头部分漏水严重，冲洗液未到达孔底即返回地表。

（5）停泵时间较长，而钻具有未提高至安全孔段。

（6）孔内岩粉很多，没有专门捞渣。

3. 钻粉聚集孔底钻粉大量聚集可能在下述情况下发生

（1）钢粒钻进时投砂量过多，送水量太小，钻粉已经较多时又未及时捞取或排出。

（2）钢粒钻进时岩石由硬变软，未减少投砂量，使孔内钻粉增多。

（3）钢粒钻进换硬质合金钻进时，因钻粉捞取不净，造成在小孔径内埋挤粗径钻具。

（4）钢粒钻进换径时，由于冲洗液上升流速在换径处突然减低，会引起钻粉沉淀埋钻。

4. 发生埋钻前有如下征兆

（1）埋钻前，下钻不能到底，钻进中钻具回转阻力增大。时有憋车的现象，提动、回转钻具，阻力略微减轻，但接着阻力又增大；（2）开始有些堵水，继而产生严重憋泵现象，随着孔口就不返水，时间愈长，事故情节与愈恶化。

（二）埋钻事故的预防

1. 钻孔穿过松散破碎、容易坍塌的岩层或流砂层时，一定要采取有效的护壁措施。一般采用比重较大，失水量低，粘度适宜的泥浆就能解决问题，必要时还得使用粘土球固壁、水泥固壁，直至下套管护孔。

2. 加强泥浆管理应经常检查泥浆的性能指标，必要时要进行就能调整。污染后要及时更换新鲜泥浆，循环槽、水源箱、沉淀箱等应经常清理。

3. 保持水泵有足够的泵量、泵压。当泵量、泵压不足时，不能凑合钻进。钻进中应避免冲洗液循环中断，尤其是钻进砂层、松软岩层更应特别注意。提钻前，应先冲孔，使孔内岩粉排除干净，待提出机上钻杆后，方能停泵。

4. 钻具在孔内时不能停止冲洗液循环。因故修理水泵时，必须把钻具提至安全孔段。

5. 钢粒钻进时必须带取粉管。回次开始和终了都要用大泵量冲孔。当孔内岩、钻粉超过 0.3m 时，应专门捞粉。在孔底岩粉较多的欠款下，每次下钻至空底有一定距离时，即应开泵，边冲洗边扫孔，切忌一下到底。

6. 钢粒钻进时要正确掌握投砂量和送水量。钢粒钻进换硬质合金钻进以及钢粒钻进换径时，孔底钻粉必须捞取干净。

7. 处理其他事故时，防止同时发生埋钻事故。当发生卡钻、跑钻、断钻杆等事故时，如果冲洗液尚能循环，千万不要立即停泵，而应首先冲孔，再进行处理。如不能循环，应加速排除上述事故，以免钻具在孔内放置过久而埋线。

8. 为了防止不稳定孔段岩层坍塌，提钻时应向孔内回灌冲洗液。

（三）埋钻事故的处理

埋钻事故用强拉硬顶的方法往往不能收效。排除这类事故往往采取以下措施：

1. 首先进行强力开泵冲孔，以求用冲洗液冲散坍塌物，并排出孔外。在强力开泵情况下串动钻具，并逐步扩大串动的范围。对于不太严重的埋钻事故。这样处理往往可以排除。

2. 若填埋很厚，其程度比较严重，经上述方法处理无效时，可将填埋物以上的钻杆反上来，然后下入同径钻具送水钻进。待将填埋物钻掉，并冲洗干净用丝锥捞取事故钻具。

3. 如捞取不动时，可把岩心管、异径接头以上的钻杆全部返回，再用透空的方法处理。

4. 经以上方法处理仍不收效。最后只有采取割、磨的方法处理。如条件允许，亦可换小一级的孔径钻进。

五、烧钻事故的预防与处理

在钻进过程中由于孔底冲洗液不足，钻头冷却不良，岩粉排除不畅，钻头与孔壁、岩心和岩粉摩擦产生高热，使钻头、孔壁岩层、岩心烧结为一体。此时冲洗液循环中止，钻具不能回转，也不能提动。这种孔内事故称为烧钻事故。

烧钻事故可发生在金刚石钻进、硬质合金钻进和钢粒反循环钻进中。特别是金刚石钻进，钻头与孔壁、岩心的间隙很小，而转速又快，操作时一旦粗心大意，很容易出现烧钻事故。轻者烧毁钻头使金刚石全部损失；重则由于处理事故还要破坏双层岩心管，损坏管材，甚至报废钻孔。

（一）烧钻事故的原因

生产实践证明，造成烧钻的关键是钻进时孔底冲洗液供给不足或冲洗液完全中断，即主要是水泵和操作两个方面的原因。

1. 水泵方面的原因水泵工作不正常，送水量小或不送水，降低了冲洗液对钻头的冷却作用，造成烧钻事故。这种情况时是因为

（1）水源箱中水位下降，莲蓬头露出水面，未及时发现。

（2）莲蓬头被岩粉和其他杂物堵塞，未及时消除。

（3）给水管道堵塞，未及时发现和排除。

（4）吸水管路中有空气，或进水管、泵壳、缸套、压盖等部分漏气。

（5）进水阀或排水阀磨损过度；阀门弹簧失去弹性或折断；阀门座被吸入杂物段主而未及时清理、更换损坏零件和排除故障。

（6）活塞胶皮碗或缸套过于磨损。未及时更换。

（7）吸水高度太大，吸水管道太长或直径太小。

（8）传动皮带打滑或离合器打滑。

（9）排水阀门未完全打开。

（10）塞线磨损或填料过松漏水。

2. 操作方面的原因

（1）钻进软、塑性岩层时，钻头刚下到孔底就加高压进行钻进，造成钻头压入岩层过深，水路不能通畅。

（2）岩层由硬变软时，进尺速度变快，如不同时加大泵量或控制钻进速度，岩粉不能很好排出。越聚越多，循环条件越来越坏，先是糊钻，后是完全堵死，最后成为干钻。摩擦产生高热，将钻头烧在底孔。

（3）钻杆因丝扣磨损而破裂，或丝扣连接不严而漏水，下钻前位经检查和更换，造成中途漏水，使孔底冲洗液供给不足。

（4）钻杆或双重岩心管接头水路被杂物堵塞，造成水路不通。

（5）硬质合金钻头内外出刃及水口太小，水槽过浅，使冲洗液循环不畅。特别时钻进塑性岩石时，会产生泥包现象，堵死水路。

（6）金刚石内外出刃磨损过度，水路不合要求，在转速很高的情况下摩擦产生高热，得不到很好的冷却。

（7）钻进时岩心堵塞，冲洗液不能全部送到孔底，未及时处理或提钻。岩心堵塞往往是导致烧钻的重要原因。

（8）使用孔底反循环钻进，由于反循环水路堵塞，喷射器抽吸冲洗液的作用减弱，甚至完全停止成为干钻，加至孔底岩粉大量堆积，而发生烧钻。

（9）扫孔速度太快。钻头插入岩粉，水路堵死。

（二）烧钻事故的征兆

烧钻事故发生前常有如下征兆

1. 进尺很慢或不进尺

2. 严重整水，泵压猛增。高压胶管整劲跳动厉害，水泵压力表指针突然升高。

3. 孔内钻具阻力很大，扭矩表指针急剧上升。

4. 动力机负荷增大，发生与正常运转不同的声音。传动皮带跳动厉害，夜间照明电灯忽明忽暗。

5. 水泵往复次数减少。

6. 提动钻具困难一旦烧钻以后，既开不动车，又提不动钻具。

（三）烧钻事故的预防

烧钻时比较严重的孔内事故，在钻进过程中应当采取积极的预防措施，尽量防止烧钻事故的发生。

1. 做好水泵的维修保养和冲洗液的管理工作严重磨损的水泵零部件要及时更换，吸水管路要畅通，不漏水、不漏气，保证水泵送水正常。要定期清理冲洗液循环系统，保持冲洗液清洁。

2. 认真检查钻具。下钻前要认真检查双管接头水眼是否畅通，钻头、扩孔器、卡簧座等水路是否合乎要求；检查钻杆接头丝扣的磨损情况，磨损严重的要及时更换；新加钻杆时，要检查钻杆接头内裤是否堵塞，有无破裂现象，严禁使用内孔不通，半通或破裂的钻杆；特别时金刚石钻进，下钻时必须在接头处缠棉纱，或加密封圈，防止跑水。

3. 保持孔内清洁。每次下降钻具应根据孔内岩粉的多少，离孔底一定距离先开泵冲洗，然后开车扫孔。孔内岩粉超过 0.3m，应专程捞粉。

4. 要及时发现和处理岩心堵塞。根据送水量和泵量变化，钻进速度的快慢等情况，一旦发现岩心堵塞，应及时处理；凡水泵整泵，应立即起钻；硬质合金钻进时，发现岩心堵塞，但不整泵，可稍微上下提动钻具（管内堵塞一般无效）或将钻头稍微提高孔底。用慢车空转 1 ~ 2 分钟，或适当加大钻压，强迫钻头进尺顶活岩心，无效则立即提钻；金刚石钻进发生岩心堵塞时，不得用大钻压、高转速处理，要立即提钻。

5. 操作人员要集中精力应做到眼观六路、耳听八方，观察各种仪表显示的数据及机械、皮带、胶管等运转情况，发现异常，有烧钻危险，应及时处理。

（四）烧钻事故的处理

烧钻事故发生后，应及时处理。若孔内不清洁，往往易造成烧钻加埋钻双重事故，当及时发现烧钻且程度较轻，孔内较清洁时，应立即采用升降机强力起拔。强拉时，不要死拉，即边开车边拉。如提拉不动，再用千斤顶起拔。

严重的烧钻事故，用升降机提拉和千斤顶起拔往往无效。一般应先反回钻杆和异径接头，然后再用割、扩孔套取、劈、磨等方法进行处理。

在金刚石单动双管钻进发生烧钻时，通常先反出全部钻杆，然后将内管取上来，再进行掏心，最后用公锥捞取外管及扩孔器和钻头。如果捞不上来，则采取分段割取或消灭的办法处理。处理的操作过程如下述。

1. 反掉钻杆，反掉岩心管接头，取出内管

（1）根据孔内钻具的情况合理选用打捞工具。如孔内事故头时内丝钻杆就应下反丝公锥，是外平钻杆接头就应下反丝母锥。

（2）根据反钻杆的情况，分析岩心管接头是否能反开。如没把握反开，可采用"剥皮"的方法处理。即是用钻头将岩心管接头切掉一层，"剥皮"的高度要掌握好，千万不能切到丝扣以下，否则，用公锥取锥的时候，内管弹子盘跟着转动，无法吃扣。"剥皮"以后，用同径母锥打捞岩心管接头和内管。

2. 掏心、打小眼

（1）打小眼钻杆要直，小眼钻头要小于短管内径 4 ~ 6mm。如 Φ56mm 钻具的短管内径为 40mm，小眼钻头的内径只需 36mm 或 34mm 即可。

（2）打小眼压力要轻，水要畅通，转速不宜过快。小眼钻进实践不宜过长，以防折断小眼钻头，或造成两套卡在一起的事故。

（3）将扩孔器和钻头内的岩心掏净，并钻进一段后，起上掏心钻具。体钻时不能提前关泵，待机上钻杆拉出孔口方可关泵。

（4）下公锥捞取外管、扩孔器和钻头。如已捞上来，则要用磨孔钻头将残留在孔内的胎体碎块磨掉，才能继续钻进。如捞不上来，则分段割取。

3. 分段割取用离心式割刀取割，割时钻杆弯一点就、即可。钻杆直径越小越好，可采用 Φ33.5mm 钻杆制作的离心式割刀取割 Φ64mm 的岩心管；Φ42mm 钻杆去割 Φ73mm 的岩心管

如果割断了还取不出，说明钻具在孔底又烧又卡。可再用弯钻杆下去震击一下，以求松动，继续打捞。无效时，最后采取消灭处理。

4. 消灭岩心管

（1）使用带导向器的环状切铁钻头磨灭岩心管时，导向器的长度和直径要合适。长度过大会折断导向器件，掉入孔内使事故复杂化；长度过小起不到导向作用，一般以10cm 为宜。直径要与被消灭的岩心管相适应，要求刚好套在岩心管内。

（2）消灭时，压力不能过大，转速可根据孔内情况适当开快，防止钻偏。

（3）孔深数据要准确，磨到扩孔器时，不能再消灭，要进行捞渣，打小眼。最后用公锥捞取扩孔器和钻头。

六、钻具挤夹、卡阻事故的预防与处理

所谓钻具挤夹、卡阻就是常说的夹钻和卡钻。夹钻则是粗径钻具侧部在孔内被夹持住，既提不上来，又不能回转，而且冲洗液不能畅通，多数情况下又蹩水现象。卡钻往往是粗径钻具顶部在孔内卡住，提不上来，回转时有阻力，甚至发生蹩车和卡死，但一般能通水。

（一）事故发生的原因

发生钻具挤夹，卡阻事故的主要原因有以下几个方面：

1. 孔壁岩石掉块，岩层滑移和错动当钻孔穿过不稳定地层，由于破坏了地层的平衡状态，孔壁发生变形，不坚固和不稳定部分就像钻孔中心产生位移。轻者表现为错动和位移；重则发展为掉块、探头石出露和垮塌。两者都会造成夹钻和卡钻，由于孔壁不稳定所引起的夹钻和卡钻事故。

此外，引起孔壁不稳定而造成夹钻和卡钻的因素有：

（1）钻进时，由于钻具稳定性差，回转对孔壁产生"敲邦"现象；加上冲洗液的冲刷，增加了掉块和探头石夹钻和卡钻的可能性。

（2）钻进中泥浆质量变坏，未及时调整，尤其是失水量大，会造成泥皮脱落和不稳定岩层坍塌掉块而卡夹钻具。

（3）在破碎地层钻进，盲目采用大压力、高转数。都会增加掉块造成夹钻、卡钻的可能性。

（4）扫脱落岩心或扩孔时，操作不正确，使孔壁遭到破坏，加剧了坍塌、掉块。

2. 岩层遇水膨胀，孔径收缩当钻孔穿过塑性大的或胶结性差的岩层，如黏土层、泥岩、风化页岩、粘性较高的煤层等。由于冲洗液侵入或岩层吸收水分，造成膨胀而增大体积，向钻孔中心收缩，形成缩径。当钻孔缩径较严重时，便把钻具挤夹和卡阻在缩径孔段。

3. 钢粒或碎硬质合金挤夹钻具可能有以下四种情况：

（1）钢粒钻进或硬质合金钻进换为金刚石钻进时，孔底残留钢粒或碎合金未捞取干净，待钻进一段后，残余钢粒或碎硬质合金会掉了下来，造成钻具夹卡。

（2）由钢粒钻进换硬质合金钻进时，如果孔底钢粒未捞取干净，一段冲洗液量不足，或停止循环，则残余钢粒就会向下沉淀，造成在硬质合金钻进的孔段挤夹钻具。

（3）由硬质合金换钢粒钻进时以及下套管后采用钢粒钻进时，当钢粒的孔段未超过岩心管长度时，容易因投砂量过多，送水量过大，造成钢粒夹钻事故。此时，因岩层较坚硬，造成的夹钻事故也往往比较严重。

（4）钢粒钻进采用一次投砂时，孔径上大下小，钻孔呈锥形。如果下回次初，投砂量太多，而送水量太小，或钻具在孔底因故停泵，就会发生钢粒夹钻事故。

4.孔壁和岩心不规则，操作不当，钻头与孔壁或岩心直径挤夹金刚石钻进或硬质合金钻进时，上一回次钻头内、外径磨损严重，孔径相应缩小，孔身呈上大下小；岩心相应增粗，呈上小下大。下一次使用新钻头时，往往外径大于孔径；内径小于岩心直径，如果下钻过猛或升降钻具时跑钻，就会发生钻头直接与孔壁或岩心挤夹。如果岩石均匀，挤夹程度就更加严重。

另外，在钢粒钻进中，如果岩心破碎呈块状时，容易因离心力等作用，从钻头水口处就跑出，挤到钻头与孔壁之间而挤夹钻具。

5.孔身弯曲，孔壁形成"键槽"在斜孔或弯曲孔段的凸出的弧形面上，经常受到钻杆的磨刮。特别时减压钻进时，上部钻杆将承受拉力，受拉力的钻杆旋转时就不断想弯曲孔段的凸出面碰磨，或者由于升降钻具时，经常在凸出面拖拉。久之，沿孔壁形成一条纵向沟槽，形如机械轮上的键槽。

"键槽"机构往往产生在不太坚硬的岩层中，太硬的岩层不宜被磨刮成沟槽。太软的岩层钻进速度快，也不易形成牢固的"键槽"。已形成"键槽"的钻孔，在提钻时钻杆受拉，呈纵向伸直，就自然嵌进槽中，当粗径提到"键槽"下端，就受阻呈拉紧状态。如果"键槽"深而牢固，即造成卡钻。

6.孔身不规整，孔径大小变化悬殊，形成岩粉"悬桥"当冲洗液携带岩粉上升时，一旦达到孔径变大的部分，由于钻孔大面积突然变大，流速立即降低，一部分冲洗液还会形成涡流，于是岩粉逐渐沉积，形成"悬桥"，造成钻具卡阻。

岩粉"悬桥"往往在以下环境力产生：

（1）岩粉"悬桥"多形成在钻孔换径处，换径次数越多，形成"悬桥"机会就越多。

（2）钻孔穿过天然溶洞的底部。

（3）在松软地层中钻进，冲洗液量大，孔壁被冲刷而形成超径孔段。

（4）岩块或其他可溶岩层，由于冲洗液的溶解，钻孔就严重超径，在超径孔段的底部，容易形成岩粉"悬桥"。

7.套管柱偏斜，管鞋突出用套管护壁时，套管没有下直、下正，或没有下到基岩硬盘，或下套管换径后孔身弯曲，使得套管斜突出于孔底，钻具提升时就会受阻。特别时钻具带有取粉管时，取粉管顶部往往被套管斜挂住。如果组昂于粗径连接的不同心，更会加重上述情况的发生。

8.小物件落入孔内由于操作不慎，粗心大意，将卡盘扳手、活动扳手等小工具、小物件掉落孔内，卡在组昂与异径接头连接处，使钻具受到卡阻。

（二）事故发生前的征兆

钻具挤夹、卡阻事故发生前，都有一定的预兆和特征。掌握好这些征兆，及时采取预防措施，是避免发生这类事故的重要方面。

1.钻具提动和转动都有阻力，如涩滞、蹩劲等现象。下钻时常常发生遇阻"搁浅"。

2.提钻后岩心管和钻头有明显擦痕，或粗径钻具表明刮有岩泥、泥皮，取粉管内掉块增多，块度增大。

3.如果时掉块卡、夹钻，则钻进时有蹩车现象，提动钻具感到有劲；升降钻具时，不是突然卡住；开始往往可以活动一定距离。一般情况下孔内返水正常。

4.如果时探头石或键槽卡钻，卡钻位置不变，起下钻到此孔深就受阻，一般没有挤夹力，冲洗液可以正常循环。当粗径钻具与卡阻部分脱离接触时，钻具回转无阻。

5.如果是岩层错动和岩层遇水膨胀缩径卡钻、夹钻，除升降钻具遇阻，回转阻力增加外，还有蹩泵现象。

6.如果钻头与孔壁直接挤夹，钻具不能回转，提升阻力很大，送水时有蹩泵现象。

7.如果时钢粒挤夹钻具，夹钻初期能在较大泵压下开泵，但返水很小。如果孔内清洁，蹩泵不严重，稍许提动钻具蹩车程度减轻，下放钻具有蹩停车现象。如果孔内钻粉、岩粉较多，则钻具回转阻力很大，蹩泵现象也严重。

8.岩心与钻头或碎岩心挤在钻头与孔壁之间时，钻具回转阻力较大，提动钻具吃力，但不蹩泵，可能有骤然蹩车现象。

（三）事故的预防

钻具挤夹、卡阻的原因很多，而且比较复杂，必须根据具体情况和出现的征兆，采取相应的预防措施，把事故消灭在萌芽状态。一般预防方法有：

1.在松软坍塌、掉块、裂隙发育、容易产生滑移和错动的岩层中钻进时，需千方百计地保持孔壁的稳定性。

（1）采用比重较大、粘度较高、失水量小、含沙量低的泥浆冲洗。经常保持泥浆的良好造壁性能，以维持孔壁的完整。

（2）钻具提出孔外时，孔内应注满泥浆，保持对孔壁有一定的液柱压力。

（3）冲洗液流速不应过高，以防计息冲刷作用冲垮松软的孔壁。

（4）钻具的转数要适当降低，以减轻钻杆对孔壁的震击。

（5）在坍塌、掉块严重的情况下，可采用粘土球固壁、灌水泥、下套管、高分子聚合物护孔等方法，保持孔壁稳定。

（6）选择合适的钻进方法，采用合理的钻头结构和钻进参数，从生产管理和技术措施各方面保证尽快穿过复杂孔段。

2. 在塑性大、遇水膨胀、钻孔缩径的岩层中钻进时，应采取以下办法制止缩径。

（1）采用失水量小、含沙量低、粘度不大的优质泥浆洗孔。

（2）在浅孔（200m 以内）条件下采用无泵钻进。

（3）使用肋骨钻头钻进，保证粗径钻具与孔壁有足够的环状间隙。使大量的冲洗液畅通，而且有一定的缩径余地，避免发生钻具恶性挤夹。

（4）加强扩孔修整孔壁的工作。每一回次后可专程划眼一次。有时在钻头以上另加一个扩孔器，边钻边扩，以便节省专门划眼的时间。

（5）采用取粉管上部装反钻头的钻具钻进。以便在孔径收缩时，边回转钻具边向上用反钻头修扩孔壁。

3. 在坚硬岩层中钻进时，关键在于防止钢粒、碎硬质合金夹钻。

（1）钢粒或硬质合金换用金刚石钻进时，孔底残余钢粒或碎硬质合金粒必须打捞干净。

（2）钢粒钻进改用硬质合金钻进时，也必须实现把孔内残余钢粒捞净。

（3）硬质合金钻进改用钢粒钻进时，第一回次应使用小钢粒和旧钢粒钻头，投砂量不宜过多，送水量不宜过大。并且，下钻时不能一下到底，在离孔底 0.5m 左右处，即开泵扫孔，防止猛下到底造成挤夹。

（4）采用钢粒钻进时，要正确控制投砂量和送水量。回次之初投砂量不宜过多；绘制之末孔底又不能没有钢粒。送水量不能忽大忽小。总之，应保持孔底有一定数量的钢粒。以求孔径变化比较均匀，钢制钢粒在粗径钻具与孔壁间隙小的地方造成夹钻的机会。

4. 在所有情况下，到要保持孔内清洁

（1）孔内岩粉、钻粉过多，超过 0.3m 时，必须专门捞取。

（2）钻进时，一般应等冲洗液返回孔口后（漏水孔除外），方可开车钻进。钻进中水泵工作不正常，应停钻检修。检修前应将钻具提到安全孔段，以防钻具挤夹和陷埋。

（3）使用泥浆时，应做好净化工作。

（4）钻进中产生的岩粉粒度大或有岩屑时，应带取粉管。

（5）钻进裂隙发育、掉块的岩层时，在钻具结构上应注意以下几点：

①在钻入裂隙严重的地层以后，应尽可能地加长粗径钻具，时粗径保持在严重裂隙层的上部，以减少因掉块而卡钻的可能性。钻穿该层后，可采用水泥胶结或下套管等方法固壁。

②钻进有掉块可能性的岩层时，应在粗径钻具上部采用铣刀式异径接头。带取粉管时要用上端马蹄形的取粉管；不带取粉管钻进时，禁止使用取粉管接头。

③在取粉管上部反刃反扣硬质合金钻头。在发生掉块时，可向上反扫，将掉块扫掉。

5. 采取准确的技术措施，防止套管卡阻钻具。

（1）套管谢步一定要下到完整岩层，并达到一定深度。

（2）套管一定要下正下直，钻具也要正、直。

（3）每次提钻到套管鞋附件，动作要慢。切勿猛提。

（4）下套管后用钢粒钻进时，应避免粗径钻具在套管内钻进。为此，在下套管前，先采取较原来孔径小一级的粗径钻具并带导向，用钢粒钻出相当粗径钻具长度的小眼，然后再下套管。

6.采取防斜措施，减少钻孔弯曲，避免"键槽"现象发生。

7.硬质合金或金刚石钻进时，应严格控制钻头的内、外径磨损。应在钻头结构设计和镶焊制造工艺上提高钻头的耐磨性，在使用上防止过早磨损，磨损过度的钻头应及时更换。

（四）事故的处理方法

钻具卡夹事故发生以后，应及时进行处理，否则会使事故清洁加重，并有继而发生埋钻或折断钻具的可能。

处理事故，统称用升降机和油压系统向上提拔，或串动与回转相结合进行处理。在返水的情况下不应停送冲洗液，如果无效，则采用吊锤震打或千斤顶上顶。再无效时，就根据孔内具体情况，采用反、透、扩、割、掏等方法处理。

对不同原因所造成的卡夹事故，处理方法如下：

1.掉块卡夹钻具的处理

掉块卡钻时，如果钻具能回转，也能在一定的范围内上、下活动，则应用串动的方法处理。提升钻具有劲后不要死拉，要少许回绳使钻具能够串动，并用钳子回转钻具，再提升钻具，有劲后再少许回绳，并用钳子回转钻具。每次提升的距离，应大于传回的激励，这样反复地"多提升，少回绳"，可逐渐将钻具提出孔口。

如串动处理无效，可进一步采取边提动边扫的方法处理。倘若事先已采用了带返钻头的钻具钻进，遇卡后采取边提边开车上扫的方法很有效。倘若边提边扫还是不能解卡，则可采用吊锤上下震动。一般在浅孔段用吊锤震打处理卡钻事故是比较有效的。如果在深孔断。吊锤震打无效时，用孔内冲震办法处理。如卡夹部位在钻孔中途，可用加重钻具下如孔内往复冲打。打动后用丝锥捞取带短钻杆的粗径钻具。如卡夹部位在孔底，则用空内卡钻震动器进行冲击震动，收效后一并捞起事故钻具。

当震动器下到孔内用丝锥扭接事故钻具时，拉杆带动下部冲击接头向下移动，使上部异径接头的凸缘与上部冲击接头凹槽集合即可扭转，使丝锥与事故钻具扭接。当丝锥扭紧后，将中继器提起，使异径接头与上部冲击接头分离，使下冲击接头与上冲击接头结合，开车回转，钻具即可起冲击震动作用。

操作注意事项：

（1）使用前，应对震击器的各部丝扣，冲击牙齿等的磨损情况进行详细检查，以防再发生新的事故。

（2）下钻时，准确计算机上余尺，掌握好升降机，严防跑管，在接近事故钻具时，应缓慢下降。

（3）开始震动前，先向孔内送水，以冷却震动器和排除空内岩粉。

（4）在操作过程中应听取回转声音，发现不正常时立即停车进行研究处理。

（5）当立轴向上移动，证实处理有效，则可停车提钻。

用以上方法处理掉块卡夹钻失效后，就要考虑扩、透、割、磨等措施。如孔浅，岩石可钻性级别又不太高时。可用大径扩的方法套取；若孔深，岩石又坚硬时，一般采用小径透。由于掏心钻进过程中的震动，往往卡夹自然解除。用丝锥即可捞起事故钻具。如果在深孔情况下，钻具卡夹又很牢，可直接用劈、磨等方法消灭事故钻具。

2. 探头石或岩层错动卡夹钻具的处理

主要处理方法时把探头石或岩层错动的部分扫碎扫掉。如果事故钻具带有反钻头，则可向上扫碎卡夹物。否则，可采用吊锥向上震打，若不能解卡时，可把粗径送回孔底，将粗径上部的钻杆全部返回，然后下同径钻具从上向下把障碍物扫碎，再喜爱丝锥把事故钻具打捞上来。

倘若事故钻具卡夹的很紧，难以送回孔底，则先将上部钻杆返回后，用重钻具向下冲打。下加重钻具前，防止遇阻，可根据孔内具体情况适当用同径钻具扫孔。

3. 岩层缩径卡夹钻具的处理

首先用升降机强力起拔，用千斤顶上顶。上述办法无效时，则需反回全部钻杆。用割、劈、磨等方法消灭粗径钻具。一般不采用扩或透等方法。因为在缩径钻孔中扩孔，很容易造成双重挤夹。同时，缩径夹卡钻具主要时侧面压力作用所致，用透的方法往往得不到良好效果。

4. 钢粒或碎硬质合金粒挤夹钻具的处理

一般钢粒或碎硬质合金粒挤夹钻具时，冲洗液尚能循环。首先应增大泵量，冲散挤夹物。减轻挤夹程度。如果挤夹不严重时，边冲洗用升降机提拉串动钻具。扩大钻具活动范围即可解除。如果失效，也可用吊锤冲打，吊锤冲打时处理此种事故的有效方法，特别是浅孔，效果更为显著。深孔或挤夹严重时，用升降机，吊锤处理无效时，则可用孔内震动器处理。

上述方法均无效时，需采用小径钻具透过事故钻具的方法，以便减弱挤夹程度，再用丝锥打捞。倘若仍提不动，可用分段切割的方法处理。通常不宜采用扩孔套取，以免发生双重挤夹事故。

为减轻体力劳动强度，提高吊锤冲打效率，在有条件的情况下，如使用配备有付卷筒带动吊锤进行机械冲击。此外，还可专门配备差速式打吊锤机，用在没有付卷筒的情况下，代替柴油机或中间轴一级人力打吊锤。差速式打吊锤机实际上是割中间传动机构，利用差速机构代替中间轴（或柴油机）打吊锤。使用时把它安装在钻机和柴油机之间。即一头栓卡于升降钢丝绳上的适当位置；另一头绕过飞轮，在飞轮撒谎那个缠绕两圈，再通过两个导向滑轮，最后用绳卡固定于卷筒上。击打时，主要是通过操纵杆，使锥鼓离合器于卷筒结合，吊锥便可向上冲打。

5. 钻具于孔壁直接挤夹的处理

首先用升降机起拔，但不要回转钻具。因为孔内钻具回转，钻头位置发生变化，可能在孔壁刻出沟槽，增加了上提的阻力。如升降机起拔不动时，可根据具体情况用打、顶等方法处理。

6. 岩心夹钻的处理

岩心夹钻一般挤夹力不大，用升降机强力起拔，串动钻具，待有了活动间隙之后，开车回转钻具即可解除。再重新扫孔，将甩出的岩心套入钻头内，就可正常钻进。

7. "键槽"卡钻的处理

应在发现孔壁有"键槽"的迹象后，立即进行纠斜，接长岩心管进行扩孔，消除"键槽"。钻进时用带反钻头的钻具或用带铣刀刃的岩心管接头，在有被卡象征时，即开车向上扫，破坏"键槽"。有时还应下入套管隔离"键槽"。发生"键槽"卡钻后，用提、打、顶的方法往往无效，有时可改用小一级的钻具钻进。

8. 套管鞋部卡阻钻具的处理

用与事故岩心管同径的岩心管短节，将其下端加热打成收缩状，做成一导正器，顺钻杆将导正器投入孔内，投入之前孔内粗径钻具必须升到套管鞋附件。这样，导正器收缩口即插入取粉管上端，而导正器尾部仍在套管内，下部粗径即可顺利提出。

为了根除卡阻钻具的后患，必须将套管柱调正，或将套管起出改用合格管鞋后重新下入。

9. 岩粉"悬桥"卡钻的处理

首先应增大冲洗液量并尽量使钻具不停止转动，一般通过该冲洗液冲洗，串动和回转钻具可以消除。如卡阻较严重，既蹩车又蹩泵，则可反掉"悬桥"上部的钻杆，下同径钻具扫孔，消除岩粉障碍后，再下丝锥捞取下部钻具。

10. 泥皮粘附卡钻的处理

采用碱水浴时简单而成本低的有效办法。所谓碱水浴就是用2% ~ 3%的纯碱水注入孔内，浸泡事故钻具。在压入碱水的过程中，应辅以串动和回转钻具。一般几小时后，即可解卡。

七、其他孔内事故的预防与处理

（一）掉硬质合金、金刚石、胎块

在硬质合金钻进中，常有因钻头的硬质合金出刃不齐，钻进裂隙岩层时加压过猛；扫脱落岩心和残留岩心，以及钢粒钻进换硬质合金钻进时孔底有残余钢粒等原因，使硬质合金崩落。在不严重的情况下，对正常钻进和钻进效率没有多大影响。如果硬质合金掉的过多，就会引起钻具卡夹，损坏钻头，影响进尺，甚至会割坏岩心管等严重后果。

在金刚石钻进中，因烧钻或操作不慎而掉金刚石，胎体崩裂掉快和胎环脱落也是比较常见的。出现这种情况，不仅造成的后果比掉硬质合金更为严重，而且损坏钻头，丢失昂贵的金刚石所造成的损失更大。因此，在钻进过程中要加强预防，避免这类事故的发生。如果一旦发现掉金刚石、掉胎块时，必须立即打捞。

1. 预防措施

（1）根据岩石物理机械性质，合理选用硬质合金、天然或人造金刚石钻头，实行分层钻进。金刚石钻头胎体适应岩性。

（2）提高钻头镶焊质量包镶、烧结必须牢固。

（3）下钻前要仔细检查钻头不合规格的不用。胎体有深裂纹，掉块和脱焊现象的不得再用。表镶钻头金刚石颗粒出露超过 1/3 以上的不得再下入孔内。

（4）合理选择钻进技术参考，注意在不同钻进条件下各参数之间的有机配合。在裂隙、破碎岩层中钻进时，硬质合金和金刚石出刃不宜过大，压力、转速都应适当降低。要保持孔内清洁，严防烧钻和岩心堵塞。

（5）下钻时要做到"三必防"，即防墩钻、防挂钻、防跑钻。

（6）在用硬质合金钻头扫脱落岩心和残留岩心时，要适当控制压力和转数。金刚石钻头必须掌握"五不扫""三必提"。"五不扫"即不用金刚石钻头扫孔、扫残留岩心、扫脱落岩心、扫掉块、扫探头石。"三必提"即下钻遇阻轻转无效、岩心堵塞、钻速骤降必须提钻。

（7）在减压钻进中，应用钢丝绳将钻杆拉直后再倒杆。倒杆后，用油缸将钻具提离孔底少许再开车，以防钻头在重压下，因突然转动而损坏。

2. 处理方法

（1）粘取法将带有胶性物质的粘取器下到孔底粘取。它由一根 0.5m 长的同径岩心管，锯掉下端丝扣，将内口加工成喇叭状，由丝扣的一端与嵌有木塞的异径接头相连接，再将管内填满胶性物质即成。下到孔底，轻轻墩 3~5 下，即可粘起硬质合金粒、金刚石粒或小块胎体。常用的胶性物质有粘土、沥青、皮带油、黄蜡等。

（2）冲捞法将带有短节取粉管的短节钻具，下入孔内，大泵量冲孔，然后停泵沉淀，使硬质合金粒或胎体碎块等掉进取粉管。为了提高冲捞效果，可反复进行冲捞。此外，还可以利用孔底反循环钻具改装的冲捞器进行冲捞。将这种冲捞器下至孔底后，开泵，孔底形成反循环液流，冲洗液将硬质合金粒、金刚石粒或胎体碎块携带上行，沉淀在收集器内。

（3）沉淀法此法用于捞取碎硬质合金和残余钢粒，也可以用以捞取碎胎块和金刚石粒。先用小口径钻具在孔底钻进一个 0.3~0.5m 的小眼，研磨法金刚石钻进中，如孔内残留一部分细碎粒的胎体在孔底，经上述方法不能处理干净，就会损坏新的金刚石钻头或造成其他孔内事故。在这种情况下，可用平底的磨孔钻头，把残余细碎胎块磨掉。

（二）掉小工具、小物件

在钻进、升降钻具、检修机器或处理事故时，由于操作人员的不慎，而使小工具、小物件落入孔内，以致造成事故。轻者也会妨碍正常钻进和损坏钻头。

1. 预防措施

（1）操作时要小心，不能疏忽大意。

（2）钻进、起钻后、下钻前，临时停钻、停车检修和擦洗钻机时，孔口要加安全盖板。

（3）处理事故时，防止卡瓦、管钳或孔口附近的小件工具落入孔内。

2. 处理方法

（1）套取法活扳手、卡瓦、手锤等掉入孔内时，可用普通单管钻具套取。当钻具下入孔内接触掉落物件后，将钻具提起 0.1～0.2m，轻压慢转，待工具套入岩心管后，再钻进 0.3～0.5m 左右，然后投卡料卡取岩心。这样，落入孔内的小工具就能随岩心一同取出。

（2）抓取法当小工具、小物件掉入孔内后，可将岩心管做成锯齿状抓筒，或用钢丝钻头，在下钻距孔底 0.1～0.2m 处，用钳子回转钻具，套住小物件。再将钻具下到孔底，并给一定压力，慢慢回转钻具，使抓齿收拢或钢丝钻头内钢丝抓住物件提取上来。

（3）卡取法提引器、锁接头、垫叉、管钳等较大的物件掉入孔内时，可用岩心管制成不对称的倒矛式打捞器，或弹片式打捞器，将落入物卡取上来。

（4）磁力吸取法凡是掉入孔内的铁质小工具和小物件，都可以用磁力打捞器吸取。磁力打捞器只要绝缘良好，保存得法，则可以无故障地工作，而且特别有效。它是由连接钻杆的接头、外壳、上极、永磁、下极、铜套和铣鞋装配而成。磁铁及上下两极中空，可以通冲洗液。磁力打捞器用钻杆下入，到底后开泵钻进，慢慢将掉落物套住。当掉落物逐渐接近下极，并被下极吸住后，通水孔即被全部或局部堵塞，泵压升高，即可提钻，将掉落物捞出。

（5）消灭法如果掉入孔内的工具和物件（如管钳、垫叉、大扳手等）因孔径较大，横在孔内，用其他方法处理无效时，可下入切铁钻头将孔内工具割成碎块或钻成碎片，然后用套取法将孔底捞取干净。

（三）掉钢丝绳、掉电缆

在升降钻具时，由于钢丝绳折断，造成钢丝绳落入孔内的事故。在使用以钢丝绳牵引的测斜仪，或电缆牵引的测斜仪和物探测仪时，由于地层或人为的原因，往往发生一起卡塞在孔内，强力起拔时造成拉断钢丝绳或电缆的事故。这些事故如处理不当，不仅延误施工，而且会损坏绳缆，甚至报废仪器等。

1. 钢丝绳或电缆断落事故的处理

处理这类事故，一般采用捞矛或捞绳管进行捞取。

（1）捞矛有螺旋式、单臂式和双臂式等。螺旋式捞矛用直径 12.5 ～ 19mm 的圆钢锻造而成。下端做成圆形；上端做成与钻杆相连的丝扣。捞矛表面愈粗糙，对捞取工作愈有利。两条矛之间的间隙应大于钢丝绳或电缆的直径。

使用方法是把捞矛连接于钻杆下部，下入孔内并插在卷曲的钢丝绳或电缆中，然后用钳子转动钻杆，当感到有阻力时，便知钢丝绳或电缆已牢牢地缠绕在捞矛上。此时提升钻具即可取上事故钢丝绳或电缆；如未捞上，可继续再捞。

（2）捞绳管有简便捞绳管和柱心捞绳管两种。简便捞绳管由钻杆、锁接头、上接头、捞管、下接头和导绳接头等组成。柱心捞绳管在上、下接头之间加一根 Φ50mm 钻杆做的柱心。捞管与简便捞绳管基本相同。不同处是下端无丝扣，用套镶焊接，并与下接头焊成一体。

简便捞绳管主要适用于孔壁较完整，且掉入孔内绳缆未被卡塞的情况。柱心捞绳管主要用于孔壁不是很完整，或在事故绳缆上端有少量卡塞物的情况下，它有较大的抗拉和抗扭强度。当用钢粒钻进，钻孔超径较大时，事故钢丝绳直径为 7.7mm，可选用与钻具同径的岩心管做捞管。若事故钢丝绳直径在 9.3mm 以上，则用小一径岩心管做捞管。当用硬质合金钻进，钻孔超径不大时，事故钢丝绳直径为 7.7mm，选用较原钻具小一级的岩心管做捞管，若事故钢丝绳直径在 9.3mm 以上，则选用小两极岩心管做捞管。

捞管加工简单，先在管子两端车好丝扣，然后在管壁上取 400 ～ 600mm 长的一段，用气焊切割出若干挂爪，最后将挂爪尖端向外掰出几毫米即成。

打捞时，将捞绳管接在钻杆下端入孔内，当发现钻杆不再下降时，则用管钳慢慢拧动钻杆，拧动阻力增大，证明事故钢丝绳已被缠挂在捞管上，即可提升。

2. 电缆和仪器卡夹事故的处理

在测斜或测井过程中，仪器和电缆卡夹在孔内拉不上来时，其不可强行提拉，以免把电缆拉断，脱入孔内，使事故恶化。

处理这种卡夹事故，有下列两种方法。

（1）用掏眼异径接头加岩心管处理掏眼异径接头是处理仪器在孔内被卡的专用工具。使用时，将掏眼异径接头和岩心管连接，将电缆穿过孔眼，然后用钻杆连接起来缓慢下至仪器头部，轻轻罩套，并以便拉动电缆使仪器导入岩心管中，挤出卡塞物后，仪器和电缆即可提出孔外。

（2）用捞电缆接头处理当仪器在孔内卡夹比较严重时，则用捞电缆接头进行处理。使用时，将绞车上的电缆全部放开，把电缆接头上的钢丝绳套圈顺电缆套入，然后将电缆接头与钻杆连接，再把电缆拉紧，用慢速下降钻具。下降时，如电缆向下使劲，可轻轻串动，以防把电缆卡断然。套圈在降到距孔内仪器 5 ～ 10m 处，慢慢提升钻具。如果有劲，可上下串动，缓慢地把被挤夹在孔内的仪器取上。如果提拉无效，可把电缆接头下降到仪器顶部，用力提拉，电缆就会在下部拉断，然后用岩心管套取其余部分。

（四）套管事故

在钻探施工过程中，套管用途很广。钻进复杂地层时，用套管护壁堵漏，可保证正常钻进。岩心钻探抽水试验孔可用套管进行止水，保证抽水资料的准确性。长期水文观测和开采孔，可用套管作为出水的通道，由于套管在钻探中使用频繁，因而套管事故也比较常见。有的事故情节复杂，处理起来比较困难。

常见的套管事故大致有套管柱偏斜、下跑、脱节、错动、折断、卡夹等。

1. 套管事故的原因

（1）套管未下到硬盘，或孔口固定不牢，下部没有合理封闭，或在钻进过程中冲洗液对套管底部冲刷，以及钻具对套管经常碰打，造成套管下部悬空，致使套管下跑。

（2）下入套管不正，或下入时强击插进、地层发生位移、钻孔严重超径和弯曲等原因，均会造成孔内套管偏斜。

（3）套管丝扣质量差或连接不紧，被钻具经常碰打，致使套管脱扣。

（4）钻进过程中，特别在钻孔弯曲度较大的地方，套管受到钻具强烈磨损而折断。或者由于套管柱弯曲，起下钻具时经常冲撞，时间久了把套管冲断。

（5）起拔套管时，强拉硬顶时发生套管折断。

（6）岩心采取不牢，脱落在套管内，扫脱落岩心时把套管扫坏，造成套管脱扣或折断。

（7）套管下入后，孔壁岩层坍塌、缩径，将套管抱紧，发生挤夹。

（8）下入套管时，套管底部未用粘土球等材料可靠地进行封闭，孔口未用绳索、棉纱和粘土等填塞环状间隙，或在施工过程中管壁局部磨穿，以致岩粉、泥沙等杂物进入并沉积在套管和孔底之间的间隙而发生卡夹。

（9）套管在孔内停的时间太长，在地下水侵蚀作用下，产生锈结而卡夹。

（10）套管下在严重弯曲的孔段，或套管柱本身严重弯曲，下套管遇阻时，强压、硬打迫使套管下降，套管已被卡夹。

2. 套管事故的预防

（1）套管加工质量应当严格符合设计要求。

（2）套管在储存时，在管壁内外应涂以废机油，逐根量好尺寸，按顺序登记记录。

（3）套管要直，接头内径规格一致，丝扣配合要好，并用松香或环氧树脂将丝扣连接处焊牢。

（4）套管最好下入岩层中，孔口周围要将套管夹牢、固定正直和封好，防止岩粉沉入和套管下跑。

（5）下入套管后，小一级孔径（或小两级）的孔深要超过粗径钻具长度，才能带取粉管钻进，以防套管反扣。

（6）在跟管钻进时，应尽量采用短的岩心管，压力要小，转数要低，以减轻粗径钻具对套管内壁的摩擦和敲打。

（7）在必要的情况下，采用反丝扣连接的套管。

（8）钻孔严重弯曲，套管难以下降时，应设法纠斜，修整钻孔，不能强压硬打，迫降套管，造成弯曲过大，丝扣部分断裂。

（9）起拔套管时，为避免强拉硬顶使套管折断，可采用拉打结合和顶打结合的方法。

3. 套管事故的处理

（1）套管偏斜的处理

①用升降机提起整个套管柱，使套管中心线与立轴中心线完全一致，然后缓慢下降，知道套管鞋牢固地座在硬盘上。

②发现套管柱下入后产生偏斜时，可将套管柱上提一段距离，扭转一定角度再下。下定后，用仪器测量其弯曲度，如符合要求，则可将套管柱固定；如弯曲度仍然很大，必须将套管柱提出孔外，纠正孔斜后重新再下。

③套管中途坠落时，特别是在孔较深的情况下，应捞出事故套管，更换墩弯或墩坏部分。

（2）套管下跑的处理

①如果跑下去的套管上端丝扣完好。而且也不歪斜，则根据跑下去的深度从孔口下入补充套管，使其与跑下去的套管在孔内直接连接，然后在孔口用套管夹板固定，此法叫作同径对接。

②如果跑下去的套管上端已坏，应把跑下的套管打捞、起拔上来，重新下入。

③如果套管上端已坏起拔不上来，则可先用大一级口径扩孔至套管头以下 0.3～0.5m，然后采用同径套接。

如果孔径允许换小，则可在原套管内再下入一套小一级套管。但为了节省套管用量，也可用同径座接的方法连接。

采用同径套接时，在补入套管的下端焊接大一径的套箍，套在下跑套管的上端。此法一般在下跑深度不大时用之。采用同径座接时，在补入套管下端加焊小一径的短节套管，或将补入套管下端锻缩成尾管。座入长度不应小于 0.3～0.5m。

（3）套管脱节和错动的处理发生套管脱节后，必须将上部套管全部提出，检查脱节处的情况，分别采取不同的处理方法。

①如果套管脱节后，上段套管与下段套管丝扣都很完好，而且中心线未错开，可用上段套管与下段套管直接对扣。

②如果下段套管在脱节后，断头已经损坏，但中心线尚未错开，这时必须先用公锥把这一段套管卸掉，或用割管器把损坏的部分割掉，然后再用处理下跑套的方法处理。

③如果下段套管在脱节后，上、下丝扣都完好，但中心线发生了错动，下入套管对接

不上时，可采用导向体下入，如下入新套管去对接时，可采用固定导向木塞导向。若利用原来的上段套管去对接时，可需另下活动铁质椎体导向。

固定导向木塞，是把用木质材料制作的锥形体固定在上段套管的下端作为导向，去对接下段套管。活动导向体，是用钻杆下入的铁质锥形体。当上部套管下入到离下部套管口 0.3 ~ 0.5m 时，用钻杆下入铁质锥形体并停留在两端套管的中间，扶正上下套管，再下降上段套管，这样就不会错动。

④如果套管脱节后发生错动，丝扣部分因损坏无法直接对扣；或脱开的不是丝扣部分，也不能直接连接，并且下段卡的很紧无法捞出，而钻孔又不允许缩小时，可采用螺旋木锥，装在套管的下端，尖头露出，下入孔内。木锥将上下两段管口对正，然后管内注入稀水泥，水泥即可顺螺旋槽均匀地分布到套管与孔壁的间隙中，待水泥凝固后用钻头将木锥钻掉，在两段管口之间形成一节人造水泥管，使上下贯通。

第六章　坑探工程

第一节　坑探工程

一、坑探工程概述

坑探工程是指在覆盖层较薄的地区，用人工方法为地质测量揭露岩层、煤层。矿体及地质构造等地质现象，或为了采集矿样所设计的一些坑探、钻探工程，主要有探槽、探井和探巷等。

（一）分类

坑探坑道可分为两类：1.地表勘探坑道。包括探槽、浅井和水平坑道，水平坑道又分沿脉、穿脉、石门和平硐；2.地下勘探坑道。包括倾斜坑道和垂直坑道，倾斜坑道又分斜井、上山、下山，垂直坑道又分竖井、天井、盲井。

坑探工程施工坑探工程的掘进方法，按岩层稳定状况，分为一般掘进法和特殊掘进法；按掘进动力和工具，分为手工掘进和机械掘进。按掘进工艺程序可分为凿岩、爆破、装岩、运输、提升、通风、排水、支护等。

（二）作用

坑探工程的作用主要包括：1.供地质人员进入坑道内直接观察研究地质构造和矿体产状；2.直接采集岩石样品，为探明高级储量，以及为后续的矿山设计、采矿、选矿和安全防护措施提供依据；3.对某些有色和稀有贵金属矿床必须用坑探来验证物探、化探和钻探资料；4.部分坑道用于探采结合。坑探工程除用于金属、贵金属、有色金属等普查勘探外，还用于隧道、采石、小矿山采掘和砂矿探采等领域。

（三）应用情况

坑探工程应用在地质工作各个阶段：1.在区域地质调查阶段，以施工探槽、浅井为主，用于揭露基岩、追索矿体露头，圈定矿区范围，为地质填图提供直观资料；2.在矿产普查阶段，以地下工程为主，掘进较短的水平坑道和倾斜坑道（称短浅坑道），查明地质构造，采取岩、矿样和进行地质素描等，以提高地质工作程度，做出矿床评价；3.在勘探阶段，常需掘进较深的水平、倾斜和垂直坑道（称中深坑道），以探明矿床的类型、矿体产状、形态、规模、矿物组分及其变化情况等，以求得高级矿产储量。

二、坑探安全管理

（一）坑探安全原因

矿山中地形复杂，如果安全问题不到位，不加强安全预防工作，就会导致安全问题，包括矿工的身体健康、事故隐患等，这些因素都会导致事故发生。在实际工作中，会由于多种原因引发安全事故，比如：探矿方式不合理、选址不合适和安全观念差等问题，造成空气流通不畅，进而会产生比较严重的后果，阻碍探矿工程正常运转。

1. 明确责任主体

目前，勘查单位在坑探工程中只负责技术部分，所以导致许多勘查单位有错误的认识，他们认为勘查单位的人，只要在进行地质技术工作时不发生事故，其他的事故都与他们无关。但是，国家相关法律规定：地质勘查单位是责任主体，他们在地质勘查安全生产起主要安全管理作用，其单位负责人，要对本单位安全工作负责。也就意味着，在地质勘查所有生产施工过程中，勘查单位要负责所有安全生产事故。

2. 规定工程分包权限

目前，由于历史遗留的原因，少量勘查单位甚至没有配备坑探所需，比如：坑探技术人员、坑探施工人员和机械设备，而坑探工程的具体实施很大一部分都分包给施工队，这其中包含社会矿权方自行组织机械设备，还有劳务部分进行分包，施工队的组成人员，他们大多是没有施工资质的私人工头，即使有施工资质，也都是由私人工头挂靠有资质单位，而有资质的单位，不一定实际派出人员参与管理。勘查单位虽肩负技术管理，但是，地质勘查安全生产，勘查单位也要负责，因为它是责任主体，所有的勘查工作，都应该由勘查单位负责实施。勘查单位注意，如果自己本身没有勘查施工资质，应承包给由施工资质的施工方；如果其自身有坑探施工资质的，应该完善自身管理，稳定自己队伍，在坑探工程施工过程中，应该由勘查单位负责，杜绝分包。

3. 领导重视，明确责任

在所有探矿工程中，坑探工程是危险性最大的工程，极易发生事故，而且都是情况比较严重的恶性事故。国家法律规定：地质勘查单位的负责人，要对本单位安全生产工作全面负责。只要发生恶性事故，比如重伤、死亡等，就会直接影响到单位，使勘查单位的勘查资质和安全生产许可证的年检遇到麻烦，对于单位法定代表人，极有可能遭到刑事处罚。所以，作为地质勘查的单位领导，要对坑探工程管理引起足够的重视，工程要亲自过问，对于坑探工程，应设置专门的安全管理部门，配备专职人员，负责安全生产管理，明确职责、权限，对于安全管理部门人员，要赋予其相关的管理权力。明确各项工作，领导负责大方向的掌控，要进行管理上的决策，具体施工分工明确，责任到部门，领导不需要过多干预。

（二）采取措施保障安全

1.引进经济杠杆，掌握安全主动权

目前，坑探工程大部分工程的实施，基本上都是矿权方组织施工队实施，勘查单位监督困难，不能有效进行监管，在检查过程中，如果发现安全隐患或问题，矿权方或施工队的不积极或不理会情况时有发生，勘查单位也没有更好的措施来改善这种情况。因此，掌控其经济控制权，也是一种提高安全管理的一种有效方式。

对于矿权方，勘查单位如果想抓住其经济控制权，掌握安全管理权利，首先制定规范，明确管理要求，其中包括应收取的费用以及使用规定。其次，在签订经济合同时，要签订安全生产协议，在安全协议中明文规定，应收取的各项费用，而这些费用没有转账到勘查单位前，不允许工程开工。只有通过这些手段，勘查单位收费才有依据，有所保障。

2.加强沟通

由于当前体制问题，勘查单位与矿权方或施工队往来变少，沟通不顺畅，指导不到位。当遇到问题时，双方不能协商或让步解决，而是相互推卸责任，导致工作不能正常开展。而矿权方或施工队，他们的坑探水平和坑探业务方面知识匮乏。对安全生产和施工技术的相关要求，他们往往搞不清楚甚至不懂，而他们也不希望事故的发生，想要做好本职工作。所以，他们也希望得到指导。因此各方之间应加强交往，促使坑探工程顺利实施，保障安全生产管理。

沟通指导的方式有以下几种：在进行安全检查时，组织矿权方或施工队，适时向他们传达国家法律法规，安全生产要求以及施工技术；采取会议或其他方式，对工程的施工方进行施工技术和安生产教育培训；组织相关人员，包括勘查单位坑探管理人员、矿权方或施工队相关人员，到区内先进矿山考察学习和交流；每次安全生产大检查时，组织矿权方或施工队进行相互交叉检查，利用这次检查，加强各矿权方或施工队之间的学习沟通；每逢节假日或有重大活动时，或出现特殊气候和政策要求时，勘查单位要通过电话、短信或传真的方式，通知矿权方或施工队做好安全生产工作；积极发放安全相关资料。通过多方培训与领导，热心服务他们，为他们排忧解难，提高他们的业务水平，增加安全管理意识。

3.加强监管

确保安全管理，就必须从事前、事中以及事后，这三个过程监管。

只有监管好这三个环节，才能及时解决安全隐患，并提出整改意见，使事故在萌芽阶段就被遏制，防患于未然。事前监督管理，主要从经济合同和安全协议签订开始，安全生产部门必须参与，在合同协议中，必须有专门的安全生产条款以及明确各方面的职责权利。其次，所有坑探工程在开工前，都要按要求编制地质勘探设计、坑探工程施工技术与安全

生产设计，经勘查单位初审，并报送工程所在地的相关部门，主要有：安监、国土和公安等部门审批，获得批文之后方可开工。事中管理主要有以下管理部门，包括勘查单位质量、安全管理部门，他们按照检查制度对坑探工程进行检查监督。勘查单位存在项目多，工作地点分散的特点，还有勘查单位质量、安全管理部门检查监督力度有限，实施监控很难达到，因此，在每个坑探工程实施过程中，勘查单位必须要派驻地质技术员以及坑探技术员。

第二节　探　槽

一、概述

在地质勘查或勘探工作中，为了揭露被覆盖的岩层或矿体，在地表挖掘的沟槽。坑探工程之一。探槽一般采用与岩层或矿层走向近似垂直的方向，长度可根据用途和地质情况决定。断面形状一般呈梯形，槽底宽 0.6 米，通常要求槽底应深入基岩约 0.3 米，探槽最大深度一般不超过 3 米。

（一）槽探的分类

主干槽探布置工作区的主要地质剖面上应尽量垂直含矿层、含矿带、构造带和围岩的走向，以研究地层剖面、矿化规律与揭露已知矿体平行的矿体等，工程量一般较大。

辅助槽探是加密与主干槽探之间的短槽，用于揭露矿体界线及有关地质界线。它可与主干槽探平行，但必要时亦可不平行，工程量较小。

（二）槽探的特点

施工简便，技术设备要求不高，速度快，成本较低。适用于地质填图、普查勘探等工作中揭露地质现象，矿体和布置采样点。

二、槽探工作规范及要求

（一）布置原则

适合浮土深度不超过 3 米的地表；

1. 预查阶段，大致垂直于矿（化）体，矿致异常，稀疏布置，长度以控制矿（化）体及异常为准；

2. 普查阶段，基本垂直于矿体走向，按控制 333 资源量的间距系统布置，必要时还应较深部工程间距加密一倍。

（二）施工管理

确保施工及编录人员安全，探槽垂深不准超过 3 米；槽壁的倾角随其稳定性调整，槽底宽度一般不小于 0.6 米，槽底应揭露至基岩以下 0.3 米。

（三）编录准备工作

探槽编录组一般由 2 ~ 3 人组成：组长、作图员，测手（可兼任）。

组长：一般由工程师或熟悉探槽编录工作的技术人员担任。

职责：全面负责编录工作，主要分工地质观察、分层、布样、文字纪录。要求掌握有关规范，设计及工作细则，熟悉探槽周围地质情况。

作图员：一般由熟悉探槽编录绘图工作的技术人员担任。

职责：协助组长工作，主要分工素描图及其他适合兼任的工作。

测手：一般由技术人员或熟练的地质工担任。

职责：主要分工编号、打桩、基线布置、测量各类数据、采集标本及各种拣块样（有时可由组长或作图员、采样工兼任）。

（四）编录壁的选取及绘图方向

东西向探槽：编北壁——北高、南低或相近；

编南壁——南高、北低。

南北向探槽：编东壁——东高、西低或相近；

编西壁——西高东低。

（五）探槽观察、分层、布样

1. 观察

由组长带领编录人员共同观察拟编录探槽中的地质现象（必要时还应观察探槽附近有关地质现象），确定基岩面、分层并布样。

有两壁一底探槽，一般情况下，只作一壁一底展开图。

确定基岩面：壁上的基岩高度应不小于 30cm，通过观察，正确判断残坡积物与风化基岩的界线。

2. 分层

分层单元视矿体复杂程度而定，复杂的矿体分层单元应小于矿区填图单元，一般矿体同矿区填图单元一致，分层厚度及夹石剔除厚度按工业指标或设计要求，不同矿（化）体层，不同矿石类型和工业品级、不同岩石类型和较大构造应分开。

３. 布样

（１）刻槽样位置

布样应在观察、分层的基础上进行。样品应沿矿体厚度方向、分段连续布置于探槽中靠近编录壁的槽底或编录壁的下部。

（２）刻槽样布置的三不原则

① 同一件样不得跨越不同矿石类型、品级。

② 同一件样不得跨越不同矿种或不同矿层。

③ 单样样长代表的真厚度一般不应超过该矿种的工业可采厚度，铅锌最小可采厚度 $1 \sim 2m$。

（３）矿层中夹石（脉岩）剔除原则

① 矿层中夹石（脉岩）厚度≥工业指标的剔除厚度（矿区设计中应确定）时，矿石与夹石分别采样。

② 矿层中夹石（脉岩）厚度小于剔除厚度时，应合并到相邻低品级矿石样中自然贫化。矿层的顶底板必须各有一件控制样品。

样品编号原则：化学样编号为化学分析样代号 H＋工程编号＋该工程中本类样品顺序号组成（其他手标本、薄片、光片、大小体重等样品号原则类似）。在实际工作时，同一探槽中，第一件样及最后一件样编号保持完整，而中间的样品编号可省略工程号。样品布好后，应及时打上编号的样桩，每件样的起止端，都应打上样桩。

（六）探槽编录基线的设置

基线布置在编录壁上。基线位置宜选择在基岩与浮土的分界线附近，但工程起、止两个端点宜布在地表以便定测及照顾素描。当探槽过长或有拐弯时，应分段设置基点及基线。

（七）探槽投影作图

1. 素描图的基本原理

通过测量槽壁及槽底上的各地质编录要素（界线、产状、标本及样品位置等）与基线的相对位置，按比例缩小后描绘到坐标纸上，成为一张真实地反映探槽中各种地质现象的槽壁、槽底展开图。

槽壁、槽底在素描图上的位置：编录壁按比例缩小后绘于素描图的上方，槽底绘于图的下方，与槽壁之间应留 1cm 以上间隔（以便标注产状、样号等），槽底按正投影绘成等宽的条带状，其宽度一般为 $1 \sim 1.5cm$；局部地段遇特殊情况，需加绘另一槽壁时，则展开投绘在槽底的下方。

2. 注意素描图的真实性

作图时须根据有限的特征点，参看地质体实际形态勾绘成图（如透镜状、波状、分枝状等）。

3.地质体的取舍

按比例缩小后的宽度大于 1mm 的地质体均应素描到图上；有特殊意义的小矿体或地质现象虽不足 1mm，也应适当放大比例尺表示，其方法一般是从该点引出图外作一小幅放大的素描图。

4.探槽拐点的处理

拐弯小于 15 度时，连续绘图。

探槽方向变化的方位差小于 15 度时，应在拐点处设基点，槽壁及槽底均可连续绘图。

拐弯大于 15 度时，采用裂开或重叠法绘图。

（2）注意：编录壁在任何时候仍都应该连续绘制（因为编录壁及基线始终是连续的），槽底与编录壁的共用边也是连续的，只是槽底裂开或重叠。

（2）当拐弯方向背离前一编录导线方向时（前进方向变大），裂开槽底非共用边线，其裂开角度等于导线拐弯方位差，而槽壁连续绘图。

（3）当拐弯方向较前一编录导线方向变小时，断开槽底非共用边线，将槽底重叠，其重叠夹角等于拐弯方位差，而槽壁连续绘图。

5.大坡度探槽的槽壁素描

大坡度探槽的槽壁可分段垂直上下移动成锯齿状（槽底仍然连续。这时要注意各段之间的地质要素应严格扣合）。

6.作图基本步骤

（1）合理布图

首先根据探槽的长度，高差等计划好图名、比例尺、基线起点、槽壁、槽底、责任表及样品分析结果表在坐标纸上的相应位置，要求布局合理，整齐美观。使用矿区统一图例。

（2）标绘基点基线

图上确定的第一条基线起点编号为 0（基点位置画 2mm 直径的圆圈、圆心加点），以 0 点开始，用测出的坡度角在坐标纸上画出基线并按比例尺确定该基线在图上的长度、该基线的终点为基点。以此类推标绘其他基点基线。

（3）标注产状、标本、样品位置

测量产状、标本、样品的位置并用符号标注在槽底投影素描图上。

（八）探槽地质描述记录

文字记录要求采用 DZ/T0078—93 表 A5《坑探工程原始地质记录表》。记录顺序以编录基线为单位，从 0 ~ 1 基线开始一段接一段依次进行。岩层分层界线位置、断层线位置、标本采集位置、产状测量位置等都应以投影时在基线上的交点距离为准。

岩性描述与矿层（体）描述要求分层进行，如一条基线包涵了两种岩性层时，应分段进行描述，如果几条基线只控制了一种岩性层时，则将几条基线距离合并作一次性描述。

表中"地质描述"一栏，主要是：岩石名称，岩石特征（颜色、风化特征、成分、结构构造）；岩矿石名称、矿化特征、穿插关系、厚度；地质体及地质构造特征、产状等。坡度、分层位置、断层位置、矿体（层）顶底板位置，产状及手标本、拣块样等位置数据都要求素描图和文字记录完全一致。

（九）质量检查及资料整理

1. 质量检查

（1）检查文字记录、素描图、实物（标本、样品、照相）资料是吻合。

（2）检查点号、地质体代号、标本及样品编号、位置及各种数据等有无错漏，若发现问题，必须到野外核实，方能补充和修正，不允许回忆补充修正。

（3）检查记录表的内容是否填写齐全，语言是否通畅，地质描述内容是否全面，专业术语是否恰当，有无错漏字等。

2. 资料整理

（1）记录表

记录的数据要求全部上墨。

待收到化学分析结果和鉴定结果后，根据测试成果，对原始相关记录进行补充，修改。注意，修改方法为批注式，不允许对原文涂抹。

（2）素描图整饰修改

随编录进展，及时将素描图上不受测试成果影响的内容全部上墨。

收到测试成果后，据其成果，参照推荐的探槽素描图标准图，对编录的素描图进行整饰，并全图上墨。

三、槽探劳动定额的主要影响因素

槽探劳动定额的主要影响因素有岩石的软硬程度，挖掘深度、地形坡度等三个方面。

岩石的软硬程度决定着施工方法（挖掘或爆破）的选择，是生产效率高低的主要原因。岩石软硬程度一般划分为土方、土石方、石方三类。浮土层、腐植层、黏土、亚黏土和有少量树根或含有 30% 以下的碎石、砾石残坡积层定为土方。土石方一般为含 30 ~ 60% 的各种岩石碎块、小砾石残坡积层以及直径在 10 厘米以上的较密集树根（每平方米 4 根以上）的地表层。对于原生—基岩层及节理、层理比较发育的原生岩层定为石方。

槽探挖掘深度的不同，其效率明显不同，槽探越深，向地面抛掷土石越费力，完成单位工作量所需的时间就越多。

地形坡度对槽探挖掘定额影响也较大，当槽探与地形等高线平行时，其槽底坡度较为平缓，槽长方向之间的坡度变化不大，多形成不开口形态的槽沟，其效率比较低。而与地形等高线斜交或垂直的槽探，因槽探的长度方向两头之间的坡度较大，特别是对于那些地形坡度较陡的槽探，多形成开口或半开口状态，挖掘时向外抛掷土石较为方便，效率相对要高。

第三节　探　井

一、探井

探井是一种地质调查的手段（方法），基岩埋藏较深，探槽无法达到地质目的或受地面条件影响，无法施工探槽时采用的一种占地面积较小的浅部地质工程。在油气田范围内，为确定油气藏是否存在，圈定油气藏边界，并对油气藏进行工业评价，取得油气开发所需要的地质资料而钻的井成为探井。探井分类要与我国目前的勘探阶段划分、勘探程序结合起来，还要与油气勘探的钻探目的紧密结合起来。我国探井分类主要有地质井、参数井、预探井、评价井以及水文井。详细介绍了探井的概念、分类、成本构成、探井解释等。

（一）探井的分类

探井分类要与我国目前的勘探阶段划分、勘探程序结合起来，还要与油气勘探的钻探目的紧密结合起来。我国探井分类主要有：

1. 地质井

指在盆地普查阶段，由于地层、构造复杂，用地球物理勘探方法不能发现和查明地层、构造时，为了确定构造位置、形态和查明地层层序及接触关系而钻的井。

2. 参数井（地层探井、区域探井）

指在油气区域勘探阶段，在已完成了地质普查或物探普查的盆地或坳陷内，为了解一级构造单元的区域地层层序、厚度、岩性、生油、储油和盖层条件、生储盖组合关系，并为物探解释提供参数而钻的探井。它属于盆地（坳陷）进行区域早期评价的探井。

3. 预探井

指在油气勘探的圈闭预探阶段，在地震详查的基础上，以局部圈闭、新层系或构造带为对象，以发现油气藏、计算控制储量和预测储量为目的的探井。它属于新油气藏（田）的发现井。按其钻井目的又可将预探井分为：①新油气田预探井，它是在新的圈闭上找新的油气田的探井；②新油气藏预探井，它是在油气藏已探明的边界外钻的探井，或在已探明的浅层油气藏之下，寻找较深油气藏的探井。

4. 评价井

指在地震精查的基础上（复杂区应在三维地震评价的基础上），在已获得工业性油气流的圈闭上，为查明油气藏类型、构造形态、油气层厚度及物性变化，评价油气田的规模、产能及经济价值，以建立探明储量为目的而钻的探井。滚动勘探开发中与新增储量密切相关的井，亦可列为评价井。

5. 水文井

指为了解水文地质问题和寻找水源而钻探的井。

（二）探井成本构成

众所周知，探井成本构成与钻探工程构成及经营管理体制相关联。目前，国内钻探工程主要包括钻井工程、录井工程、测井工程和试油工程四大项目工程经营管理为市场化和油田内部关联交易两种模式并存。

为此，这里将探井成本构成划分为钻井工程费、录井工程费、测井工程费、试油工程费、甲方管理费、材料顺价调差和其他费用等7种39项。

1. 钻井工程费

包括钻前、钻井和固井三项工程费。钻前工程费主要指标为征租用土地费、临时道路修建及维护费、井场驻地土建工程费、供水供电供暖工程费、塔式井架费和其他费用。钻井工程费主要指标为钻井队设备宿舍搬迁安装费、人员工资及附加费、钻井液和化学剂费、钻头费、钻具摊销及修理费、其他材料费、环保费、定向井和水平井服务及工具费、欠平衡作业费、PowerV钻井服务费，事故复杂费、其他费用。固井工程费主要指标为套管、套管头及固井附件费、水泥及添加剂费、固井作业费和其他费用。

2. 测井工程费

包括测井作业费（含新技术测井作业费）、测井资料解释费、射孔作业费等。

3. 试油工程费

包括中途地层测试费、酸化压裂费、试油材料及作业费等。

（三）探井常规解释时间流程

1. 读取数据、出曲线综合图、检查数据：数据按照标准格式画出曲线综合图，按照下列各项检查曲线质量：

（1）将综合图的曲线与原始图曲线进行对比，看两者是否有差异，并检查曲线是否存在平头（海拉尔地区井要特别注意此项）、跳点、回零等异常现象；

（2）以侧向GR曲线深度为标准深度，其余的各条曲线与侧向GR曲线的深度误差在 ±0.3m 之内；

（3）检查曲线是否符合地区规律。新解释员对于地区规律不了解，在上面两步没有问题的情况下，可以请二次解释人员检查此项。

此项时间为 0.5 天，若数据准确无误，则给二次解释人员提供一份综合图，在三天内把测井原始图及磁带各一份给资料交付；在三天内把数据形成标准和横向两种 ASCII 格式文件给张志红。标准 ASCII 格式文件包括：深侧向、浅侧向、自然伽马、自然电位、井径、井温、流体、井斜、井斜方位（若有全井声波、密度曲线也需要形成）；横向 ASCII 格式文件包括：深侧向、浅侧向、微侧向或微球、深感应、中感应、球形聚焦、自然伽马、自然电位、井径、声波、密度、中子、光电截面指数（若测量自然伽马能谱则铀、钍、钾曲线也需要形成）。

若数据有错误，则要通知室里领导，才能退回给质量室。不能私自把数据退回小队。

2. 分层、解释、处理：此项时间为 3 天。注意要填写解释记录，并让二次解释人员填写解释记录。要是有新技术，要让新技术解释人员填写解释记录。

3. 出数据表：此项时间为 0.5 天。注意交给制表人的草表必须符合制表人的要求，不能私自出草表去审井不通知制表人，否则有错自己负责。

4. 交给一次审核：此项时间为 1 天。要提供录井资料、邻井资料，流程卡、解释记录。注意审核审井时一次解释员要参加审井（遇到解释疑难层要询问并且记录解释原因）。提醒审核员填写解释记录及流程卡。

5. 交给二次审核：此项时间为 1 天。要提供录井资料、邻井资料，流程卡、解释记录。注意审核审井时一次解释员要参加审井（遇到解释疑难层要询问并且记录解释原因）。提醒审核员填写解释记录及流程卡。

6. 终极审核：此项时间为 1 天。此由领导决定需要不需要。

7. 校对及发井：此项时间为 2 天。其中根据分层多少情况，数据表校对为 0.5 ~ 1 天。

二、探井成功率

（一）探井成功率的影响因素

探井成功率受到地质类型、探测方法和标准选择、石油形成和分布规律认识、石油自身的特性等多种因素影响。

1. 地质类型分析

生油岩、储集层和盖层简称"生、储、盖"组合，是石油存在的最基本条件。

盖层及生储盖组合指位于储集层之上能够封隔储集层使其中的油气免于向上扩散的致密岩层。盖层的好坏，直接影响着油气在储集层中的聚集和保存。生油层、储集层、盖层在空间的接触关系称为生储盖组合，理想的组合关系是生油层在下，储集层居中，盖层在上，且厚度适中。

2.油气藏形成的基本条件

油气藏的形成过程，就是在各种因素的作用下，油气从分散到集中的过程。能否有丰富的、足够数量的油气聚集，形成储量丰富的油气藏，并且被保存下来，主要决定于是否具备生油层、储集层、盖层、运移、圈闭和保存等六个条件。

3.石油和天然气的运移过程认识

石油和天然气在地壳内的任何移动，都称为油气运移。油气运移可以导致石油和天然气的聚集，形成油气藏；同样，也正是油气运移导致石油和天然气的分散，已形成的油气藏被破坏，是集中还是分散，是形成还是破坏，决定于周围的地质环境。

4.石油自身的性质

粘度是石油很重要的物理特性，它直接影响石油流入井中及在输油管线中的流动速度。

（二）勘探技术运用合理性

1.地震勘探技术应用原理和过程

现代油气勘探技术包括勘探工程技术、非地震地质调查技术、地震勘探技术、钻井及井筒技术、实验室测试分析技术等。地质评价技术包括盆地分析模拟技术、油气系统评价技术、圈闭描述评价技术、油藏描述预测技术等。

2.探井部署和井筒技术

（1）探井部署搞清盆地内各种物质情况和地质规律，落实油气圈闭。但发现的圈闭是否有油气、油气储存的规模有多大，油气藏的性质和分布状况如何等一系列问题，都必须部署探井钻探验证。

（2）录井技术探井钻探过程中了解地下岩性和含油气性应用最普遍和最直接的一种技术。

（3）测井技术判断地下储集层及其物性，含油气水性、地层中缝洞、孔隙分布、岩石类型、地层倾角变化等规律的一种较为准确技术手段。

（4）测试试油技术求取地层产能和储层参数的一种技术，最终确定油气的产量高低和变化情况。

（5）酸化压裂改造技术是针对储层物性相对较差的产层或是存在一定程度的地层污染现象而影响到油气产量提高的井，进行的一种人工方法改变其渗流能力。

（三）提高探井成功率的有效方法

石油、天然气勘探，是一个高风险、高投入的行业，也是高新技术密集的行业。油气勘探的过程，是各种勘探技术和方法实践的过程，是各种勘探资料综合研究分析的过程。涵盖盆地评价、盆地优选、生、储、盖组合及演化远景资源评价有利区带预测、区带评价油气成藏特征可探明资源评价区带经济与风险有利圈闭带预测勘探决策与部署、圈闭评价圈闭识别潜在资源量（预测储量）圈闭经济、风险评价，圈闭优选钻后单井评价、油气藏评价油气藏描述预测储量、控制储量、探明储量经济评价开发方案设计。

1. 做好资料收集和准备，利用前人所做过的工作和成果，收集勘探区已有的区域构造、岩性分布、重力、磁力、地震、地质井等资料，对盆地的基本地质情况做初步的分析、研究。

2. 重视野外地质调查，调查盆地周缘露头、调查地质构造、寻找油气圈闭、调查油气苗分布情况、采集样品、采集地层的各类岩石样品、暗色泥岩的生油指标分析和古生物分析、碎屑岩做孔隙度，渗透率，岩石结构分析；火成岩、变质岩：做成分分析和绝对年龄分析，确定地层时代。

3. 野外地质调查在上述工作完成的基础上，编写出调查报告，指出有利的勘探区，提出初步的勘探思路和早期评价勘探部署意见。

4. 地震勘探测线部署，在油气勘探中，应用地震勘探技术是查明盆地构造范围、构造特征、地层发育特征的重要技术，也是寻找构造和油气圈闭最普遍、最有效的一种手段。

5. 参数井部署，根据盆地勘探初期二维地震资料并结合各种地质资料综合分析，初步认识盆地的基本构造格局，选择主要的凹陷部署一口探井（可兼探二级构造带），了解生储盖及其组合关系，最主要的钻探目的是了解盆地是否有生油条件，进而评价是否值得继续勘探。

6. 构造预探和油气藏评价勘探，在参数井定凹确定资源前景的基础上，选择有利的二级构造带和局部构造圈闭钻探，争取工业油气流的发现。在预探见油的情况下，对构造进行三维地震勘探，搞清含油构造的整体面貌，部署评价井进行详探，开展精细的油藏描述，计算控制和探明石油地质储量。

7. 深入开展石油地质综合研究评价，加强地下勘探对象的认识程度。

第四节　探　巷

一、工作面基本概况

（一）工作面概况

为探明我矿井田西南侧地质情况，布置掘进 2# 探巷，西侧为井田边界，掘进过程中穿过轨道巷、总回风巷（北段）。巷道四邻关系：东为皮带集中运输巷，南侧为采空区。

（二）巷道布置

2# 探巷掘进长度依据现场掘进地质情况决定，掘进最长距离 548.5m，规格为 4.0×3.0m 矩形断面。若探巷长度掘够 548.5m，将作为我矿综采（首采）工作面回风顺槽，巷道沿煤层底板掘进。

二、煤层赋存及围岩地质情况

（一）地层情况

2# 探巷所属沁水煤田 15# 煤层，沿煤层底板布置。本煤层属于沁水煤田东部边缘的石炭系太原组下部，厚度稳定，实际现场对煤层厚度预测，2# 探巷掘进煤体在 6.7 ～ 7.2m。煤层顶板为泥岩或砂质泥岩组成，局部变为砂岩，平均厚度为 13.84m，一般随开采而跨落，较易管理；底板为泥岩或砂质泥岩组成，局部发育为铝质泥岩，厚度 6.4 ～ 15.8m。

（二）地质构造情况

该工作面煤层呈东高西低走势，倾角为 1 ～ 6°，属近水平煤层，地质构造简单，结构稳定，为一走向北北东、倾向北西西的单斜构造。

（三）瓦斯、火、煤层、有毒有害气体情况

1. 瓦斯相对涌出量为 1.4m³/min，属低瓦斯矿井。
2. 煤尘具有爆炸性。
3. 煤层不自燃，自燃等级 Ⅲ 级。
4. 地温地压未见异常。
5. 掘进过程中可能与空区或空巷相遇，加强有毒有害气体的监测预防。

（四）水文地质情况

井田内 15# 煤层直接充水含水层为太原组 K2 ～ K4 石灰岩裂隙岩溶含水层和顶板砂岩裂隙含水层，水文地质条件为三类一型，为简单类型，但由于本次掘进 2# 探巷南侧紧邻 2004 年采空区，对于采空区边界线的不稳定性，掘进过程中特别加强老空积水的预防，故在巷道开口累计掘进距离 73m 后，还必须严格执行"有掘必探、先探后掘"的原则。

三、探巷掘进及巷道布置情况

（一）探巷简述

2# 探巷在皮带集中运输巷 P5 点往上 2.04m 处开口，与皮带集中运输巷成 76°50′24″夹角转向开口（真方位 218°00′00″）向西掘进，掘进最长距离 548.5m，规格 4.0×3.0m 矩形断面。

（二）施工顺序

探巷掘进长度依实际地质情况决定，最长掘进距离548.5m，规格为4.0×3.0m矩形断面。掘进开口由炮掘队开口掘进150m，后交由综掘一队采用EBH-120掘进机综合机械化掘进，机掘长度398.5m。

（三）探巷中腰线布置

施工中由技术科布置中线，沿煤层底板掘进，严格按给定中腰线施工。

四、探巷开口施工工艺

（一）锚杆支护施工工艺

1.施工顺序

现场交接班及安全检查——打眼——装药——联线、放炮——临时支护——出煤——打顶锚杆（索）——刷帮、打帮锚杆——接溜。

2.作业方式

全断面一次爆破法掘进。用手持式液压帮锚杆钻机打眼、煤矿许用安全炸药、毫秒延期电雷管爆破、电容式放炮器发爆、铜芯绝缘母线放炮。工作面采用斜眼楔形掏槽方式掘进，掘进面最大装药量8.8kg，掘进过程中，根据煤体实际情况及时调整炮眼位置及装药量。施工中巷道两帮各预留250mm的煤，人工用风镐、洋镐刨煤刷帮至设计宽度。

3.锚杆（锚索）施工工艺

（1）顶锚杆施工工艺

操作流程：临时支护→上顶网、钢筋梯子梁→打设锚杆。

①采用前探梁临时支护将顶绞实后，调整锚杆钻机以及钻杆孔位置。

②操作锚杆钻机进给手柄，锚杆上升至打顶位置。

③检查钻杆和钻头有无缺陷，检查顶部钻孔位置是否符合（锚杆间排距）要求。操作人员将1.2m钻杆向上插入钢带内。把钻杆下部套入钻机夹盘中。

④把钻杆抬高至距离顶板50mm以内处，对准标定孔位后提升钻杆接触顶板。启动钻机给水，打开钻进旋转手柄，钻头上部出水方可推进。

⑤启动1.2m钻杆开始钻进，钻孔到位后下缩钻机到下极限位置后，停钻，换2.4m长钻杆开始缓慢钻进，完成2.4m长钻杆（顶锚杆孔深为2300mm）。

⑥安装顶锚杆：先把半球垫快速安装器套在锚杆上，把锚垫放在顶盖板内，再把树脂药卷依次装入钻孔并用锚杆将药卷送到孔底，并将专用搅拌器插入钻机夹盘内，钻机操作人员操作钻机进给手柄使钻机缓慢上升，直至药卷全部进入，锚杆进入1/3以上后，方可

启动钻机边搅拌边推进，搅拌时间必须达到 40s，直到将锚杆送入孔底。

⑦紧固锚杆：等待 1min，开动钻机紧固螺母，确保锚杆的托板紧贴巷壁。锚杆预紧力达到规程要求后，缩回钻机。

（2）锚索施工工艺

①钻孔：采用液压锚杆钻机完成，搭设好工作台，钻孔时要保持钻机底部不挪动，以保证钻孔成一条直线，一人在工作台上扶钻，接长钻杆，一人在工作台下扶钻机，第三人负责操作钻机。其他无关人员均应远离至钻机半径 2m 以上范围外，接钻杆时任何人身体不得正对钻孔或站在钻孔下方。

②钻到预定孔深后下缩锚杆钻机同时清孔。

③锚固：采用树脂药卷锚固，孔底一支为 K2360 型，外面两支为 Z2360 型，按先后顺序用钢绞线轻轻将树脂药卷送入空底，用搅拌器将钢绞线和钻机连接起来，两人扶钻保持钻机与钻孔成一条直线，边推进边搅拌，搅拌 30s，同时将钢绞线送入孔底，等待 2min，回落钻机卸下搅拌器。

④张拉：树脂药卷锚固至少 40min 后，再装托梁、托板、锁具，并使它们紧贴顶板，挂上张拉千斤顶，开泵张拉并观察压力表读数，达到设计预紧力 35MPa 以上停止张拉，卸下张拉千斤顶。

⑤张拉前，两人上至工作台配合安装张拉千斤顶，安装好后，微动油泵至压力表读数为 2MPa 停止张拉，用 8# 铅丝将千斤顶绑在顶网上，人员全部撤出被张拉锚索下方半径 3m 以外后，负责开泵人员方可继续张拉。若张拉千斤顶行程不够必须停止张拉，两人扶住千斤顶，开泵将千斤顶回 "0"，按本规定继续张拉。

⑥张拉过程中，若发现锚索受力异常，要停止张拉，重新补打锚索。

⑦锚索间距误差不得超过设计值 ±50mm。

（3）帮锚杆施工工艺

①联网：先用洋镐敲掉两帮活煤矸架好钢筋梯子梁，铺网并将帮网与顶网及上一排帮网孔孔相连。

②打帮锚杆：控制帮锚杆钻机后检查钻头与钻杆有无缺陷，检查无误后，连接 2.0m 麻花钻杆夹入钻机孔，对准标定孔位后钻头接触煤壁。打开钻进旋转钻杆，反复迂回钻进清理孔内煤粉完成钻进后，完成打孔（帮锚杆孔深为 2.0m）。

③用液压钻打帮锚杆：标出锚杆位后一人将钻杆对准眼位，并把钻杆插入帮钻内，然后开油泵进行钻眼，另一人操作液压钻机将锚杆眼打至规定位置，当煤层节理发育时，钻孔角度与节理面垂直或斜交（帮锚杆孔深为 2.0m）。

④安装锚杆：刨平巷口并将搅拌器、锚垫及半球垫套在锚杆上，再把树脂药卷装入孔内，安好梯子梁后用锚杆将药卷送入孔底（Z2335 在孔底、Z2360 在外面），然后将搅拌器插入帮锚杆钻盘内边钻进边搅拌，直到将锚杆送入孔底。

⑤紧固锚杆：卸下搅拌器等待 1min，锚杆必须用机械或力矩扳手拧紧，确保锚杆的

托板紧贴巷壁，拧紧力矩应达 150N·m。

4. 施工要点

（1）顶板锚杆锚固力应大于 100KN，两帮锚杆锚固力应大于 70KN。

（2）锚杆间排距误差不得超过 ±100㎜。

（3）钻孔深度与锚杆有效长度（钻孔内锚杆长度）误差不大于 +30㎜。

（4）锚杆安装扭距不小于 150N·m，锚索预紧力 100KN。

（5）巷道超高 300㎜，两帮各补打一根帮锚杆，巷道超宽 200㎜补打一根顶锚杆。

5. 技术要求

（1）工作台用两个铁蹄梯与架板搭设，铁梯与底板成 80 度角竖起，架板两头要有 300mm 以上的富余量，以免梯子滑动、架板脱掉。铁梯应安防倒、防滑装置，架板厚度不得小于 50㎜，宽度不得小于 300㎜。

（2）前探梁居中位置，拧前探梁长的两列锚杆，左右误差不超过 ±50㎜以利均匀承载。

（3）回撤工作后，准备下一次循环。

6. 循环进尺

（1）掘进过程中，在顶板完整、无片帮、煤层层理、节理不太发育时，循环进尺为 900mm，掘进支护最大控顶距离 1100㎜，最小控顶距离 200㎜，永久支护端头顶锚杆距工作面最大 1100㎜，最小 200㎜，帮锚杆可滞后工作面 1m 打设。巷道沿煤层底板掘进支护排距为 900mm，循环进尺为 900㎜，掘进支护最大控顶距离 1100㎜，最小控顶距离 200㎜。

（2）在顶压较大、顶板岩性不好、煤层层理和出现高顶时，循环进尺必须控制为 700m 以下，帮锚杆要紧跟窝头打设。

7. 装运方式

掘进工作面爆破落煤后，工作面铺设刮板输送机随掘进工作面前进延长刮板输送机刮板，炮掘开口工作面架设 2 部刮板输送机接力，第一部刮板输送机与皮带集中运输巷内 SJ-80Ⅱ型皮带机搭接。

运煤系统：出煤工作面→SGB-420/30 刮板输送机→SJ-80Ⅱ型皮带机→煤仓→主斜井→地面煤厂。工作面放炮后，及时进行敲帮问顶，处理帮、顶活煤（矸）并对工作面通风、防尘、顶板、支架、瞎炮、残爆等进行全面处理，确认无误后安设可靠的前探梁护顶，打设好刮板输送机尾柱，工作面出煤由工人用擢煤锹配合工作面刮板输送机装煤。

（二）2# 探巷支护方式

1. 巷道支护形式

2# 探巷顶板采用树脂卷加长锚固，高强度螺纹钢锚杆设计，铺设煤矿井下金属网和钢筋梯子梁，两帮采用树脂药卷加长锚固 A3 圆钢锚杆设计，铺设金属网和钢筋梯子梁。

2. 临时支护

2# 探巷掘进采用 2 根 3 寸钢管（长度 3.5m）做前探梁配合专用钢卡固定于窝头永久锚杆下进行临时支护，如果顶板高低不平，前探梁无法前穿时，可用 30D 刮板输送机大链将前探梁吊于梁卡上，大链必须用马蹄环联结，螺母满丝紧扣、封口。

具体操作顺序为：敲帮问顶——铺顶网——前审前探梁——绞顶木板临时支护。

（1）敲帮问顶：敲帮问顶由班组长进行，并严格执行敲帮问顶的有关安全措施。

（2）铺金属网、敲帮问顶后，视顶板情况暂无危险时，及时对工作面新暴露的顶板铺挂网，同时在网片对接的左中右部各联结三扣。

（3）前审前探梁，绞顶临时支护顶板，人员站在爆落的煤体上前移前探梁卡，将前探梁卡扭结到永久支护巷中的两根锚杆上，前面两人用钢带将网片推起，后面两人用钢带顶住前探梁审进空顶区，然后将绞顶木板及钢带横放到前探梁上，用大板木楔绞实顶板后将网片扣扣相联并梳成辫。

（4）掘进工作面的临时支护循环使用。

（5）作业期间，必须设专人现场监护，发现问题及时处理。

（6）作业人员作业期间，必须时刻保持退路畅通。

3. 永久支护

（1）顶板支护

2# 探巷顶锚杆规格为 $\Phi 20 \times 2400$ mm 的高强度螺纹钢锚杆 5 根，锚杆的间距为 900 mm，从梁头至中间距为 200 mm、900 mm、900 mm、900 mm、900 mm、200 mm，排距为 900 mm，采用一支双速 K2360 和一支 Z2360 树脂锚固剂进行锚固，孔底一支为超快药卷，外面一支为中速，锚固长度 1.4m，铺设金属网和 $\Phi 14$ mm 的 A3 圆钢焊制的长 3800 mm钢筋梯子梁。

锚索加强支护为每隔 3 排锚杆即 2700mm 安装一套锚索，一套锚索包括 11.3m 长钢绞线一根，400 mm 长的 18# 槽钢一块，$100 \times 100 \times 8$ mm 的钢板一块、锁具一套，采用一支双速 K2360 和两支 Z2360 树脂锚固剂进行锚固，孔底为一支双速，分别为超快和中速，超快在孔底，外面两支为中速，锚固长度 2100 mm。

（2）两帮支护

巷道两帮各布置 4 根 $\Phi 20 \times 2000$ mm A3 圆钢锚杆，间距为梁头往下 400 mm、800 mm、800 mm、800 mm、200 mm，锚杆排距 900 mm，树脂药卷加长锚固，每根锚杆用一支 Z2360 树脂药卷和一支 K2335 树脂药卷加强锚固，孔底为一致快速药卷，锚固长度为 1000 mm，两帮均铺设金属网和 $\Phi 14$ mm 的 A3 圆钢焊制的长 2600 mm钢筋梯子梁。

第七章 矿产勘查与高新技术

第一节 专家系统与智能勘查

一、专家系统

专家系统是一个智能计算机程序系统，其内部含有大量的某个领域专家水平的知识与经验，能够利用人类专家的知识和解决问题的方法来处理该领域问题。也就是说，专家系统是一个具有大量的专门知识与经验的程序系统，它应用人工智能技术和计算机技术，根据某领域一个或多个专家提供的知识和经验，进行推理和判断，模拟人类专家的决策过程，以便解决那些需要人类专家处理的复杂问题，简而言之，专家系统是一种模拟人类专家解决领域问题的计算机程序系统。

专家系统属于人工智能的一个发展分支，自1968年费根鲍姆等人研制成功第一个专家系统DENDEL以来，专家系统获得了飞速的发展，并且运用于医疗、军事、地质勘探、教学、化工等领域，产生了巨大的经济效益和社会效益。现在，专家系统已成为人工智能领域中最活跃、最受重视的领域。

（一）专家系统（ES）的构造

专家系统通常由人机交互界面、知识库、推理机、解释器、综合数据库、知识获取等6个部分构成。

知识库用来存放专家提供的知识。专家系统的问题求解过程是通过知识库中的知识来模拟专家的思维方式的，因此，知识库是专家系统质量是否优越的关键所在，即知识库中知识的质量和数量决定着专家系统的质量水平。一般来说，专家系统中的知识库与专家系统程序是相互独立的，用户可以通过改变、完善知识库中的知识内容来提高专家系统的性能。

人工智能中的知识表示形式有产生式、框架、语义网络等，而在专家系统中运用得较为普遍的知识是产生式规则。产生式规则以 IF…THEN…的形式出现，就像 BASIC 等编程语言里的条件语句一样，IF 后面跟的是条件（前件），THEN 后面的是结论（后件），条件与结论均可以通过逻辑运算 AND、OR、NOT 进行复合。在这里，产生式规则的理解非常简单：如果前提条件得到满足，就产生相应的动作或结论。

推理机针对当前问题的条件或已知信息，反复匹配知识库中的规则，获得新的结论，以得到问题求解结果。在这里，推理方式可以有正向和反向推理两种。正向推理是从前件匹配到结论，反向推理则先假设一个结论成立，看它的条件有没有得到满足。由此可见，推理机就如同专家解决问题的思维方式，知识库就是通过推理机来实现其价值的。

人机界面是系统与用户进行交流时的界面。通过该界面，用户输入基本信息、回答系统提出的相关问题，并输出推理结果及相关的解释等。

综合数据库专门用于存储推理过程中所需的原始数据、中间结果和最终结论，往往是作为暂时的存储区。解释器能够根据用户的提问，对结论、求解过程做出说明，因而使专家系统更具有人情味。

知识获取是专家系统知识库是否优越的关键，也是专家系统设计的"瓶颈"问题，通过知识获取，可以扩充和修改知识库中的内容，也可以实现自动学习功能。

（二）专家系统（ES）的特点

1. 为解决特定领域的具体问题，除需要一些公共的常识，还需要大量与所研究领域问题密切相关的知识。

2. 一般采用启发式的解题方法。

3. 在解题过程中除了用演绎方法外，有时还要求助于归纳方法和抽象方法。

4. 需处理问题的模糊性、不确定性和不完全性。

5. 能对自身的工作过程进行推理（自推理或解释）。

6. 采用基于知识的问题求解方法。

7. 知识库与推理机分离。

（三）专家系统（ES）的分类

用于某一特定领域内的专家系统，可以划分为以下几类：

1. 诊断型专家系统：根据对症状的观察分析，推导出产生症状的原因以及排除故障方法的一类系统，如医疗、机械、经济等。

2. 解释型专家系统：根据表层信息解释深层结构或内部情况的一类系统，如地质结构分析、物质化学结构分析等。

3. 预测型专家系统：根据现状预测未来情况的一类系统，如气象预报、人口预测、水文预报、经济形势预测等。

4. 设计型专家系统：根据给定的产品要求设计产品的一类系统，如建筑设计、机械产品设计等。

5. 决策型专家系统：对可行方案进行综合评判并优选的一类专家系统。

6. 规划型专家系统：用于制定行动规划的一类专家系统，如自动程序设计、军事计划的制定等。

7. 教学型专家系统：能够辅助教学的一类专家系统。

8. 数学专家系统：用于自动求解某些数学问题的一类专家系统。

9. 监视型专家系统：对某类行为进行监测并在必要时候进行干预的一类专家系统，如机场监视、森林监视等。

（四）专家系统（ES）的发展

目前的专家系统发展确实存在着一些限制，在未来的年代中，许多今日专家系统缺失将会被改善，相信未来专家系统应该继续研究的项目有：具有处理常识的能力；发展深层的推论系统；不同层次解释的能力；使专家系统具有学习的能力；分布式专家系统；轻易获取与更新知识的能力。

未来发展的专家系统，能经由感应器直接由外界接受资料，也可由系统外的知识库获得资料，在推理机中除推理外，上能拟定规划，仿真问题状况等。知识库所存的不只是静态的推论规则与事实，更有规划、分类、结构模式及行为模式等动态知识。

二、智能勘查

美国石油界最先采用"智能物探"技术，在保证 3D 勘探图像精度前提下，大力减少物探作业采集数据的数量，从而缩短物探作业周期，降低作业成本，提高石油物探作业效率。

美国公司的一项重要前沿技术，即为"压缩传感"技术。2015 年以来，美国康菲石油公司开展"压缩传感"技术研究与应用，用以改进原有的常规 3D 石油物理勘探技术，获得重要进展。

（一）"智能物探"技术背景

当前随着油气勘探目标的日益复杂化，要求地震数据采集更加精细化。虽然世界石油公司仍然采用高密度地震数据采集，以满足地震信号采样的要求，但是常规 3D 地震数据采集，采集周期较长，生产成本较高。

美国康菲石油公司利用"压缩传感勘探技术"，改进原有的 3D 石油地震勘探过程，在保持原有 3D 数字采集质量基础上，缩短地震数据采集周期，降低地球物理勘探成本。目前已经完成商业应用。

（二）"智能物探"技术原理

所谓"压缩传感"技术，是近 10 年来世界上迅速推广的一种计算机数字采集新技术。其原理是在数据采集过程中，通过设置相对较少的传感器，采集相对较少的数据，利用各种数据手段，获得尽可能多的原数据信息。

详细说，在油气地球物理勘探中，通过采集相对较少的数据，经过系列数学转换，获得更多与更清晰的地质剖面信息。

我们可以用智能手机照像作为实例，说明"智能物探"中"压缩传感"技术工作原理。常规智能手机照像时，拍照对象被均匀划分为"千百万个点"，也就是我们所说的照像机"像素"，以完成对物体影像的描绘。

而我们若使用带有"压缩传感"技术的智能手机照像，则手机可以根据照像物体曲线的变化程度，与在整个图像中的重要程度，自动划分照像"像素"的密度，从而使同一照片在像素数量大为减少情况下，也能获得高质量与高清晰度的照片。

（三）"智能物探"技术应用

由于"压缩传感勘探技术"进行地球物理勘探时，采集的数据相对较少，故作业周期短，施工效率高。而且还保障原有的 3D 地球物理勘探作业成果质量。

美国康菲石油公司，于 2017 年对此新技术进行商业应用。该公司在美国 Alaska（阿拉斯加）进行的地球物理勘探作业，使用 12 缆深海物探船，拖缆间距为 50m，而"双源"触发器间距为 18.75m。

在物探作业中，该公司利用"非规则优化采样"方法，进行震源间距变化，从最小间距 12.5m 到最大 30m，改变震源发射点，从而达到最优物探效果。

此外，在作业中，采用该公司研发的"压缩地震成像技术"，包括"非规则优化采样"、混源采集技术、数据重建技术等，克服北极圈作业的环境与季节限制，获得高分辨率的地层图像。

三、WD 智能微动勘探技术

（一）微动勘探的原理

以往进行大深度地震波勘探时，爆破震源是一种主要方式，但是在美国"911"恐怖事件之后，由于各国加强了安保措施，国内对于火工材料的管控也越来越严，使得以火工材料爆破作为震源来实现大深度勘探无法实现，因此利用自然界中存在的各种微弱震动作为震源进行的微动勘探（也称天然源面波勘探）逐渐被人们所重视。

地球表面时刻都处在一种微弱的震动状态下，这种连续的微弱震称为微动。微动信号主要源自于两方面：一是人类的日常活动，包括各种机械振动、道路交通等，这些活动产生的信号频率一般大于 1Hz，属于高频信号源，这类微动信号通常被称作常时微动；二是各种自然现象，包括海浪对海岸的撞击、河水的流动、风、雨、气压的变化等，这些现象产生的信号频率一般小于 1Hz，属于低频信号源，这类微动通常被称作长波微动。微动没有特定的震源，振动来自观测点的四面八方，携带有丰富的地球内部信息，在时间和空间上存在高度变化、无规律性、无重复性的特点。微动的频谱特性反映了微动在时间和空间上的变化，这一点正是利用微动信号来研究地下横波速度结构的重要参数。

微动是由体波（P 波和 S 波）和面波（瑞雷波和勒夫波）组成的复杂振动，其中面波的能量占信号总能量的 70% 以上。微动勘探主要采用台阵方法（SPAC 法）来接收微动信息，从中提取瑞利面波的频散特性，通过对频散曲线进行反演获得地层的横波速度，以此推断地壳浅部的横波速度结构。观测台阵主要有圆形、"+" 字形或 "L" 形，我们的研究表明观测台阵还可以有更多的形式，也可以采取任意形式布置检波器，但需要满足三个条件：满足探查深度范围需要的波长、台阵中各接收点连线的方向要尽可能地多、台阵中各接收点之间的距离要方便计算。

微动勘探无需任何人工震源，具有经济环保的优点；另外微动信号频率低、波长大，勘探深度大，已有的研究表明 SPAC 法的有效波长范围为台站半径的 3.2 ~ 17.2 倍；台阵式的观测系统具有较强的抗干扰能力，所以微动勘探具有越来越广泛的应用前景。

（二）智能勘探的必要性

以往的微动勘探是现场采集不被认识的随机信号，而后回到室内再进行数据处理，仪器的作用是数据的采集器和存储器。其流程分为 3 个步骤：采集数据、提取频散曲线以及频散曲线反演。这种工作流程与常规地震波勘探的通行做法相同。常规地震波勘探可以采用现场采集和事后数据处理分开做，重要原因是野外采集的数据可辨识、可复测校对、可评价质量。换言之：保证采集记录质量，处理成果质量也就具有了可靠基础。

1. 为常规地震勘探波形记录，具有以下特点：

（1）1 个已知震源点的一次地震波传播记录。

（2）各种波的传播规律明确，如直达、折射、面波、反射、声波等。

（3）可判断采集记录质量及是否达到目的，无须进行处理后再来判别采集记录是否有效，可保证野外记录采集的质量及有效性。

2. 微动勘探采集的特点是：

（1）无数个未知震源点、长时间的地震波记录。

（2）无规律的随机信号。

（3）无法认识有效信号和噪声信号。

（4）无法判断记录质量及是否达到目的。

因此对野外采集到的数据处理后能否得到想要的成果不确定，即数据采集具有盲目性，工作处于被动状态。即使现场能够进行数据处理，虽能保证各测量点野外资料采集的有效性，但施工效率不高，并且对技术人员专业水平要求较高，不便推广应用。

（三）WD 智能微动勘探的优点

WD 智能微动勘探在现场布置好接收点、连接好装置、打开 WD 仪器，在仪器屏幕上可以直接看到地层频散曲线及其逐渐收敛稳定的过程，10 ~ 30分钟完成几米到几百米深度的地层勘探，并获得场地卓越周期等参数。

1. 无需人工震源，安全、节能、环保、便捷，并且实时看到地质勘探成果；对于减少城市地下空间勘探中的交通拥堵和扰民，具有重大意义。

2. WD仪器安装有自动识别与提取天然源面波信号的专家处理系统，采集过程中实时显示面波勘探的结果——面波频散曲线，以及面波频散曲线随采集过程逐渐收敛、细化、稳定的过程，实现根据面波频散曲线的合格程度控制现场采集的模式。智能化的仪器保证微动勘探一次采集即可成功，以往复杂的事情今日简单做，以往笨重的钻探今日可用轻便WD智能勘探完成。

3. WD智能系统具备压制近源干扰影响的功能，有效解决浅部信息空白的问题。常规微动勘探由于受近源干扰信号影响，很难获得靠近浅地表的地层信息，WD系统改写了过往很多文献介绍的天然源面波能够测深不能测浅、浅部频散资料需要人工源补充的问题。

第二节　遥感技术与全球定位

一、遥感技术

这是20世纪60年代兴起的一种探测技术，是根据电磁波的理论，应用各种传感仪器对远距离目标所辐射和反射的电磁波信息，进行收集、处理，并最后成像，从而对地面各种景物进行探测和识别的一种综合技术，通过遥感技术，可查询到高分一号、高分二号、资源三号等国产高分辨率遥感影像。

遥感技术是从远距离感知目标反射或自身辐射的电磁波、可见光、红外线，对目标进行探测和识别的技术。例如航空摄影就是一种遥感技术。人造地球卫星发射成功，大大推动了遥感技术的发展。现代遥感技术主要包括信息的获取、传输、存储和处理等环节。完成上述功能的全套系统称为遥感系统，其核心组成部分是获取信息的遥感器。遥感器的种类很多，主要有照相机、电视摄像机、多光谱扫描仪、成像光谱仪、微波辐射计、合成孔径雷达等。传输设备用于将遥感信息从远距离平台（如卫星）传回地面站。信息处理设备包括彩色合成仪、图像判读仪和数字图像处理机等。

（一）基本原理

任何物体都具有光谱特性，具体地说，它们都具有不同的吸收、反射、辐射光谱的性能。在同一光谱区各种物体反映的情况不同，同一物体对不同光谱的反映也有明显差别。即使是同一物体，在不同的时间和地点，由于太阳光照射角度不同，它们反射和吸收的光谱也各不相同。

遥感技术就是根据这些原理，对物体作出判断。遥感技术通常是使用绿光、红光和红外光三种光谱波段进行探测。绿光段一般用来探测地下水、岩石和土壤的特性；红光段探测植物生长、变化及水污染等；红外段探测土地、矿产及资源。此外，还有微波段，用来探测气象云层及海底鱼群的游弋。

（二）系统组成

遥感技术是由遥感器、遥感平台、信息传输设备、接收装置以及图像处理设备等组成。遥感器装在遥感平台上，它是遥感系统的重要设备，它可以是照相机、多光谱扫描仪、微波辐射计或合成孔径雷达等。信息传输设备是飞行器和地面间传递信息的工具。图像处理设备（见遥感信息处理）对地面接收到的遥感图像信息进行处理（几何校正、滤波等）以获取反映地物性质和状态的信息。图像处理设备可分为模拟图像处理设备和数字图像处理设备两类，现代常用的是后一类。判读和成图设备是把经过处理的图像信息提供给判释人员直接判释，或进一步用光学仪器或计算机进行分析，找出特征，与典型地物特征进行比较，以识别目标。地面目标特征测试设备测试典型地物的波谱特征，为判释目标提供依据。

（三）遥感平台

遥感平台是遥感过程中乘载遥感器的运载工具，它如同在地面摄影时安放照相机的三脚架，是在空中或空间安放遥感器的装置。主要的遥感平台有高空气球、飞机、火箭、人造卫星、载人宇宙飞船等。遥感器是远距离感测地物环境辐射或反射电磁波的仪器。使用的有 20 多种，除可见光摄影机、红外摄影机、紫外摄影机外，还有红外扫描仪、多光谱扫描仪、微波辐射和散射计、侧视雷达、专题成像仪、成像光谱仪等，遥感器正在向多光谱、多极化、微型化和高分辨率的方向发展。

遥感器接收到的数字和图像信息，通常采用三种记录方式：胶片、图像和数字磁带。其信息通过校正、变换、分解、组合等光学处理或图像数字处理过程，提供给用户分析、判读，或在地理信息系统和专家系统的支持下，制成专题地图或统计图表，为资源勘察、环境监测、国土测绘、军事侦察提供信息服务。

我国已成功发射并回收了 10 多颗遥感卫星和气象卫星，获得了全色像片和红外彩色图像，并建立了卫星遥感地面站和卫星气象中心，开发了图像处理系统和计算机辅助制图系统。从"风云二号"气象卫星获取的红外云图上，我们每天都可以从电视机上观看到气象形势。

（四）地质勘探中遥感技术的应用

1. 地质勘探中遥感技术的应用范围

（1）对于地质构造信息的获取

利用遥感技术进行相关的地质勘探工作最为主要的一个标志就是反映在相关的空间信息上。从地理环境所处的区域成矿线状影像图上就可以提取到许多十分重要的信息，包括酸性、碱性的岩体，火山形成的盆地，火山的构造以及热液活动等一系列的地理环境都可以为遥感系统提供许多重要的内容。当断裂是一个较为主要的控矿构造的时候，对于断裂地区的构造遥感信息的重点提取可以收获常规手段收获不到的内容。遥感技术在地质勘探中的成像过程中还有可能会产生"模糊作用"，常使用户感兴趣的线性型际，纹理等重要信息显得模糊不清，难以令相关的工作人员进行辨识工作，从而给遥感技术的进一步扩大使用留下了隐患。

（2）基于植被波谱的找矿意义

从生物的角度来说，在地下微生物和低下暗河的参与下，矿区内部的很多金属元素或者是金属矿物质都会引发矿区上层地质结构的构造变化，从而导致矿区上层地表覆盖土壤成分的变化。而在矿区上层地表覆盖有土壤的地方，往往生长着许多的植被，而这些植物对于金属元素都能够产生不同程度的吸收和聚集作用，进而影响到绿叶体内的叶绿素的含量，从而使得遥感卫星所观察到的植被波谱出现异常。在矿区上方生长的这些植物的变化在没有遥感技术之前，是很难被地质勘探的工作人员总结出来的，而遥感技术的出现在很大程度上帮助地质勘探工作有了一个更好的手段发现矿区构造。

（3）矿产改造信息的标志性

当矿区的主题矿床形成之后，受到矿床所在地区地理环境、地理空间位置变化的影响，往往会导致矿床的某些性状发生一个根本性的变化，从而导致地质勘查人员的工作难度增大。而通过遥感技术获取到的宏观遥感技术图像的对比，就可以十分轻易的研究出矿床的剥蚀改造作用，进而结合矿床进行成矿深度的详细研究。通过深入的研究区域内平面构造关系图和矿床位置的关系，就可以找到不同矿床在不同的区域构造图中的变化规律，进而建立一个较为完善的地质勘探标志体系，从而有利于后续开发工作的进展。

2. 地质勘探过程中遥感技术的发展前景

（1）高光谱数据及遥感微波的运用

高光谱技术是指集探测器技术、精密光学仪器、微弱信号检测、计算机技术等多种高精技术于一体的综合性技术，对于地质勘探工作效率的提升有着十分显著的作用。基于高光谱技术的遥感微波可以以纳米级的光谱分辨率，在完成的生成图像的同时记录下多达上百条的光谱数据通道。而从每个成像单元上提取出的光谱数据则可以建立一条连续的光谱曲线，从而进一步地实现了地理物理空间信息、辐射数据信息和光谱成像信息之间的同步，因此这种基于高光谱技术的遥感微波有着十分光明的应用前途和发展前景，我们应该充分的关注这种技术的发展，并不断地与自身的实际情况相结合，将其应用到自身的实际工作当中，为地质勘查工作做出应有的贡献。

（2）数据的融合

随着在地质勘探过程中遥感技术的不断发展，尤其是微波、多光谱等各种新型的传感器材的不断问世，他们开始以各种不同的空间尺度和时间周期以及光谱范围等多个方面反映出目标物品的各种特性，构成了同一地区的多源头数据链。但是相对于单源头的数据来说，这种多数据源头的数据形式可以在多个方面形成一个较为鲜明的对比，从而帮助地质勘探人员更好地完成相关地质勘探数据汇总工作，从而极大程度上提高了工作的准确性和效率。基于这方面的数据融合主要包括来自遥感卫星上个数据的融合处理，遥感数据和非遥感系统产生的数据融合处理。尽管在遥感技术中数据的融合取得了许多令人可喜可贺的进展，但是相对来说并不十分成熟的算法公式令数据的融合仍然存在着许多的问题。因此，在以后的工作中仍然需要地质勘探的相关工作人员不断地进行相关的补充和完善。

（3）图像接受、处理及信息提取技术的发展和完善

除了以上几个方面之外，遥感技术另外一个十分值得重视的发展方面就是要不断地提升遥感图像的接收成像能力、以及对于遥感系统所产生信息的提取和处理能力。而要想做好这个方面的遥感系统开发工作，则应该从以下方面入手，首先应该进一步发展具有高分辨率的传感器，以便能够接收更加微弱、更加细小的地质信息信号。其次，加强信息的提取方法还包括应该解决计算机处理的技术问题，如补偿信号在传递过程中的丢失以及失真，图像的不清晰成像等。这些问题都是十分值得重视的方面。另外，加强对于后备人才梯队的培养也是一个十分重要的方面，只有不断地提升地质勘探人员的技能素养，才能够满足相关技术的发展需求。

二、全球定位系统

全球定位系统是利用 GPS 定位卫星，在全球范围内实时进行定位、导航的系统，称为全球卫星定位系统，简称 GPS。GPS 是由美国国防部研制建立的一种具有全方位、全天候、全时段、高精度的卫星导航系统，能为全球用户提供低成本、高精度的三维位置、速度和精确定时等导航信息，是卫星通信技术在导航领域的应用典范，它极大地提高了地球社会的信息化水平，有力地推动了数字经济的发展。

（一）工作原理

1.定位原理

GPS 导航系统的基本原理是测量出已知位置的卫星到用户接收机之间的距离，然后综合多颗卫星的数据就可知道接收机的具体位置。要达到这一目的，卫星的位置可以根据星

载时钟所记录的时间在卫星星历中查出。而用户到卫星的距离则通过记录卫星信号传播到用户所经历的时间，再将其乘以光速得到由于大气层电离层的干扰，这一距离并不是用户与卫星之间的真实距离，而是伪距（PR， ）：当 GPS 卫星正常工作时，会不断地用 1 和 0 二进制码元组成的伪随机码（简称伪码）发射导航电文。GPS 系统使用的伪码一共有两种，分别是民用的 C/A 码和军用的 P（Y）码。C/A 码频率 1.023MHz，重复周期一毫秒，码间距 1 微秒，相当于 300m；P 码频率 10.23MHz，重复周期 266.4 天，码间距 0.1 微秒，相当于 30m。而 Y 码是在 P 码的基础上形成的，保密性能更佳。导航电文包括卫星星历、工作状况、时钟改正、电离层时延修正、大气折射修正等信息。它是从卫星信号中解调制出来，以 50b/s 调制在载频上发射的。导航电文每个主帧中包含 5 个子帧每帧长 6s。前三帧各 10 个字码；每三十秒重复一次，每小时更新一次。后两帧共 15000b。导航电文中的内容主要有遥测码、转换码、第 1、2、3 数据块，其中最重要的则为星历数据。当用户接收到导航电文时，提取出卫星时间并将其与自己的时钟做对比便可得知卫星与用户的距离，再利用导航电文中的卫星星历数据推算出卫星发射电文时所处位置，用户在 WGS-84 大地坐标系中的位置速度等信息便可得知。

可见 GPS 导航系统卫星部分的作用就是不断地发射导航电文。然而，由于用户接收机使用的时钟与卫星星载时钟不可能总是同步，所以除了用户的三维坐标 x、y、z 外，还要引进一个 Δt 即卫星与接收机之间的时间差作为未知数，然后用 4 个方程将这 4 个未知数解出来。所以如果想知道接收机所处的位置，至少要能接收到 4 个卫星的信号。

GPS 接收机可接收到可用于授时的准确至纳秒级的时间信息；用于预报未来几个月内卫星所处概略位置的预报星历；用于计算定位时所需卫星坐标的广播星历，精度为几米至几十米（各个卫星不同，随时变化）；以及 GPS 系统信息，如卫星状况等。

GPS 接收机对码的量测就可得到卫星到接收机的距离，由于含有接收机卫星钟的误差及大气传播误差，故称为伪距。对 CA 码测得的伪距称为 CA 码伪距，精度约为 20 米左右，对 P 码测得的伪距称为 P 码伪距，精度约为 2 米左右。

GPS 接收机对收到的卫星信号，进行解码或采用其他技术，将调制在载波上的信息去掉后，就可以恢复载波。严格而言，载波相位应被称为载波拍频相位，它是收到的受多普勒频移影响的卫星信号载波相位与接收机本机振荡产生信号相位之差。一般在接收机钟确定的历元时刻量测，保持对卫星信号的跟踪，就可记录下相位的变化值，但开始观测时的接收机和卫星振荡器的相位初值是不知道的，起始历元的相位整数也是不知道的，即整周模糊度，只能在数据处理中作为参数解算。相位观测值的精度高至毫米，但前提是解出整周模糊度，因此只有在相对定位、并有一段连续观测值时才能使用相位观测值，而要达到优于米级的定位精度也只能采用相位观测值。

按定位方式，GPS 定位分为单点定位和相对定位（差分定位）。单点定位就是根据一台接收机的观测数据来确定接收机位置的方式，它只能采用伪距观测量，可用于车船等的概略导航定位。相对定位（差分定位）是根据两台以上接收机的观测数据来确定观测点之间的相对位置的方法，它既可采用伪距观测量也可采用相位观测量，大地测量或工程测量均应采用相位观测值进行相对定位。

在 GPS 观测量中包含了卫星和接收机的钟差、大气传播延迟、多路径效应等误差，在定位计算时还要受到卫星广播星历误差的影响，在进行相对定位时大部分公共误差被抵消或削弱，因此定位精度将大大提高，双频接收机可以根据两个频率的观测量抵消大气中电离层误差的主要部分，在精度要求高，接收机间距离较远时（大气有明显差别），应选用双频接收机。

GPS 定位的基本原理是根据高速运动的卫星瞬间位置作为已知的起算数据，采用空间距离后方交会的方法，确定待测点的位置。假设 t 时刻在地面待测点上安置 GPS 接收机，可以测定 GPS 信号到达接收机的时间 △ t，再加上接收机所接收到的卫星星历等其他数据可以确定以下四个方程式。

2. 定位精度

28 颗卫星（其中 4 颗备用）早已升空，分布在 6 条交点互隔 60 度的轨道面上，距离地面约 20000 千米。已经实现单机导航精度约为 10 米，综合定位的话，精度可达厘米级和毫米级。但民用领域开放的精度约为 10 米。

（二）组成部分

1. 空间部分

GPS 的空间部分是由 24 颗卫星组成（21 颗工作卫星；3 颗备用卫星），它位于距地表 20200km 的上空，运行周期为 12h。卫星均匀分布在 6 个轨道面上（每个轨道面 4 颗），轨道倾角为 55°。卫星的分布使得在全球任何地方、任何时间都可观测到 4 颗以上的卫星，并能在卫星中预存导航信息，GPS 的卫星因为大气摩擦等问题，随着时间的推移，导航精度会逐渐降低。

2. 地面控制系统

地面控制系统由监测站、主控制站、地面天线所组成，主控制站位于美国科罗拉多州春田市。地面控制站负责收集由卫星传回之信息，并计算卫星星历、相对距离，大气校正等数据。

3. 用户设备部分

用户设备部分即 GPS 信号接收机。其主要功能是能够捕获到按一定卫星截止角所选择的待测卫星，并跟踪这些卫星的运行。当接收机捕获到跟踪的卫星信号后，就可测量出接收天线至卫星的伪距离和距离的变化率，解调出卫星轨道参数等数据。根据这些数据，接收机中的微处理计算机就可按定位解算方法进行定位计算，计算出用户所在地理位置的经纬度、高度、速度、时间等信息。接收机硬件和机内软件以及 GPS 数据的后处理软件包构成完整的 GPS 用户设备。GPS 接收机的结构分为天线单元和接收单元两部分。接收机一般采用机内和机外两种直流电源。设置机内电源的目的在于更换外电源时不中断连续观测。在用机外电源时机内电池自动充电。关机后机内电池为 RAM 存储器供电，以防止数据丢失。各种类型的接收机体积越来越小，重量越来越轻，便于野外观测使用。其次则为使用者接收器，现有单频与双频两种，但由于价格因素，一般使用者所购买的多为单频接收器。

（三）GPS 技术在地质勘探工作中的实际应用

1. 野外采集的准备工作

在进行初始化后，相关作业人员还需要建立自定义相关坐标系统，该项坐标系统也就是工作区的相关坐标系统。该项相关系统能够同 Lon/Lat 坐标进行转换。同 GPS 来进行相关测量的时候通常需要用两台或者两台之上的 GPS 接收机，其中一台作为基站，另外一台或者两台作为主要的流动站，流动站的 GPS 接收机以及基站的接受接在进行数据采集之后，要对于数据进行差分处理，之后就能够获得毫米或者厘米级的相关测量坐标。所以在进行野外作业之前，需要对每一台接收机实行统一的自定义坐标系统以及初始化设定，从而达到实际的同步要求。

2. 野外基站相关位置的选择

在对矿产地质进行勘查时，通常都会在一些地形比较复杂的地区，比如山区等，由于在山区环境下受到山高、密林以及通视条件的影响，所以对于野外基站的选择一定要找准位置，一般情况下会选择通视条件比较好，并且有利于对卫星信号进行采集的相关位置，一般都是在山顶比较开阔的地方。此外，在进行基站实际位置的选择时，其对于相关控制点的精度有很高的要求，其实际的精度越高，差分值的实际精度就会越高。移动站所进行记录的原始数据以及基准站所进行记录的一些原始坐标数据都是高精度进行结算的根本和基础。

第三节　地理信息与神经网络

一、地理信息

地理信息是地理数据所蕴含和表达的地理含义，是与地理环境要素有关的物质的数量、质量、性质、分布特征、联系和规律的数字、文字、图像和图形等的总称。

首先，地理信息属于空间信息，其位置的识别是与数据联系在一起的，这是地理信息区别于其他类型信息的一个最显著的标志（空间性）。其次，地理信息具有多维结构的特点（多维性）。第三，地理信息的时序特征很明显（时序性）。

（一）特性

地理信息除具备信息的一般特性外，还具备以下独特特性：

1. 区域性

地理信息属于空间信息，其是通过数据进行标识的，这是地理信息系统区别其他类型信息最显著的标志，是地理信息的定位特征。区域性即是指按照特定的经纬网或公里网建立的地理坐标来实现空间位置的识别，并可以按照指定的区域进行信息的并或分。

2. 多维性

具体是指在二维空间的基础上，实现多个专题的地三维结构。即是指在一个坐标位置上具有多个专题和属性信息。例如，在一个地面点上，可取得高程，污染，交通等等多种信息。

3. 动态性

主要是指地理信息的动态变化特征，即时序特征。可以按照时间尺度将地球信息划分为超短期的（如台风、地震）、短期的（如江河洪水、秋季低温）、中期的（如土地利用、作物估产）、长期的（如城市化、水土流失）、超长期的（如地壳变动、气候变化）等。从而使地理信息常以时间尺度划分成不同时间段信息，这就要求及时采集和更新地理信息，并根据多时相区域性指定特定的区域得到的数据和信息来寻找时间分布规律，进而对未来做出预测和预报。

（二）发展趋势

1. 趋势

客观世界是一个庞大的信息源，随着现代科学技术的发展，特别是借助近代数学，空间科学和计算机科学，人们已能够迅速地采集到地理空间的几何信息，物理信息和人文信息，并适时适地识别、转换、存储、传输、显示并应用这些信息，使它们进一步为人类服务。

地理信息已经得到了广泛应用，服务于我们的生活、工作中，并带来便利。电子地图、卫星导航、遥感影像，这些地理信息产业链上的新生事物正在创造奇迹，效益已经显现。地理信息系统（GIS）集地球数字化于一身，能装下整个地球的超量信息。目前，全球 GIS 这一新技术产业的年增长率已达到 35% 以上。

环境保护是全球范围的问题，人们越来越认识到环境保护的重要性。2000 年，国家环保总局与国家测绘局合作开展了中国西部地区生态环境遥感现状调查，在双方实现了数据共享的基础上，利用 GIS 信息数据编制了《中国西部地区生态环境资源现状遥感调查图集》，并结合有关地貌、气象、降水以及地质、水文资料，对西部地区不同区域耕地、草地沙漠化和水土流失进行了全面分析。

2002 年，两局再度合作，开展了中国中、东部地区生态环境现状遥感调查，建立了中、东部地区生态环境现状遥感调查综合数据库，从生态环境现状的评价，到变化趋势、荒漠化、水土流失、土地利用和土地覆盖的变化，以及典型地区生态环境走势等，都进行了分析论证，在成果共享的基础上，取得了良好的效益。为了"天更蓝，水更绿"，目前，两个部门正在进一步对遥感、地理信息系统技术应用于全国生态环境保护方面进行长期合作。这就是地理信息的作用。

2. 国内发展

近期以来，我国多地洪涝灾害肆虐，给北京、重庆、天津等地造成严重的人员伤亡和财产损失。随着洪涝灾害逐渐退去，各地陆续开展灾后修复和重建工作。而抗灾救灾和灾后重建，地理信息技术处处都在发挥着重要作用。

随着世界范围内掀起的数字城市、数字中国、数字地球等数字化建设渐入高潮，日益为人们所熟悉的城市智能交通、市政基础设施管理、突发事件处理、城市环境检测等领域，地理信息产业的重要性逐渐凸显。

2009 年 4 月，胡锦涛总书记在济南考察时强调，"在信息数据处理领域里，在世界上应有我们的一席之地"。而截至目前，我国包括北京、山东、黑龙江、云南、浙江等地正纷纷筹备或在建地理信息产业园，地理信息产业呈现出蓬勃发展的势头。

《国民经济和社会发展第十二个五年规划纲要》在继"十一五"规划纲要后，再次提出了"发展地理信息产业"，测绘发展战略研究也将"发展壮大产业"列为测绘今后发展的战略方向之一。

"十一五"期间，我国地理信息产业年增长率超过 25%，保持了高速发展态势。到 2011 年，我国地理信息产业从业单位超过 2 万家，从业人员超过 40 万人，总产值接近 1500 亿元，年均复合增长率达 37.47%，一些地理信息技术与产品已达到或接近当前国际先进水平。

最近几年，在"数字中国"和"数字城市"的推波助澜下，我国各个领域几乎都不同程度地在进行地理信息相关的应用系统集成与建设。卫星导航应用与服务也是地理信息集成应用的另一个亮点，呈现出强劲的增长势头。

这种势头从招投标情况可见一斑。数据显示，2012 年 4 月产业招标项目共有 238 条，1 ~ 4 月招标项目总数已达到 428 条，超过 2011 年全年总量 823 条的一半还多。

二、神经网络

（一）定义

生物神经网络主要是指人脑的神经网络，它是人工神经网络的技术原型。人脑是人类思维的物质基础，思维的功能定位在大脑皮层，后者含有大约 10 ~ 11 个神经元，每个神经元又通过神经突触与大约 103 个其他神经元相连，形成一个高度复杂高度灵活的动态网络。作为一门学科，生物神经网络主要研究人脑神经网络的结构、功能及其工作机制，意在探索人脑思维和智能活动的规律。

人工神经网络是生物神经网络在某种简化意义下的技术复现，作为一门学科，它的主要任务是根据生物神经网络的原理和实际应用的需要建造实用的人工神经网络模型，设计相应的学习算法，模拟人脑的某种智能活动，然后在技术上实现出来用以解决实际问题。因此，生物神经网络主要研究智能的机理；人工神经网络主要研究智能机理的实现，两者相辅相成。

（二）研究内容

神经网络的研究内容相当广泛，反映了多学科交叉技术领域的特点。主要的研究工作集中在以下几个方面：

1. 生物原型

从生理学、心理学、解剖学、脑科学、病理学等方面研究神经细胞、神经网络、神经系统的生物原型结构及其功能机理。

2. 建立模型

根据生物原型的研究，建立神经元、神经网络的理论模型。其中包括概念模型、知识模型、物理化学模型、数学模型等。

3. 算法

在理论模型研究的基础上构作具体的神经网络模型，以实现计算机模拟或准备制作硬件，包括网络学习算法的研究。这方面的工作也称为技术模型研究。

神经网络用到的算法就是向量乘法，并且广泛采用符号函数及其各种逼近。并行、容错、可以硬件实现以及自我学习特性，是神经网络的几个基本优点，也是神经网络计算方法与传统方法的区别所在。

（三）分类

人工神经网络按其模型结构大体可以分为前馈型网络（也称为多层感知机网络）和反馈型网络（也称为 Hopfield 网络）两大类，前者在数学上可以看作是一类大规模的非线性映射系统，后者则是一类大规模的非线性动力学系统。

（四）特点

不论何种类型的人工神经网络，它们共同的特点是，大规模并行处理，分布式存储，弹性拓扑，高度冗余和非线性运算。因而具有很高的运算速度，很强的联想能力，很强的适应性，很强的容错能力和自组织能力。这些特点和能力构成了人工神经网络模拟智能活动的技术基础，并在广阔的领域获得了重要的应用。例如，在通信领域，人工神经网络可以用于数据压缩、图像处理、矢量编码、差错控制（纠错和检错编码）、自适应信号处理、自适应均衡、信号检测、模式识别、ATM 流量控制、路由选择、通信网优化和智能网管理等等。

人工神经网络的研究已与模糊逻辑的研究相结合，并在此基础上与人工智能的研究相补充，成为新一代智能系统的主要方向。这是因为人工神经网络主要模拟人类右脑的智能行为而人工智能主要模拟人类左脑的智能机理，人工神经网络与人工智能有机结合就能更好地模拟人类的各种智能活动。新一代智能系统将能更有力地帮助人类扩展他的智力与思维的功能，成为人类认识和改造世界的聪明的工具。因此，它将继续成为当代科学研究重要的前沿。

（五）工作原理

"人脑是如何工作的？"

"人类能否制作模拟人脑的人工神经元？"

多少年以来，人们从医学、生物学、生理学、哲学、信息学、计算机科学、认知学、组织协同学等各个角度企图认识并解答上述问题。在寻找上述问题答案的研究过程中，逐渐形成了一个新兴的多学科交叉技术领域，称之为"神经网络"。神经网络的研究涉及众多学科领域，这些领域互相结合、相互渗透并相互推动。不同领域的科学家又从各自学科的兴趣与特色出发，提出不同的问题，从不同的角度进行研究。

人工神经网络首先要以一定的学习准则进行学习，然后才能工作。现以人工神经网络对于写"A""B"两个字母的识别为例进行说明，规定当"A"输入网络时，应该输出"1"，而当输入为"B"时，输出为"0"。

所以网络学习的准则应该是：如果网络做出错误的判决，则通过网络的学习，应使得网络减少下次犯同样错误的可能性。首先，给网络的各连接权值赋予（0，1）区间内的随机值，将"A"所对应的图像模式输入给网络，网络将输入模式加权求和、与门限比较、再进行非线性运算，得到网络的输出。在此情况下，网络输出为"1"和"0"的概率各为50%，也就是说是完全随机的。这时如果输出为"1"（结果正确），则使连接权值增大，以便使网络再次遇到"A"模式输入时，仍然能做出正确的判断。

普通计算机的功能取决于程序中给出的知识和能力。显然，对于智能活动要通过总结编制程序将十分困难。

人工神经网络也具有初步的自适应与自组织能力。在学习或训练过程中改变突触权重值，以适应周围环境的要求。同一网络因学习方式及内容不同可具有不同的功能。人工神经网络是一个具有学习能力的系统，可以发展知识，以致超过设计者原有的知识水平。通常，它的学习训练方式可分为两种：一种是有监督或称有导师的学习，这时利用给定的样本标准进行分类或模仿；另一种是无监督学习或称无为导师学习。这时，只规定学习方式或某些规则，则具体的学习内容随系统所处环境（即输入信号情况）而异，系统可以自动发现环境特征和规律性，具有更近似人脑的功能。

神经网络就像是一个爱学习的孩子，教过她的知识她是不会忘记而且会学以致用的。我们把学习集中的每个输入加到神经网络中，并告诉神经网络输出应该是什么分类。在全部学习集都运行完成之后，神经网络就根据这些例子总结出她自己的想法，到底她是怎么归纳的就是一个黑盒子。之后我们就可以把测试集中的测试例子用神经网络来分别作测试，如果测试通过（比如 80% 或 90% 的正确率），那么神经网络就构建成功了。我们之后就可以用这个神经网络来判断事务的分类了。

神经网络是通过对人脑的基本单元——神经元的建模和联接，探索模拟人脑神经系统功能的模型，并研制一种具有学习、联想、记忆和模式识别等智能信息处理功能的人工系统。神经网络的一个重要特性是它能够从环境中学习，并把学习的结果分布存储于网络的突触连接中。神经网络的学习是一个过程，在其所处环境的激励下，相继给网络输入一些样本模式，并按照一定的规则（学习算法）调整网络各层的权值矩阵，待网络各层权值都收敛到一定值，学习过程结束。然后我们就可以用生成的神经网络来对真实数据做分类。

（六）发展历史

1943 年，心理学家 W·Mcculloch 和数理逻辑学家 W·Pitts 在分析、总结神经元基本特性的基础上首先提出神经元的数学模型。此模型沿用至今，并且直接影响着这一领域研究的进展。因而，他们两人可称为人工神经网络研究的先驱。

1945 年冯·诺依曼领导的设计小组试制成功存储程序式电子计算机，标志着电子计算机时代的开始。1948 年，他在研究工作中比较了人脑结构与存储程序式计算机的根本区别，提出了以简单神经元构成的再生自动机网络结构。但是，由于指令存储式计算机技术的发展非常迅速，迫使他放弃了神经网络研究的新途径，继续投身于指令存储式计算机技术的研究，并在此领域做出了巨大贡献。虽然，冯·诺依曼的名字是与普通计算机联系在一起的，但他也是人工神经网络研究的先驱之一。

50 年代末，F·Rosenblatt 设计制作了"感知机"，它是一种多层的神经网络。这项工作首次把人工神经网络的研究从理论探讨付诸工程实践。当时，世界上许多实验室仿效制作感知机，分别应用于文字识别、声音识别、声纳信号识别以及学习记忆问题的研究。然而，这次人工神经网络的研究高潮未能持续很久，许多人陆续放弃了这方面的研究工作，这是因为当时数字计算机的发展处于全盛时期，许多人误以为数字计算机可以解决人工智能、模式识别、专家系统等方面的一切问题，使感知机的工作得不到重视；其次，当时的电子技术工艺水平比较落后，主要的元件是电子管或晶体管，利用它们制作的神经网络体积庞大，价格昂贵，要制作在规模上与真实的神经网络相似是完全不可能的；另外，在 1968 年一本名为《感知机》的著作中指出线性感知机功能是有限的，它不能解决如异或这样的基本问题，而且多层网络还不能找到有效的计算方法，这些论点促使大批研究人员对于人工神经网络的前景失去信心。60 年代末期，人工神经网络的研究进入了低潮。

另外，在 60 年代初期，Widrow 提出了自适应线性元件网络，这是一种连续取值的线性加权求和阈值网络。后来，在此基础上发展了非线性多层自适应网络。当时，这些工作虽未标出神经网络的名称，而实际上就是一种人工神经网络模型。

随着人们对感知机兴趣的衰退，神经网络的研究沉寂了相当长的时间。80 年代初期，模拟与数字混合的超大规模集成电路制作技术提高到新的水平，完全付诸实用化，此外，数字计算机的发展在若干应用领域遇到困难。这一背景预示，向人工神经网络寻求出路的时机已经成熟。美国的物理学家 Hopfield 于 1982 年和 1984 年在美国科学院院刊上发表了两篇关于人工神经网络研究的论文，引起了巨大的反响。人们重新认识到神经网络的威力以及付诸应用的现实性。随即，一大批学者和研究人员围绕着 Hopfield 提出的方法展开了进一步的工作，形成了 80 年代中期以来人工神经网络的研究热潮。

（七）常见的工具

在众多的神经网络工具中，Neuro Solutions 始终处于业界领先位置。它是一个可用于 windows XP/7 高度图形化的神经网络开发工具。其将模块化，基于图标的网络设计界面，先进的学习程序和遗传优化进行了结合。该款可用于研究和解决现实世界的复杂问题的神经网络设计工具在使用上几乎无限制。

（八）研究方向

神经网络的研究可以分为理论研究和应用研究两大方面。

1. 理论研究可分为以下两类：

（1）利用神经生理与认知科学研究人类思维以及智能机理。

（2）利用神经基础理论的研究成果，用数理方法探索功能更加完善、性能更加优越的神经网络模型，深入研究网络算法和性能，如：稳定性、收敛性、容错性、鲁棒性等；开发新的网络数理理论，如：神经网络动力学、非线性神经场等。

2. 应用研究可分为以下两类：

（1）神经网络的软件模拟和硬件实现的研究。

（2）神经网络在各个领域中应用的研究。这些领域主要包括：

模式识别、信号处理、知识工程、专家系统、优化组合、机器人控制等。随着神经网络理论本身以及相关理论、相关技术的不断发展，神经网络的应用定将更加深入。

第四节　海洋技术与超深钻探

一、海底勘探

海底勘探是指为探明资源的种类、储量和分布对海底资源，尤其是海底矿产资源，进行的取样、观察和调查的过程。海底矿产资源丰富，从海岸到大洋均有分布，如全球海底石油储藏量约为世界已探明石油储量的两倍，深海锰结核和海底热液矿床等储量也很巨大，都有待于勘探和开发利用。

（一）海底勘探技术

1. 海洋勘察船钻井取样技术

2011 年 10 月，由宝鸡石油机械有限责任公司为"海洋石油 708"勘察船研制的深水勘察钻井及取样系统，作为我国深水重大科技攻关的综合配套项目之一，可适应 3000m 水深、海底最大钻深 600m 的钻探取样作业需求。其作业过程为：当勘察船驶入目标海域后，首先通过钻井系统对海床进行钻孔，在钻孔过程中通过钻井泵向钻杆内孔中喷注循环海水，使钻杆与井眼的环孔岩屑及时排出，方便持续钻进。当钻到海床以下目标层位时，由一条电缆将取样及测试装置通过钻井系统顶部驱动装置上方的喇叭口，沿着钻杆内孔下放到海底进行取样测试作业。其配套的取样测试工具是一种通过电缆操作控制的井下液压装置，液面以下的钻具质量和海底基盘将为测试探头和液压取样管提供反力，可在钻井全深度范围内进行作业。这种作业模式的系统复杂，配套设备多，运行成本高。

2. 电视抓斗勘探技术

电视抓斗勘探技术是通过科考船上的铠装电缆将抓斗下放至海底，以程序指令控制抓斗的开合来实施勘探作业。该装置主要用于海底浅表层的勘探取样，其驱动型式为水下液压驱动，控制方式为甲板操作与自动控制相结合，抓斗最大工作水深 6000m，动力功率可达 4kW，抓样面积大于 1m，可抓取 200kg 以上的样品，抓斗质量约 2.2t。电视抓斗主要由抓斗机械装置、铠装电缆和控制系统组成。抓斗上还装有海底电视摄像头、光源和电源等辅助装置。在勘探作业过程中，用 A 吊将抓斗下放到离海底 5m 左右的高度，此时科考船慢速航行并通过船上的显视器寻找采样目标，当找到目标时立即下放抓斗，准备抓取样品。电视抓斗的开启与关闭通过抓斗内的液压机械手完成。在勘探作业时，首先利用甲板监控平台，在观测海底地貌特征和海底样品图像的基础上，通过控制电视抓斗水下作业状态，使动力机械抓斗实现海底目标样品的准确采集。2009 年 12 月"大洋一号"科考船执行 DY21 航次第四航段的大西洋洋中脊考察任务，在南大西洋洋中脊上利用我国自行研制的深海电视抓斗，首次获取块状热液硫化物样品。

3. 深海硬岩取样钻机勘探技术

深海硬岩取样钻机是一种海底硬岩勘探装置，用于深海底浅表地层固体矿产资源岩心钻探取样。在水下钻探过程中，该钻机可根据需要实现一次下水在海底不同位置钻取 1 ~ 3 个岩心，适用于深海富钴结壳矿产资源的勘探。该钻机外形尺寸为 1.8m × 1.8m × 2.3m，干质量 2.8t，适应水深 4000m，钻孔深度 700mm，取心直径 60mm。该硬岩钻机钻探深度浅，将配有逆变器的 220V 油浸三相交流电机作为动力源，为液压系统提供动力，以驱动钻具回转、进给等作业。该钻机主油泵采用恒功率控制技术，在设定的钻进压力下，钻头切削岩石的扭矩随岩石硬度的变化而变化。若针对不同岩性的岩石，则需给钻头提供足够的扭矩以实现对岩石的切削。

4. 液动冲击式海底勘探技术

液动冲击式海底勘探取样技术是一种利用高压海水驱动高频液动锤产生的强冲击能量，来撞击岩心管及钻头，同时对岩心管内产生抽吸作用，使岩心样品进入取样管的勘探取样手段。液动冲击式海底勘探装置可直接搭载在普通科考船上进行作业，在钻具钻进时，冲击液动锤工作后的流体沿钻具与井眼孔壁循环上返，使钻具避免了冲击岩心管引起的"桩效应"，使井下工具钻进取心完成后顺利提出。该冲击式勘探装置适于水深 100m 的海域，钻进效率高，取样长度 6 ~ 10m，取心成本低。但随着勘探深度的增加，摩擦力急剧增大，阻碍了土样继续进入管内并造成样品被压实，岩心组织形态变化大。

5. 重力柱状勘探取样技术

重力柱状勘探取样技术主要用于海底浅表层取样，以获取柱状沉积物样品。根据触底方式的不同，可分为重力柱状取样器和重力活塞取样器。重力柱状取样器由重锤和取样管组成。重力活塞取样器由重锤、取样管、释放器系统和活塞系统等组成。在作业过程中，通过缆绳将取样器释放到水下，取样器通过自由落体的方式插入海底，同时绳缆将内置活塞迅速拉至取样器顶部，海底沉积物也随着活塞的上行而进入取样器，最后其上的闸阀将取样器底部闭合密封，完成取样过程。重力柱状取样设备的质量可达 3t，取样管长度为 2 ~ 18m，直径为 89、108 和 127mm。该装置结构简单，但可控性差，勘探取样精度低。

（二）国外海底资源勘探开发实践现状

1. 发展因素

五个因素促使人类将海底资源勘探和开发的议题提上日程。

（1）对金属需求的增加；（2）金属价格的上涨；（3）从事开发行业的公司的高利润；（4）陆源镍、铜以及钴硫化物储存的减少；（5）深海资源勘探和开发的科学技术的发展。

2. 勘探和开发实践

申请从事海底资源勘探和开发的企业不断增加，深海活动涉及的资源种类也由起初的多金属结核扩展到多金属硫化物和富钴铁锰结核。目前还是主要集中于对此类资源的勘探，有个别企业已经开始了商业性开发。虽然商业性开发尚未普遍化，但是前述的五个因素必然会促使商业性开发的发展。情况如下：

（1）巴布亚新几内亚向加拿大 Nautilus Mining Company 发放了在其管辖海域内的俾斯麦海（Bismarck Sea）开采海底资源的许可证。这意味着企业以及为其提供资金资助的金融机构已经意识到海底资源开采所可能带来的巨大的经济上的利益。

（2）国际海底管理局第 17 届会议于 2011 年 7 月 11 日至 22 日在管理局所在地牙买加金斯敦举行，会议核准了瑙鲁海洋资源公司、汤加近海采矿有限公司提交的两份多金属结核勘探工作计划和中国大洋矿产资源研究开发协会、俄罗斯联邦自然资源和环境部提交的两份多金属硫化物勘探工作计划。

（3）国际海底管理局第 18 届会议于 2012 年 7 月 16 日至 27 日在管理局所在地牙买加金斯敦举行。会议审议、通过并核准了《"区域"内富钴铁锰结壳探矿与勘探规章》；核准韩国政府、法国海洋开发研究院提交的两份多金属硫化物勘探工作计划和基里巴斯马拉瓦研究与勘探有限公司、英国海底资源有限公司和比利时 G-TEC 海洋矿物资源公司提交的三份多金属结核勘探工作计划。

（4）国际海底管理局第 19 届会议于 2013 年 7 月 8 日至 26 日在管理局所在地牙买加金斯敦举行。会议核准了中国大洋矿产资源研究开发协会和日本国家石油、天然气和金属公司分别提交的两份富钴结壳勘探矿区申请。

（5）2014 年 4 月 29 日，国际海底管理局与中国大洋协会在北京就富钴锰铁结壳签订为期 15 年的勘探合同。中国大洋协会是管理局授予勘探许可的第十五个实体，也是第二个签订富钴结壳勘探合同的实体。

3. 规定海底资源增加

随着海底勘探科学技术的发展，目前管理局已经就其他种类的资源完成制定《"区域"内多金属结核探矿和勘探规章》（2000 年）和《"区域"内多金属硫化物探矿和勘探规章》（2010 年国际海底管理局第 16 届会议），《"区域"内富钴铁锰结壳探矿与勘探规章》（2012 年国际海底管理局第 18 届会议）。随着海洋科研的进一步发展和进步，海洋学家发现区域海底存在多金属硫化物，此种矿物亦具有极大的开发潜力和经济价值。1998年在俄罗斯的提议下，管理局开始进行有关开发多金属硫化物的勘探规章的制定，并最终于海底管理局第 16 届会议通过；随后富钴铁锰资源亦进入管理局管制勘探和开发的对象，国际海底管理局于第 18 届会议上通过有关富钴铁锰结核探矿和勘探的规章。

从上述的分析来看，各国已经认识到深海资源勘探和开发活动可以带来巨大的经济利益，技术发达的国家已经开始积极投入深海海底资源勘探和开发活动中，并且有诸多国家已经通过相关法律对本国的作业者的深海活动做出规制，英国为迎接新的海底勘探和开发时代的到来，于 2013 年就提出对其深海采矿法的修改，并于 2014 年 3 月通过了该法的修正案。以上诸因素加剧了我国开始并完善相关立法的紧迫性。我国作为海洋大国，在深海海底资源勘探和开发领域不应落后于其他国家。但是与其他国家相比，我国在这一领域尚未起步，相应的制度也未建立。

（三）国内海底勘探立法空间与必要

考虑到深海海底资源潜在的巨大经济利益，国际上其他国家已经开始了深海海底勘探和开发的活动。并且开始并完善相关立法，就目前的分析可知：

1. 从数量上看，进行深海海底资源勘探开发专门立法的国家并不多，但是海洋大国、强国基本都有了该方面的立法。

2. 深海海底资源勘探开发活动是一个渐进的过程，应该提前做好立法的准备，提高我国从法律制度上因应将来深海资源勘探开发过程中可能产生的法律问题的能力。

3. 从目前的发展状况来看，中国对深海海底资源的需求比任何国家都迫切。

4. 中国的企业要走向大洋，进行深海海底资源的勘探开发，必须要有相应的国内法律制度的规范、促进和保障。

5. 我们要有足够的立法自信，在处理好与国际立法关系的同时，要及早掌握深海海底制度构建、标准制定的话语权。因此，用战略的眼光看，目前制定该方面的法律是紧迫的也是必需的。

二、深孔超深孔岩心钻探

深孔超深孔岩心钻探工作具有一定的难度和危险性，所以，在深孔超深孔岩心钻探工作实施之前，如果不能够准确的分析其中的问题，就难以提高深孔超深孔岩心钻探的效果。

（一）深孔超深孔岩心钻探的关键问题

1. 深孔、超深孔的基本派念及界限划分

正确科学的确定各类钻孔的深度界线对实现科学管理和科学打钻是十分重要的。对钻探设备的研制、选型、配套以及对工艺方法的选择，钻孔结构的设计和冲洗液类型的确定等都是必不可少的。以往人们把 1000 米左右的钻孔称为深孔，1500 米以上的钻孔称为超深孔。这种分类方法显然是极其粗糙和简单的。

它只是简单地从主观技术条件的角度，对钻孔的深与浅做了相对的非常粗略的划分。而未对客观存在的地下岩层，由于埋深条件的变化其表现出的机械物理性质也随之变化的特性进行充分考虑。而这一点恰恰对深孔和超深孔钻进是有重大影响的。

科学实验和生产实践已经证明，同一岩石，在不同的埋深条件下，所表现出的机械物理性质是大不相同的。这是外国学者景汉和哈格尔的试验结果。它说明了各种沉积岩强度与埋深的变化关系。除盐岩外，几乎所有岩石，在 200 米以内，甚至有些岩石在深度再大一些时，强度都与深度成正比例变化。岩石的强度，除与埋深有密切关系外，还与孔隙度有密切关系。孔隙度的变化是多种岩石在所谓脆性破坏区内所表现的一般规律。当埋深继续加大时，即由脆性破坏区过渡到过渡区。

2. 孔壁稳定性

在钻探工程中普遍存在的问题就是孔壁稳定，其包含中基本类型：孔壁坍塌或者缩径、地层压裂或者破裂。由于没有合理地掌握井壁的稳定情况很容易造成井喷、井漏、固井不返水泥浆以及粘弹性地层变形等诸多孔内问题。在深孔岩心的钻探过程中，人们一定要对孔壁稳定性多加关注，从而减少经济损失。能够引起孔壁失去稳定性的因素主要有地质因素和工程因素两个方面。地质因素主要包括：原地应力的大小、地质构造类型以及地层强度等组多因素。而钻井液的性能、孔径的大小、钻井液的环空返速等等构成了工程的主要因素。孔壁岩石所承受的应力超出了他在孔眼状态下所能承受的强度，这是发生孔壁失效的根本原因。在孔内钻井液压力过低的状态下，孔壁周围的岩石所承受的力量超过了其所能承受岩石的剪切强度，则孔壁的岩石便会发生不同程度的破坏；当孔内钻井液密度过大时，岩石所承受的力超过了本身的拉伸力度，从而发生了地层的破裂。

3. 关于钻探设备

（1）使用什么样的钻机

我国 1500 ~ 2000 m 左右的地质岩心钻探多采用 XY-5、XY-6 或 XY-8 型立轴式钻机，近年来有一批进口的以及国产的深孔全液压钻机出现在市场，如长年的 LF-70、LF-90、LF-230、阿特拉斯的 GS1000P6L、国产的 YDX-3、YDX-1800、hYDX 系列、XD-5、XD-6 等。对于立轴式钻机与全液压动力头钻机的优劣对比，已经有很多争论了，这里仅就深孔钻机使用桅杆式动力头钻机起下钻问题提出一些建议。桅杆式全液压动力头钻机以其对绳索取心工艺适应性强、操作轻便、效率高等优点被广大用户所接受。但是它的缺点是由于桅杆长度限制，提升钻柱时立根仅 3 m ~ 4.5 m，加长的桅杆最大也仅有 6 m，如果设计到 9 m，操作将十分不便；此外升降钻具时，立根的摆放困难，多数情况是放倒到地面上，费时费力，不然就需要搭建钻杆架。这种操作方法对于 1000 m 以内的钻孔还能接受，对于 1500 m、2000 m 甚至更深的钻孔则令人无法接受。以 6 m 长立根计算，2000 m 钻孔需要 333 个立根，3000 m 钻孔需要 500 个立根，对于桅杆式钻机这么多立根很难用钻杆架来摆放。如使用钻塔提升，以 18 m 长立根计算，2000 m 钻孔只用 111 个立根，3000 m 钻孔需要 166 个立根。假设纯起下钻柱的时间完全相同，仅对比拧卸钻柱的时间差。按每拧卸一个立根桅杆式钻机平均用时 30 秒（含摆放钻杆时间）、使用钻塔的钻机用时 20S、平均回次进尺长度均按 4 m、平均提钻间隔均按 20 m 计算，仅此一项桅杆式钻机 2000 m 和 3000 m 钻孔多费时分别是 224h 和 503h，如果是提钻取心则分别多费时 1114 和 2503h。

因此，这里建议深孔全液压钻机应尽量配备钻塔提升，解决立根长度短和钻杆扶移摆放难这两大问题。可喜的是这一思路已被有识之士采纳，这种有塔提升的桅杆式全液压钻机已经研制成功，正在试验性生产中。

关于深度超过 3000 m 的钻孔，一般来说多用于科学钻探或深部资源的远景勘查，钻孔的终孔口径要求比较大，以便于进行更多的测井工作。这类钻孔采用单纯放大的立轴式钻机和桅杆式全液压钻机并不合适，这里建议采用加装高速顶驱的转盘式钻机配 K 型钻塔（井架）是理想的形式。

（2）使用什么样的钻塔

无论是立轴式钻机还是桅杆动力头全液压钻机施工斜孔都是可以的，尤其是后者对于斜孔的适应性远远好于前者。然而这里也看到有些地方设计的 2000 m 深的钻孔竟然是斜孔，令人大惑不解。众所周知，地质勘探孔由于钻孔直径小，钻杆比较细，多数地层是变质岩或火成岩，不像油气钻井钻遇的多是似水平状的沉积地层，因此钻孔自然弯曲比较大，特别是在一些造斜地层，钻孔自然弯曲会十分惊人，历史上曾有过山上钻孔从山脚下钻出来的先例。有时孔斜会有一些规律，人们利用这些规律还设计了初级定向孔。但是对于大深度钻孔从开孔就预设顶角和方位角，到终孔时早已无法保持这样的角度，即便是初级定向孔也无法保证钻孔轨迹的走向。反而是斜孔施工给钻塔选择和起下钻带来很大困难。

（二）我国深孔超深孔岩心钻探的发展情况

1. 钻探技术仍然是唯一能从地下取出实物岩矿样品的勘查技术方法。随着现代钻探技术的发展，岩心钻机已发展到全液压动力头钻机以及自动化、智能化地质岩心钻机。孔底动力钻具（潜孔锤、螺杆钻、涡轮钻、孔底电钻等）也从发明到发展，至今已具有一定水平。钻探技术发展到人造金刚石及人造复合超硬材料钻探时代。

2. 国内固体矿产勘探岩心钻机主要是液压立轴式钻机，钻探深度一般在 1500m 以内，配套工艺方法以普通回转提钻取心为主。新一代全液压动力头式钻机研制工作已全面启动并取得初步成功。绳索取心钻进、液动冲击回转钻进、定向钻进、多工艺组合钻进以及复杂地层中深孔岩心钻探技术研究取得新进展。

3. 钻探技术在我国资源勘探、国家重大科学工程、地质灾害监测预警及治理中做出过重要贡献而且还将发挥更重要的作用。

（三）岩心钻探的安全问题

1. 建立完善安全生产责任制

机场建立自机长到班员的安全生产责任制，明确机场所有人员的职责，使其在生产过程中自觉遵守安全操作规程，同时，也有利于事故发生后的责任追究。

2. 加强安全技术教育培训

当前钻探施工工人的安全操作水平比以往有所降低，主要原因是老钻工退休或年龄大不能从事野外钻探作业，近年钻探技校又没有招生或技校学生进入地勘单位门槛高，呈现钻探技断档，而从事该项工作的大部分是未经专业培训的农民工、季节工等，工人安全技术水平令人担忧，故在安全管理中，必须严格把好新上岗工人安全教育这个关口。

3. 控制好钻探施工全过程各个危险因素

由于钻探施工的复杂性，危险因素存在钻探的各个过程，因此，从钻探钻孔设计、施工组织、搬迁一直到封孔拆塔全过程，作业人员都必须严格遵守安全操作规程，在钻孔开孔时作安全验收，定期对照安全检查表作安全检查，遇特殊天气停工后复工时和孔内事故处理前后也应作安全检查，对查出的隐患及时整改，做到不放过作业场所任何一个隐患，为钻探作业人员创造一个安全的工作环境。

第五节　计算机化与矿产勘查

一、地质勘查数据采集

（一）定义

地质勘查数据采集，是指在地质勘查工作中所进行的数据采集。

如在矿产勘查中，通过露头观测、钻探、坑探和岩心鉴定、水文地质调查等对地质实体及其属性进行识别、分离和收集，以获得可进行处理的源数据。

（二）MAPINFO 在地质数据采集处理中的应用

1.mapinfo 简介

MapInfo 是美国 MapInfo 公司的桌面地理信息系统软件，是一款集数据处理、可视化、信息地图化的桌面解决方案。它依据地图及其应用的概念、采用办公自动化的操作、集成多种数据库数据、融合计算机地图方法、使用地理数据库技术、加入了地理信息系统分析功能，形成了极具实用价值的、可以为各行各业所用的大众化小型软件系统。

2. 数据准备

通常的地质填图主要在野外数据采集的基础上，在室内进行地质界线勾绘，其缺乏宏观上的指导，只凭填图者的主观经验和感官认识，常常导致地质填图局部上的错误，误差较大。借助遥感辅助填图，再加上 mapinfo 的数据处理功能，能使得地质填图由宏观、微观及精确控制点的投影结合进行叠加分析，勾绘地质界线，在很大程度上减少了这种由主观认识造成的错误。

物探、化探要对采集到的大量数据进行处理，以查看当天的工作完成情况、效果，以及对后几天工作的安排等。

这里主要利用 mapinfo professional 中的投影变换子系统对经过误差校正的遥感图像、地形图、矢量数据进行投影变换，赋予其空间地理位置意义，使其在空间上与真实地理位置对应，为下一步进行野外采集的各种性质的地质控制点、物探数据采集点、化探数据采集点及已经赋予地理坐标的遥感图像、地形图投影做准备。由于 mapinfo professional 是利用表（*tab）的形式对文件进行组织的，能对多种文件格式进行调用（包括最常用的 tiff、jpeg、excel 表等格式）。工作中我们主要利用 jpeg 格式进行投影变换，excel 表进行数据组织，来实现其辅助数据处理功能。

二、地矿图件的计算机辅助编绘

应用计算机图形技术来编制地矿图件，既能保证质量、减少编图、制图和修编的工序和时间，还有利于图形的存贮、保管和使用，保证实现图形数据共享。国内外在这方面都进行了许多探讨和研发并取得了重要进展，所涌现出来的应用软件已经进入了地矿勘察工作的主流程．目前存在的主要问题是地矿信息提取、转换和成图的自动化程度仍然较低，特别是彩色地形地质图的编绘，主要还是依靠人工地质图件机助编制；其次是复杂地质结构的二维和三维表现力有限，复杂图件的编绘过程仍然十分烦琐，可供灵活调用的标准图例、花纹和色标缺乏，地矿图件的计算机辅助编绘技术的发展方向，一是以公用数据平台支撑软件为依托，提高地矿图件编绘的数据库支持程度；二是与 GIS、RS、GPS 技术相结合，提高地矿信息提取、转换和成图的自动化程度；三是与三维图示技术结合，实现地质数据资料的立体表现；四是采用参数化方式，并与人工智能方式相结合，提高人机交互能力和工作效率。

三、地矿数据的计算机处理

日常勘察数据的计算机处理主要是利用电子计算机的快速运算功能，来实现各种数学模型的解算，达到压制干扰、突出有用信息的目的，并且对有效信息进行分析和综合。其内容包括物探方法模型的正、反演计算、化探及地质编录数据的统计分析、矿产储量的计算与统计、工程岩土力学和水力学计算、钻井（孔）设计等。此外，还包括大量日常工作的数据换算，随着以地矿数据多元统计分析为基础的数学地质理论与方法迅速发展，以及矿产资源统计预测理论和方法的完善，已经涌现出大量的应用软件。但这些软件大多是分散开发、分散应用的，很少有数据库和可视化技术支持，其数据模式、应用模式和标识符都严重缺乏标准化，需要加以清理、完善并挂接到公用地矿数据平台上，必要时应当以公用数据平台支撑软件为依托，重新编制并按专题进行技术集成和应用集成。只有这样，日常勘察数据的计算机处理才有可能真正地进入地矿勘察工作的主流程。

四、实现地质信息技术的集成化

为了最大限度地发挥各种信息技术的作用，需要实现集成化，其原则和出发点是：使各部分有机地组成一个整体，每个元素都要服从整体，追求整体最优，而不是每个元素最优；各个信息处理环节相互衔接，数据在其间流转顺畅，能够充分共享。系统有了这样的整体性，即使在系统中每个元素并不十分完善，通过综合与协调，仍然能使整体系统达到较完美的程度。

从地矿信息系统实现的逻辑结构看，系统集成的内容包括：技术集成、网络集成、数据集成和应用集成，系统技术集成是指将系统建设中使用的多种技术或技术系统有机地结合起来，共同实现某项功能要求。系统网络集成是指通过现代化的网络技术（包括硬件和软件）将地理上呈分布状态的各子系统或功能模块连接起来，达到信息共享和增强系统功能的目的，系统数据集成则指通过一定的技术方法将系统的各类数据或信息连接起来进行提取和处理。系统应用集成是指将各子系统或功能模块通过先进的技术方法连接组合或相互作用，实现系统的功能集成和操作集成，分布式地矿点源信息系统的研发，是上述四方面集成的结果。

五、地质档案信息开发建设

（一）地质档案资料信息价值巨大、馆藏丰富

新中国成立以来，形成了海量的地质信息资源，全国地质资料中心、各个省国土资源厅以及下属单位保存大量的地质、水文、环境、矿山等地质档案资料信息资源，馆藏极为丰富，为经济建设储备了宝贵的资源财富。

（二）数字化地质档案资料服务作用日益凸显

当前，随着地质资料电子文档汇交力度的加大和已有地质资料数字化工作的稳步推进，馆藏地质资料的数据量大幅度增加，各种成果资料规范、统一，形成一定的规模，成为推进地质资料开发利用更加方便快捷的条件。

当今信息社会中，信息资源的开发和利用水平已成为衡量一个国家综合国力的重要标志。检验和评价档案工作的标准不再以其拥有的档案数量来衡量，而是以它为档案用户提供各种形式信息的能力和质量来判断。因此，深入开发利用档案网络信息资源，有效地为档案资源提供最佳的利用途径与条件，已成为档案工作的一个中心任务。提高地质资料数字化信息化水平，不断扩大服务领域、提高服务功能是国外地质工作强国的普遍做法。

（三）全面开展地质档案数据支撑体系的建设

加强现有数据库整合与更新。

1.可视化成矿预测管理系统：借助地质资料档案馆丰富的馆藏优势，以典型成矿模式为标准，对馆藏的基础地质数据库、矿产地数据库、地球物理数据库、地球化学数据库、地球遥感数据库等进行有效整合与提取，建设可视化成矿预测管理系统，实现地质资料信息的集群利用，为共享服务平台建设提供数据来源。

2.地质环境与地质灾害综合分析管理系统：开展水工环地质资料专项清理，加强深度研究与开发。整合我省1：20万、1：5万区域水文、工程、环境地质调查、各县（市、区）区域地质灾害调查与区划、地质灾害防治规划、矿区地质环境调查等地质资料及数据库，完成地质环境与地质灾害资料信息的集成与整合，建设地质环境条件与地质灾害综合分析管理系统，形成权威数据，实现重大工程、民生工程、基础工程选址前期地质环境条件与地质灾害预查询，为政府行政管理提供支撑。

（四）数据库及管理系统的建设

研究城市地质资料汇交、管理制度和社会共享机制，集成各类地质档案资料，挖掘潜在价值和社会需求，建立城市地质钻孔数据库、城市数字地质图数据库、城市水工环地质数据库，开发其管理系统；探索三维地质结构与地质环境的链接，研究三维地质结构与地下空间的耦合，实现地质环境变化过程模拟与预测，实现城市建设、地下空间利用与地质环境的有机结合和最佳利用；建设与完善城市地质三维空间数据库管理系统和咨询系统服务平台。

（五）明确地质资料信息共享服务体系建设思路

以提高地质资料的开发利用与服务程度为目标，以海量地质数据资源清理、整合和资源建设为基础，以现代化信息技术为手段，以组织、政策、标准制度体系建设为保障，以推进地质资料开发利用工程为契机，建成省级地质资料信息共享服务平台和网络服务体系，推进省级地质资料数据中心建设，开展重要城市、重点成矿带、重点经济区、重点生态环境脆弱区、重大工程建设区和重大地质问题区的地质资料信息服务集群化，并对外提供服务工作。继续开发新的地质资料信息产品，推进地质资料信息服务产业化发展。

（六）更新观念，树立"大服务"意识

地质资料成果服务的多领域、多功能、专业性、时效性强等特点，建立馆藏机构的常规服务与专业机构的专题服务相结合的"全方位、全过程"大服务理念，变过去"仓库保管员"为现在的"超市促销员"，加大服务宣传力度，分类分级，建立客户服务计划和服务反馈机制。建设地质资料数据中心，搭建信息共享与服务平台。

第八章　接替资源

第一节　新型产业与新型资源

一、新兴产业

新兴产业是随着新的科研成果和新兴技术的诞生并应用而出现的新的经济部门或行业。通常新兴产业的标准、业务流程还有待开发，先驱企业往往获得先发优势。

（一）分类

新技术产业化形成的产业。新技术一开始，属于一种知识形态，在发展过程中其成果逐步产业化，最后形成一种产业。比如说生物工程技术在 20 世纪五六十年代或者说在更早的时候，它只是一项技术，那么成为生物工程产业，让这些成果服务于社会。在美国，生物工程产业被誉为一个非常有前景的新兴产业。同样，IT 产业，由于数字技术的发展，也被认为是一个新的朝阳行业。

用高新技术改造传统产业形成新产业。比如说，几百年前，当时用蒸汽机技术改造手工纺机，形成纺织行业，使得整个纺织行业产生了飞速发展。纺织行业相对来讲，就是新兴产业新技术改造传统行业，比如改造钢铁行业，就成了新材料产业，生产复合材料以及抗酸、抗碱、耐磨、柔韧性好的新兴材料。同样，用新技术改造传统的商业变成物流产业。这些产业改造的核心，使经济效益比传统产业有较大幅度的提高。

社会公益事业的行业进行产业化运作。在这个方面，我们有很多工作需要去做。在国外，传媒业是一个重要的行业，是近二十年来产生百万富翁最多的一个行业。而我们把传媒当作事业来看待，是贴钱的。

（二）产业特点

第一，没有显性需求。在产业处于朦胧当中，或者是在超前的五年时间当中，没有可精确描述的。

第二，没有定型的设备、技术、产品以及服务。以太阳能行业为例，20 世纪 90 年代初，生产核心部件，以及服务、技术、产品、市场、模式一概都是空白，后来才逐渐地提升。

第三，没有参照。汽车、冰箱、彩电、计算机等等这些产业，都有国外的大规模的引进。太阳能这个产业，国外是没有的，国内也没有参照，所以在这种情况下，靠的完全是系统创新。

第四，没有政策。国家只要有产业，就有产业政策，包括贷款、科技投入、扶持等各方面都有产业政策，而新兴产业则要忍耐相当长一段时间的寂寞。

第五，没有成熟的上游产业链。上游产业链甚至比下游产业链的技术、水平、保障、体系更强，比如飞机发动机，最起码是在一个水平线上，但是太阳能没有。

（三）作用

发展新兴产业能增加有效供给。国民经济的发展就是供给与需求的平衡。我们在启动内需的过程中，在经济紧缩的情况下特别是世界经济衰退趋势比较明显的情况下，增加有效供给是进一步启动内需，保证国民经济持续发展的重要动力。如何增加有效供给呢？就是要启动新兴产业。如果不能有效地发展新产业，不能增加有效的供给，内需是无法启动的。我们国家市场饱和是低层次的市场饱和，而人们对高层次的需求仍然是非常旺盛的，也是不断增长的。教育、医疗、卫生、体育、娱乐休闲等一系列的方面都有较大的需要。近几年的假日经济，就说明了人们对这方面需求的旺盛。

（四）发展意义

1. 发展新产业有利于满足社会的需求

我们国家从卖方市场进入买方市场，那只是在较低需求层次进入了。而高层次需求方面仍然是短缺的，比如说价廉物美的汽车就是短缺的，普通汽车卖那么高的价，这样一来就过剩，就是一个买方市场。人们对住宅的需求也是短缺的，城市里还有相当一部分人（包括农村里的），仍然没有达到国家所规定的人均住房标准。人们对于高层次的文化生活的需求，也没有得到满足——享受教育的权利没有得到充分满足，希望得到高层次的医疗保障的需求更没有得到及时满足。那么怎么办，只有通过发展新兴产业来解决。

2. 能增加有效供给

提高全社会的效率、增强综合国力的需要。过去计划经济体制下，许多经济组织的行为变成了政府行为或半政府行为，把很多可以创造经济效益的产业看成只有社会效益，把很多产业当成是社会公益事业来办，这是一种很大的误解。把产业看成一种社会公益事业的话，就不能形成良性的再生产的体制，不能良性地再生产就不能增加有效供给，这是经济中最基本的规律。所以，我们必须改变观念，对于能够进行产业化运作的所谓的社会公益事业，一定要进行产业化运作。把市场能够解决的事情，都要交给市场解决，不要有太多的市场准入障碍、太多的政策约束，对外开放的同时也对内开放、对民间资本开放，把能够产业化运作的行业推向市场，这样才能有效地提高整个社会的效率，增加国家财富的新来源，为国民经济发展增加新动力，提高综合国力。

（五）发展前景

2013 年第一季度，国家继续从政策、资金等方面加大对战略性新兴产业的支持力度，中央预算支出中也加大了对节能环保等战略性新兴产业的资金投入。新一代信息技术、新能源、新材料、高端制造等领域不断取得突破，促进战略性新兴产业的市场空间和应用范围日益拓展。

虽然战略性新兴产业发展整体向好，但发展中的一些问题不容回避。从外部发展环境看，贸易保护主义具有强化的倾向，我国新兴产业发展遭到遏制；从产业发展模式看，在以拉动投资、创造 GDP 为目的政府主导发展模式下部分新兴产业出现产能过剩；从市场开拓看，受成本、配套基础设施等因素影响，新兴产业的国内市场培育相对滞后，成为掣肘产业发展的重要瓶颈之一。

二、海洋矿产资源开发技术

海洋矿产资源勘探开发技术，特别是深海矿产资源勘探开发技术，是一项高技术密集型产业，涉及地质、海洋、气象、机械、电子、航海、采矿、运输、冶金、化工、海洋工程等许多学科和工业部门。

（一）海洋石油天然气的勘探与开采

海洋石油、天然气，是指蕴藏在海底地层中的石油与天然气。海底油气的勘探阶段，要经过地质调查、地球物理勘探、钻探三个步骤。地质调查是指在沿岸地质构造调查分析的基础上，用回声测探仪或航空拍照的资料来研究海底地质、地形的特点。完成地质调查后，就要对可能形成储油构造的海区进行地球物理勘探。这是寻找海底石油最基本的方法，主要包括重力、磁力、人工地震等勘探方式。地球物理勘探的结果只能是理论上说明海底储油构造的存在与否，至于海底是否有石油，还要取决于最后一步——钻探。分析钻探取得的岩芯，就可以得出油层的变化规律、性质以及分布情况，从而完成勘探阶段的使命而进入开采阶段。

开采阶段又分钻井和采油两道工序。在钻机工序中，最早进行海上钻探所使用的钻井在都设在岸上，倾斜着向海底钻探。但这种方法只适合浅近海区。后来，人们又建造出类似码头样的单井平台，从而使得作业范围扩大到几十米甚至几百米的探海领域。钻井平台又分为固定式与活动式两种，适应不同需要。采油是海底油气开采的最后一道工序，也是最终目的。为实现该目的，世界各国主要使用的采油装置有四种：固定式生产平台、浮式生产系统、人工岛屿和海底采油装置。其中，以固定式生产平台使用最广。

（二）大洋锰结核的调查与开采

大洋锰结核又称大洋多金属结核，呈结核状，成分以锰为主，且富含多种其他有色金属，如镍、铜、钴等，总组成元素多达近80种，预计21世纪，大洋锰结核将成为世界重要的有色金属来源。

为了能够找到锰结核比较富集、金属品位比较高且便于开采的海区，首先要有性能优良的远洋调查船。调查船吨位一般在1000吨以上，配有先进的卫星导航定位系统、深海用绞车、起吊设备以及海底地形、深度的测量仪器等。其次要采用现代化的调查技术。根据调查方式的不同，调查技术可分为直接调查技术与间接调查技术。直接调查技术包括利用各种取样工具、海底电视、遥感水下摄影等采集或观测海底沉积物；间接调查技术包括将水声、浅地层地震技术、旁侧声纳技术等用于海洋锰结核的调查。

大洋锰结核的开采技术，目前比较成熟、可行的有水力提升式采矿技术与空气提升式采矿技术两种。水力提升式采矿技术是通过由采矿管、浮筒、高压水泵和集矿装置四部分组成的系统实现的。这种技术在20世纪80年代中期就已达到日产500吨的采矿能力。空气提升式采矿技术与水力提升式采矿技术大体相同，区别仅在于船上装有大功率高压气泵代替水泵。这种技术的优势是能在水深超过5000米的海区作业，目前已具有日采300吨锰结核的采矿能力。

值得重视的是，自从70年代试验结合开采成功以来，锰结核开采规模日益扩大，已由过去各国单独开采，发展到现在多国联合大规模合作开采。特别是随着在"联合国海洋公约"上签字和批准公约的国家越来越多，锰结核开发管理体系已日趋完善。到21世纪末，世界大洋锰结核可进入商品化生产阶段。

（三）我国海洋矿产资源的现状

随着工业化进程的加速，人类对矿产资源的需求与日俱增，而陆地上许多矿产资源正面临着枯竭的危险，且很难满足人们的需求。人类势必要把开发矿产资源的目光从陆地转向海洋。因此，把海洋作为人类探求新的矿产资源基地已成为许多国家的共识。我国正处在迅速推进工业化阶段，对能源、原材料矿产需求持续扩大，矿产资源紧缺矛盾日益突出。我国海洋矿产资源无论品种还是储量都很丰富，加强海洋矿产资源的勘查开发，实现可持续利用已成为必然的战略选择。

（四）关于保护海洋矿产资源可持续发展的建议

海洋矿产资源是人类社会可持续发展的重要物质基础，实现海洋矿产资源的可持续利用要求不断提高海洋资源的开发利用水平，统筹兼顾资源开发与环境保护，实现海洋资源与海洋经济、海洋环境的协调发展。以海洋地质工作为先导，不断增强海洋地质矿产勘探水平。海洋地质工作应坚持以国家需求为导向，在基础性、战略性和公益性的综合海洋地质调查和研究工作中不断增强地质矿产勘探水平，尤其是资源评价和普查勘探力度。此外，海洋公益性地质调查工作要加强与商业性矿产勘查开发相结合，做好基础资料的服务工作。制定海洋矿产资源开发利用规划，不断增强海洋矿产资源管理水平。在对我国海域矿产资源调查摸底的基础上，尽快制定海洋矿产资源开发利用规划。要对我国海域的优势矿种加以保护，根据国民经济发展合理安排各类矿产资源的开发利用。此外，在海洋矿产资源管理中要加强有偿使用、持证开采、落实环境保护责任等措施。加强海洋矿产资源开发利用的宏观调控与政策引导。我国海洋矿业是一个新兴的产业，除了海洋油气开发规模稍大一些外，海洋固体矿产勘探开发需要不断深入。政府部门应该加强对海洋矿业的宏观调控与政策引导，鼓励、促进该行业健康、有序地发展。加强海洋矿产资源开发利用高新技术研究与开发，加强国际合作，努力推广实施清洁生产。对于我国海洋矿业企业而言，要围绕提高资源开采利用水平、降低开采成本、努力保护环境等来采取多方面的措施。一是要加强海洋矿产资源开发，利用高新技术研究与开发；二是要加强国际合作，坚持走自我开发与国际合作并举的道路；三是要树立保护海洋环境的意识，努力在企业中推广实施清洁生产。

第二节　环境保护与绿色矿业

一、矿山地质环境问题与保护

中国因采矿活动造成采空塌陷、地下水疏干、地质地貌景观破坏等问题，已严重危害矿区人民正常的生产生活，制约了当地经济社会的可持续发展。据统计，全国 113108 座矿山中，采空区面积约为 134.9 万公顷，占矿区面积的 26%；采矿活动占用或破坏的土地面积 238.3 万公顷，占矿区面积的 47%；采矿引发的矿山次生地质灾害累计 12366 起，造成直接经济损失 166.3 亿元，人员伤亡约 4250 人，面临的地质环境形势十分严峻。

（一）问题产生原因

产生这些问题的原因主要来自三方面。

1. 矿山地质环境保护缺乏专门的立法

矿山地质环境保护缺乏专门的立法，只是散见于一些相关法律法规的某些条款之中，缺乏独立、统一和具有针对性的法律法规或规章对其加以规范。分散的规定导致实践中针对性和操作性不强，矿山地质环境保护无法可依。

2. 存在"重开发、轻保护"的现象

矿业开发普遍存在"重开发、轻保护"的现象。由于缺乏有效的监管手段、责任制度和专门的立法规范，矿业权人只重视开采资源，普遍缺乏保护矿山地质环境意识；矿产资源开发的设计方案中也没有把保护矿山地质环境作为重要内容；管理机关也没有将矿山地质环境保护和恢复治理作为对矿业权人的重要要求，导致矿山地质环境保护压力很大。

3. 环境保护和恢复治理专项资金不足

矿山地质环境保护和恢复治理专项资金不足。目前企业基本没有专门用于保护与恢复治理矿山地质环境的资金，开采矿产资源产生的环境成本也未列入企业生产成本，导致矿山地质环境被破坏后，企业没有专项资金进行治理。

（二）补偿制度

《国务院关于全面整顿和规范矿产资源开发秩序的通知》提出了"探索建立矿山生态环境恢复补偿制度"，财政部、国土资源部、国家环保总局《关于逐步建立矿山环境治理和生态恢复责任机制的指导意见》提出，"由企业在地方财政部门指定的银行开设保证金账户，并按规定使用资金。"因此，迫切需要加强立法，制定专门规定，解决现实中日益严峻的矿山地质环境问题。

（三）《规定》适用范围

关于范围的界定，是针对矿山地质环境保护工作的特殊性以及矿山地质环境问题产生原因的特定性，经过反复研究，确定其适用范围是：因矿产资源勘查开采等活动造成矿区地面塌陷、地裂缝、崩塌、滑坡，含水层破坏，地形地貌景观破坏等的预防和治理恢复。同时考虑到实践操作过程中，矿山地质环境恢复治理可能会涉及"三废"治理与土地复垦，为避免职能交叉问题，《规定》将"三废"治理与土地复垦排除在适用范围之外。从而明确规定开采矿产资源涉及土地复垦的，依照国家有关土地复垦的法律法规执行。

（四）对保护矿山地质环境的责、权、利的规定

1. 编制规划

可以概括为 26 个字，即预防为主、防治结合，谁开发谁保护、谁破坏谁治理、谁投资谁收益。具体来说，做好预防，其主要手段就是编制规划。

2. 环境调查评价工作

由各级国土资源行政主管部门负责本行政区域的矿山地质环境调查评价工作，并据此编制矿山地质环境保护规划。矿山地质环境保护规划应当符合矿产资源规划，并与土地利用总体规划、地质灾害防治规划等相协调。为推动矿业权人增强保护地质环境的意识，采矿权申请人在申请办理采矿许可证时，应当编制矿山地质环境保护与治理恢复方案。采矿权人应当按照矿山地质环境保护与治理恢复方案，缴存矿山地质环境治理恢复保证金，发生矿区范围、矿种或者开采方式变更的，采矿权人须按照变更后标准缴存治理恢复保证金。采矿权人应当严格执行经批准的矿山地质环境保护和治理方案。

3. 开采矿产资源

开采矿产资源造成矿山地质环境破坏的，由采矿权人负责治理恢复，并在矿山关闭前，

完成矿山地质环境治理恢复义务，采矿权发生转让的，该义务同时转让。对矿山地质环境治理恢复后，对具有观赏价值、科学研究价值的矿业遗址，国家鼓励开发为矿山公园。探矿权人在矿产资源勘查活动结束后未申请采矿权，应当采取相应的治理恢复措施，消除安全隐患。

4. 监督检查

县级以上国土资源行政主管部门负责对采矿权人履行治理恢复义务情况的监督检查，并建立本行政区域内的矿山地质环境监测工作体系，定期上报。县级以上国土资源行政主管部门有权对矿山地质环境保护与治理恢复方案的落实情况和矿山地质环境监测情况进行现场检查。责、权、利更加明确和统一，更加有利于矿山地质环境的保护工作。

二、矿山地质环境保护规定

2009 年 3 月 2 日国土资源部令第 44 号公布根据 2015 年 5 月 6 日国土资源部第 2 次部务会议通过的《国土资源部关于修改〈地质灾害危险性评估单位资质管理办法〉等 5 部规章的决定》修正。

第一章 总则

第一条 为保护矿山地质环境，减少矿产资源勘查开采活动造成的矿山地质环境破坏，保护人民生命和财产安全，促进矿产资源的合理开发利用和经济社会、资源环境的协调发展，根据《中华人民共和国矿产资源法》和《地质灾害防治条例》，制定本规定。

第二条 因矿产资源勘查开采等活动造成矿区地面塌陷、地裂缝、崩塌、滑坡，含水层破坏，地形地貌景观破坏等的预防和治理恢复，适用本规定。

开采矿产资源涉及土地复垦的，依照国家有关土地复垦的法律法规执行。

第三条 矿山地质环境保护，坚持预防为主、防治结合，谁开发谁保护、谁破坏谁治理、谁投资谁受益的原则。

第四条 国土资源部负责全国矿山地质环境的保护工作。

县级以上地方国土资源行政主管部门负责本行政区的矿山地质环境保护工作。

第五条 国家鼓励开展矿山地质环境保护科学技术研究，普及相关科学技术知识，推广先进技术和方法，制定有关技术标准，提高矿山地质环境保护的科学技术水平。

第六条 国家鼓励企业、社会团体或者个人投资，对已关闭或者废弃矿山的地质环境进行治理恢复。

第七条 任何单位和个人对破坏矿山地质环境的违法行为都有权进行检举和控告。

第二章 规划

第八条 国土资源部负责全国矿山地质环境的调查评价工作。

省、自治区、直辖市国土资源行政主管部门负责本行政区域内的矿山地质环境调查评价工作。

市、县国土资源行政主管部门根据本地区的实际情况，开展本行政区域的矿山地质环境调查评价工作。

第九条　国土资源部依据全国矿山地质环境调查评价结果，编制全国矿山地质环境保护规划。

省、自治区、直辖市国土资源行政主管部门依据全国矿山地质环境保护规划，结合本行政区域的矿山地质环境调查评价结果，编制省、自治区、直辖市的矿山地质环境保护规划，报省、自治区、直辖市人民政府批准实施。

市、县级矿山地质环境保护规划的编制和审批，由省、自治区、直辖市国土资源行政主管部门规定。

第十条　矿山地质环境保护规划应当包括下列内容：

（一）矿山地质环境现状和发展趋势；

（二）矿山地质环境保护的指导思想、原则和目标；

（三）矿山地质环境保护的主要任务；

（四）矿山地质环境保护的重点工程；

（五）规划实施保障措施。

第十一条　矿山地质环境保护规划应当符合矿产资源规划，并与土地利用总体规划、地质灾害防治规划等相协调。

第三章　治理恢复

第十二条　采矿权申请人申请办理采矿许可证时，应当编制矿山地质环境保护与治理恢复方案，报有批准权的国土资源行政主管部门批准。

矿山地质环境保护与治理恢复方案应当包括下列内容：

（一）矿山基本情况；

（二）矿山地质环境现状；

（三）矿山开采可能造成地质环境影响的分析评估（含地质灾害危险性评估）；

（四）矿山地质环境保护与治理恢复措施；

（五）矿山地质环境监测方案；

（六）矿山地质环境保护与治理恢复工程经费概算；

（七）缴存矿山地质环境保护与治理恢复保证金承诺书。

依照前款规定已编制矿山地质环境保护与治理恢复方案的，不再单独进行地质灾害危险性评估。

第十三条　矿山地质环境保护与治理恢复方案的编制单位应当具备下列条件：

（一）具有地质灾害危险性评估资质或者地质灾害治理工程勘查、设计资质和相关工

作业绩;

（二）具有经过国土资源部组织的矿山地质环境保护和治理恢复方案编制业务培训且考核合格的专业技术人员。

第十四条　采矿权申请人未编制矿山地质环境保护与治理恢复方案，或者编制的矿山地质环境保护与治理恢复方案不符合要求的，有批准权的国土资源行政主管部门应当告知申请人补正；逾期不补正的，不予受理其采矿权申请。

第十五条　采矿权人扩大开采规模、变更矿区范围或者开采方式的，应当重新编制矿山地质环境保护与治理恢复方案，并报原批准机关批准。

第十六条　采矿权人应当严格执行经批准的矿山地质环境保护与治理恢复方案。

矿山地质环境保护与治理恢复工程的设计和施工，应当与矿产资源开采活动同步进行。

第十七条　开采矿产资源造成矿山地质环境破坏的，由采矿权人负责治理恢复，治理恢复费用列入生产成本。

矿山地质环境治理恢复责任人灭失的，由矿山所在地的市、县国土资源行政主管部门，使用经市、县人民政府批准设立的政府专项资金进行治理恢复。

国土资源部，省、自治区、直辖市国土资源行政主管部门依据矿山地质环境保护规划，按照矿山地质环境治理工程项目管理制度的要求，对市、县国土资源行政主管部门给予资金补助。

第十八条　采矿权人应当依照国家有关规定，缴存矿山地质环境治理恢复保证金。

矿山地质环境治理恢复保证金的缴存标准和缴存办法，按照省、自治区、直辖市的规定执行。矿山地质环境治理恢复保证金的缴存数额，不得低于矿山地质环境治理恢复所需费用。

矿山地质环境治理恢复保证金遵循企业所有、政府监管、专户储存、专款专用的原则。

第十九条　采矿权人按照矿山地质环境保护与治理恢复方案的要求履行了矿山地质环境治理恢复义务，经有关国土资源行政主管部门组织验收合格的，按义务履行情况返还相应额度的矿山地质环境治理恢复保证金及利息。

采矿权人未履行矿山地质环境治理恢复义务，或者未达到矿山地质环境保护与治理恢复方案要求，经验收不合格的，有关国土资源行政主管部门应当责令采矿权人限期履行矿山地质环境治理恢复义务。

第二十条　因矿区范围、矿种或者开采方式发生变更的，采矿权人应当按照变更后的标准缴存矿山地质环境治理恢复保证金。

第二十一条　矿山地质环境治理恢复后，对具有观赏价值、科学研究价值的矿业遗迹，国家鼓励开发为矿山公园。

国家矿山公园由省、自治区、直辖市国土资源行政主管部门组织申报，由国土资源部审定并公布。

第二十二条　国家矿山公园应当具备下列条件：

（一）国内独具特色的矿床成因类型且具有典型、稀有及科学价值的矿业遗迹；

（二）经过矿山地质环境治理恢复的废弃矿山或者部分矿段；

（三）自然环境优美、矿业文化历史悠久；

（四）区位优越，科普基础设施完善，具备旅游潜在能力；

（五）土地权属清楚，矿山公园总体规划科学合理。

第二十三条　矿山关闭前，采矿权人应当完成矿山地质环境治理恢复义务。采矿权人在申请办理闭坑手续时，应当经国土资源行政主管部门验收合格，并提交验收合格文件，经审定后，返还矿山地质环境治理恢复保证金。

逾期不履行治理恢复义务或者治理恢复仍达不到要求的，国土资源行政主管部门使用该采矿权人缴存的矿山地质环境治理恢复保证金组织治理，治理资金不足部分由采矿权人承担。

第二十四条　采矿权转让的，矿山地质环境保护与治理恢复的义务同时转让。采矿权受让人应当依照本规定，履行矿山地质环境保护与治理恢复的义务。

第二十五条　以槽探、坑探方式勘查矿产资源，探矿权人在矿产资源勘查活动结束后未申请采矿权的，应当采取相应的治理恢复措施，对其勘查矿产资源遗留的钻孔、探井、探槽、巷道进行回填、封闭，对形成的危岩、危坡等进行治理恢复，消除安全隐患。

第四章　监督管理

第二十六条　县级以上国土资源行政主管部门对采矿权人履行矿山地质环境保护与治理恢复义务的情况进行监督检查。

相关责任人应当配合县级以上国土资源行政主管部门的监督检查，并提供必要的资料，如实反映情况。

第二十七条　县级以上国土资源行政主管部门应当建立本行政区域内的矿山地质环境监测工作体系，健全监测网络，对矿山地质环境进行动态监测，指导、监督采矿权人开展矿山地质环境监测。

采矿权人应当定期向矿山所在地的县级国土资源行政主管部门报告矿山地质环境情况，如实提交监测资料。

县级国土资源行政主管部门应当定期将汇总的矿山地质环境监测资料报上一级国土资源行政主管部门。

第二十八条　县级以上国土资源行政主管部门在履行矿山地质环境保护的监督检查职责时，有权对矿山地质环境保护与治理恢复方案确立的治理恢复措施落实情况和矿山地质环境监测情况进行现场检查，对违反本规定的行为有权制止并依法查处。

第二十九条　开采矿产资源等活动造成矿山地质环境突发事件的，有关责任人应当采取应急措施，并立即向当地人民政府报告。

第五章　法律责任

第三十条　违反本规定，应当编制矿山地质环境保护与治理恢复方案而未编制的，或者扩大开采规模、变更矿区范围或者开采方式，未重新编制矿山地质环境保护与治理恢复方案并经原审批机关批准的，由县级以上国土资源行政主管部门责令限期改正；逾期不改正的，处 3 万元以下的罚款，颁发采矿许可证的国土资源行政主管部门不得通过其采矿许可证年检。

第三十一条　违反本规定第十六条、第二十三条规定，未按照批准的矿山地质环境保护与治理恢复方案治理的，或者在矿山被批准关闭、闭坑前未完成治理恢复的，由县级以上国土资源行政主管部门责令限期改正；逾期拒不改正的，处 3 万元以下的罚款，5 年内不受理其新的采矿权申请。

第三十二条　违反本规定第十八条规定，未按期缴存矿山地质环境治理恢复保证金的，由县级以上国土资源行政主管部门责令限期缴存；逾期不缴存的，处 3 万元以下的罚款。颁发采矿许可证的国土资源行政主管部门不得通过其采矿活动年度报告，不受理其采矿权延续变更申请。

第三十三条　违反本规定第二十五条规定，探矿权人未采取治理恢复措施的，由县级以上国土资源行政主管部门责令限期改正；逾期拒不改正的，处 3 万元以下的罚款，5 年内不受理其新的探矿权、采矿权申请。

第三十四条　违反本规定，扰乱、阻碍矿山地质环境保护与治理恢复工作，侵占、损坏、损毁矿山地质环境监测设施或者矿山地质环境保护与治理恢复设施的，由县级以上国土资源行政主管部门责令停止违法行为，限期恢复原状或者采取补救措施，并处 3 万元以下的罚款；构成犯罪的，依法追究刑事责任。

第三十五条　县级以上国土资源行政主管部门工作人员违反本规定，在矿山地质环境保护与治理恢复监督管理中玩忽职守、滥用职权、徇私舞弊的，对相关责任人依法给予行政处分；构成犯罪的，依法追究刑事责任。

第六章　附则

第三十六条　本规定实施前已建和在建矿山，采矿权人应当依照本规定编制矿山地质环境保护与治理恢复方案，报原采矿许可证审批机关批准，并缴存矿山地质环境治理恢复保证金。

第三十七条　本规定自 2009 年 5 月 1 日起施行。

三、绿色矿业发展模式

（一）建设绿色矿山的重要意义

首先，发展绿色矿业是推动经济发展方式转变的必然选择。促进资源开发与经济社会协调发展，就成为国家转变经济发展方式的战略要求，因此发展绿色矿业既是立足国内提高能源资源保障能力的现实选择，也是转变发展方式必然要求，对我国经济社会发展方式的调整具有十分重要的现实意义和深远的战略意义。其次，发展绿色矿业，将绿色矿业理念贯穿于矿产资源开发利用全过程，能够有效推进循环经济发展模式，为转变单纯的消耗资源开发利用方式提供了现实途径。最后，发展绿色矿业是落实企业责任、保证矿业健康发展的重要手段。发展绿色矿业关键在于充分调动矿山企业的积极性，并自觉承担起节约利用资源、节能减排等一系列社会经济责任。因此建设绿色矿业，有利于矿山企业经营管理方式的变革，全面规范矿产资源开发秩序，促进我国矿业的健康发展。

（二）绿色矿业发展模式的实施途径

1. 矿产资源高效开发与综合利用

实现矿产资源的高效开发与综合利用是绿色矿山的基本特征，也是绿色矿山建设的主要途径。金东矿业通过相关的项目建设，对铅锌矿共伴生资源及工业废弃物实现的综合利用，资源开采水平得到了大幅提升，目前已经基本形成了以铅锌资源高效开采、共伴生资源综合利用以及尾矿利用为核心的综合利用体系，公司各类资源综合开发利用效率、资源回收率明显提高。以该矿的伴生资源综合利用为例，金东公司铅锌矿石中可综合利用的伴生元素还包括 Ag、Cu、In、Cd。目前，Ag、In、Cd 已通过综合回收得到了综合利用，特别是伴生银，其生产回收品位高于勘查品位，达 50g/t，建矿以来银总计回收 61.939 吨，给矿山企业带来可观经济效益。伴生铟、镉随铅锌精矿在冶炼厂冶炼过程中得到了综合回收。

2. 加强节能减排措施，打造循环经济

节能减排是绿色矿业建设的又一个重要指标，因此在绿色矿业建设过程中首先要采取必要措施加大节能减排控制力度。同时还要认识到，发展循环经济是从源头实现节能减排的有效途径，循环经济把资源消耗减量化作为基本前提，其中也包括能源消耗减量化、能量回收和综合利用。因此循环经济可以实现从源头和全过程预防污染发生，实现废弃物排放的最小化和无害化，是"减排"的根本途径。金东公司采取优化矿山电网系统，改善功率因数、采用变频技术和采用节能灯等降耗措施有效降低矿山能耗。金东公司选矿废水零排放工程实现了矿山选矿用水的循环利用以及废水的零排放。在尾矿的综合治理方面，2011 年该公司年投资 2000 余万元，建设完成了高浓度尾矿充填系统，不仅实现了尾矿的

闭路循环，而且极大地缓解了尾矿处理难题、避免了开采过程中的环境地质灾害等问题。上述一系列措施，使金东公司节能减排，发展循环经济取得了良好效果。

3. 矿山环境恢复与综合治理

矿山环境恢复治理是绿色矿业的重要组成部分，并要将其贯穿于矿产资源开发利用的全过程。矿业公司要在矿区环境保护方面开展了大量的污染治理和"三废"资源化工作，在促进资源利用链条进一步延伸，提高企业经济效益的同时使矿区环境得到有效改善。金东公司矿山生产一直坚持"预防为主，防治结合"的矿山地质环境的保护原则；坚持"依靠科技进步，发展循环经济，建设绿色矿业"的原则对矿山环境进行保护与治理。通过矿山环境保护与治理和土地复垦与生态环境恢复，使矿区绿化率达到 83.7%，达到国内先进水平。

（三）建设绿色矿业的保障措施

1. 制度与管理保障

（1）培养绿色矿业意识。各个矿业公司必须建立"资源—产品—消费—再生资源"的资源循环化理念，要在这一理念的指引下进行全面的宣传教育活动，通过各种手段广泛宣传，普及绿色矿业建设的重要意义及相关知识，提高全体员工特别是各级领导干部对发展绿色矿业的重要性和紧迫性的认识，引导全体员工树立资源忧患意识和节约资源、保护环境的责任意识，通过类此活动的开展，提高了广大员工参与绿色矿业建设的积极性。

（2）加强组织保障。将规划实施绿色矿山建设纳入本地区矿业管理目标，建立规划实施目标责任制，明确矿山主管部门的监督管理职能。将规划中的资源合理开发与综合利用目标、生态环境保护与恢复治理目标、节能减排目标和工程建设部署等目标与矿山生产考核管理工作的年度目标相结合，并根据规划确定的目标和任务进行分解落实，作为主管部门对矿山生产绩效考核内容。

（3）加大绿色矿业建设的资金投入。我国的矿业发展不能再重复西方发达国家先污染、后治理的老路。矿山企业要提高环境责任意识，加大绿色矿山建设资金投入，为相关项目的实施和新技术的应用提供技术保障，资金来源以企业自筹为主。对于经营困难的企业国家要给予相应的资金支持，对于到位资金要做到专款专用，对重点项目建立独立台账。

2. 技术保障

（1）充填采矿法。鉴于我国的环境现状，新建矿山不能再走牺牲环境换取资源的老路，而是要建设环境友好型资源节约型的新矿山，要努力构建绿色矿山，实现无废或少废开采。充填采矿法正是实现无废开采的关键技术，用充填法采矿可以避免可能导致地表和地下巷道破坏的岩石力学问题，可以开采几乎整个矿床，回采率最高，贫化率最低。可大幅减少尾矿排放量，减少尾矿库使用年限，大大改善坑内外环境，避免围岩变形、塌落等安全问题和地面塌陷所造成的地质灾害等问题，为实现低废环保型采矿开辟了新途径。

（2）尾矿建材化利用。尾矿是一种"复合"的矿物原料,在建材业中具有广泛应用前景。尾矿可以用来生产墙体材料、水泥、陶瓷、玻璃、耐火材料等,并可以用作混凝土粗细骨料和建筑用砂。目前,研究成果较多的是利用尾矿生产墙体材料,这也是尾矿建材应用的主要发展方向。因此,开发新型的节能、轻质、利废墙体材料已刻不容缓。例如,金东公司充填后剩余的尾矿和尾矿库堆存的尾矿生产尾矿加气混凝土砌砖和尾矿蒸压砖。不仅在生产过程中消耗较少的能源,符合国家降低碳排放要求,而且在使用过程中也是一个节能保温产品,符合国家对建筑的节能要求。

第三节　接替资源与非传统矿

一、矿山接替资源

矿山所在矿区的深部、外围及至邻区可以经济开发的一定范围内存在的,但是尚未列入现期开采设计的矿产资源。它是可以为矿山所用的且能保证矿山企业资源接替的矿产资源。

（一）矿山情况

国土资源部对煤、铁、铝、铜等 30 个矿种 1010 座大中型矿山开展了资源潜力现状调查。调查结果表明,开采年限不足 15 年的危机矿山有 632 座,有色金属、黑色金属及金等矿类（种）矿山危机程度相对较高。392 座矿山具备开展危机矿山找矿工作的条件,约占危机矿山的 62%。通过调查,初步查明了矿山资源潜力家底,从而对开展危机矿山找矿工作,做到了"心中有数,有的放矢",为全面科学部署全国危机矿山找矿工作奠定了基础。同时,矿山资源潜力调查成果对科学部署矿山地质工作、制定矿业城镇发展规划、了解国内矿产品可供情况及制定相关政策措施等也具有重要的参考价值。

（二）矿产储量

在矿山资源潜力调查基础上,分期分批实施了 230 个危机矿山找矿项目和 96 个矿产预测项目和新技术新方法项目。找矿项目中,有色金属 63 项,煤炭 45 项,铀矿 4 项,黑色金属 37 项,金 67 项,磷矿及其他矿种 14 项。累计安排资金 36 亿元,其中中央财政补助资金 20 亿元,地方财政补助资金 2.8 亿元,企业匹配经费 13.2 亿元。累积安排坑探工作量 37 万米,钻探工作量 249 万米。230 个勘查项目中 48 个取得突破性进展,探获资源储量达到大型或超大型矿床规模,76 个取得重要进展,探获资源储量达到中型矿床规模,94 个项目探获资源储量达到小型矿床规模。新增资源储量原煤 53 亿吨、铁矿石 10.5 亿吨、锰矿石 1126 万吨、铬铁矿 54 万吨、铜金属量 327 万吨、铅锌金属量 849 万吨、铝土矿

1641万吨、钨金属量41万吨、锑金属33万吨、金669吨、银8541吨、磷矿石量2.7亿吨。

（三）矿业技术——关键深部探测技术应用取得突破性进展

危机矿山接替资源找矿工作围绕找矿关键技术的研发和应用，开展了96个矿产预测和新技术新方法项目的研究。组织院士、专家精心指导，"会诊"解决找矿技术难点，取得突出效果。关键地球物理地球化学探测技术和大深度钻探等技术，在湖北大冶铁矿、河北迁安铁矿、云南个旧锡矿和江西山南铀矿等矿山的应用，极大提高了找矿效果。通过危机矿山深、边部找矿工作，取得了许多新的发现和认识，丰富了成矿理论，加深了对深部矿床成矿规律的认识，对指导中东部深部找矿意义重大。在800～1000米范围内探明了一批资源储量，证明了深部找矿潜力巨大。这些发现带动了矿床成矿理论的发展和深部勘查技术方法的进步，促进了我国固体矿产勘查向深部拓展。

（四）矿山危机

危机矿山接替资源找矿发现的资源储量，地质控制程度较高，可全部为矿山企业直接开发利用。新增资源储量静态工业总产值达万亿元，潜在利润数千亿元。平均延长矿山开采年限17年，稳定职工就业60万余人，一大批老矿山重新焕发生机，社会经济效益显著。危机矿山找矿工作资金投入少，见效快。新增资源储量达到大型矿床规模的投入是一般矿产资源勘查项目发现大型矿床平均资金投入的23%，万米钻探工作量探获的资源储量明显优于一般矿产资源勘查项目。

1. 政府投入

危机矿山找矿工作中央财政投入资金20亿元，拉动了国有大中型矿山企业投入找矿资金80亿元，有效地调动企业主动投资找矿的积极性，增强矿山企业的"造血功能"，对促进矿产资源勘查新机制的建立具有深远意义，也为矿山企业和地勘单位培养了一批技术骨干。

2. 政府作用

此外，在中央、地方和矿山企业等多元投资找矿的新形势下，形成了以运行机制创新为"主线"，以资金和技术两轮为"驱动"，以严格规范管理为"保障"的管理思路。专项的运行从以往国家一元投资转变为中央财政、地方财政、矿山企业多元投资，合理划分工作定位、相互协调促进、加快找矿突破的运行新机制。通过中央财政投入潜力大、资源危机程度高的矿山，增强了矿山企业投资的信心。通过专家现场指导、技术把关，科学布置工程、合理安排工作量，提高了找矿效率。通过制定管理办法明确项目参与各方的权利和责任，充分发挥了省级项目主管部门和专家监督管理的作用。坚持矿山企业、地勘单位和科研单位相结合，充分利用了新理论、新技术和新方法，调动了各方的找矿积极性，开创了新时期地质找矿工作的新模式，极大地提高了找矿效果。

二、非传统矿产资源

非传统矿产资源是指受当今经济、技术以及环境因素的限制尚未发现和尚未开发利用的矿产资源及尚未被看作矿产，未发现其用途的潜在矿产资源，或虽为传统矿产但因地质地理原因极难发现与利用的矿产资源。其研究领域应包括：非传统矿产（新类型、新深度、新领域、新工艺和新用途）；矿产勘查评价的非传统理论和方法；非传统矿业；非传统矿业经济。非传统矿产资源研究与开发专业是"地质资源与地质工程"的学校自设二级学科。

1.受目前探矿、采矿、选矿、冶炼等技术条件的限制，还没有被发现或利用的矿产资源。这类矿产资源在传统上被称为预测资源或暂不能利用的资源。

地球本身就藏有许多无价之宝。由于受到探矿技术的限制，确有许多迄今尚未被认识的其他矿床类型（据地质和地球化学预测也表明了这一点）。只有在找矿与勘探上有新的突破，才能发现新的矿产资源。如何利用和开发已发现的矿产资源，则是选矿、冶炼等技术需要解决的。近年来发现的卡林型金矿（微细粒浸染型金矿，如广西金牙金矿），由于受到目前选矿、冶炼等技术条件的限制，暂不能开发利用，只有在选冶技术上产生新的突破，才能变这种非传统矿产资源为传统的矿产资源。一个典型的例子就是20世纪初发现的"斑岩铜矿"，当时称之为"胚胎矿"，根本不能加以利用，但随着技术的进步，昔日的"非传统矿产资源"成了当今最重要的一类铜矿。

2.受到环境保护因素的限制，至今还不能完全开发利用的矿产资源。例如：高砷高硫的难处理金矿，在除硫除砷时，大多数都要应用焙烧工艺，而焙烧工艺，不仅对环境产生极大的污染，而且也没有使有用成分 As、S 得到很好的回收。随着环境保护的要求，这一类型金矿需要采取新的无污染工艺才能进一步回收。

3.受到经济不允许的限制，已发现的有些矿床，在经济上暂时尚不具备工业价值，尚不能开采或加工利用的矿床和矿石类型。例如石英包裹型金矿，经过细磨或超细磨，可以使金粒达到相当程度的暴露，但磨矿费用太高，所以选冶工艺不只是考虑技术上可行，还要考虑经济上合理。这类资源在传统上又称为次经济的（Sub-economic）资源。

结束语

　　随着我国工业化进程的加快，能源资源的日趋紧张，我国的能源危机问题日益严重，地质资源勘查工作的地位越来越重要。在地质资源勘查工作中，需要广泛应用探矿工程技术来帮助进行深部找矿、矿物取样等工作，探矿工程的不断发展为我国地质资源勘查工作的进一步发展打下了良好的基础。因此，未来，地学界应全面提升探矿工程的研究地位，不断发展探矿工程技术，才能为我国地质资源勘查研究做出更多贡献。